U0059520

配線設計

胡崇頃　編著

全華圖書股份有限公司

編輯部序

　　「系統編輯」是我們的編輯方針，我們所提供給您的，絕不只是一本書，而是關於這門學問的所有知識，它們由淺入深，循序漸進。

　　我國近年來工商業發展神速，高樓、工廠林立，用電設備日新月異；筆者撰寫配線設計一書乃鑒於市面上配線設計之參考資料相當欠缺，且無法適應中等程度之學者參考，筆者歷經數十年的教學及實際設計經驗，撰寫「配線設計」一書，內容為：過電流保護、短路電流計算、電壓降計算、功率因數改善、照度計算、電燈分路設計、電動機分路設計、電熱器分路設計、接地工程設計、工廠大樓設計實例，本書最適宜大專電機系「配線設計」課程使用。本書之編校力求正確，唯筆者學識淺薄、時間匆促，錯誤在所難免，尚祈專家學者不吝指正是幸。

　　同時，為了使您能有系統且循序漸進研習相關方面的叢書，我們以流程圖方式，列出各有關圖書的閱讀順序，以減少您研習此門學問的摸索時間，並能對這門學問有完整的知識。若您在這方面有任何問題，歡迎來函連繫，我們將竭誠為您服務。

相關叢書介紹

書號：0314205
書名：工業配線(第六版)
編著：羅欽煌
16K/432 頁/480 元

書號：0312802
書名：電機設備保護(修訂二版)
編著：李宏任
20K/448 頁/350 元

書號：036470E
書名：乙級室內配線技術士－
學科重點暨題庫總整理
(2022 最新版)
編著：蕭盈璋.張維漢.林朝金
16K/328 頁/460 元

書號：0571502
書名：高壓工業配線實習(第三版)
編著：黃盛豐
16K/424 頁/420 元

書號：0602903
書名：綠色能源(第四版)
編著：黃鎮江
16K/292 頁/450 元

書號：10520
書名：電力系統
編著：卓胡誼
16K/448 頁/650 元

書號：04504086
書名：丙級用電設備檢驗技術士
技能檢定學術科解析
(2021 最新版)
(附學科測驗卷)
編著：黃如達
16K/304 頁/400 元

◎上列書價若有變動，請以
最新定價為準。

流程圖

書號：0542305
書名：低壓工業配線實習
(第六版)
編著：黃盛豐.楊慶祥

書號：0571502
書名：高壓工業配線實習
(第三版)
編著：黃盛豐

書號：0590301
書名：電力品質(第二版)
編著：江榮城

書號：0314205
書名：工業配電(第六版)
編著：羅欽煌

書號：0519302
書名：配線設計(第三版)
編著：胡崇頎

書號：10520
書名：電力系統
編著：卓胡誼

書號：0252204
書名：低壓工業配線(第五版)
編著：楊健一

書號：037970G7
書名：電工法規(第十五版)
(附參考資料光碟)
編著：黃文良.楊源誠.蕭盈璋

書號：0396103
書名：發變電工程
(第四版)
編著：江榮城

目　　錄

第四章　功率因數改善計算

第五章　照度計算

目　　錄

1

過電流保護

1-1 概説

    各工廠或高樓之用電設備常因用途不同而使供電系統之複雜性亦相異，小工廠常採用熔絲保護；而大工廠則需採用完整的電驛來保護電力系統。目前工廠或高樓使用之電力幾乎皆由電力公司供應，有些工廠或百貨公司等常自備柴油發電機以防萬一電力公司停電時，產品或原料受損，或造成公共秩序的混亂而引起損失，此等用戶自備發電設備亦必需與電力公司之饋電系統並聯，在正常供電情況下，自備發電設備不供應任何電能，一旦停電時，自備發電機之原動力——引擎會自動（或手動）啟動，使發電機產生電能，同時自動轉換開關將負載轉移至自備發電機之系統，不致於停電，俟電力公司恢復供電時，自動轉換開關將負載轉移至電力公司之饋電系統，而將自備發電機之引擎熄火；此等保護協調皆需在設計初期即予考慮。

    工廠的生產能力需依賴充分而連續的電力，故設計電力系統時應採用適當的保護裝置，此等保護設備須能在事故發生時儘速將故障部位消除，即將故障部位與系統隔離，以免影響正常供電系統的用電，使停電範圍儘量縮小。

1-2 配線系統過電流之起因

配電系統產生過電流的原因相當複雜，較明顯者有下列三種：

1.短路（Short Circuit）：

短路事故的起因可由內在及外來的因素而引起；諸如：絕緣材料不良或老化、製造或裝配技術欠佳、設計或運用不當等，皆可能導致設備的絕緣破壞或甚至短路，此等事故屬於內在因素所引起；如受雷擊、暴風雨、冰雪、樹枝、飛禽及操作錯誤等引起之事故，屬外來因素。若短路事故發生時，配線上之電流突增而導致線路電壓降落，強大的故障電流所產生之熱量〔$H=0.24I^2Rt$（cal.）〕及機械應力（導線間之推斥力）可導致設備的破壞，更嚴重者引起爆炸而燃燒。

2.過載（Overload）：

任何用電設備（如變壓器、馬達等）及配線，設計時均考慮容許的過載容量（Overload capacity），在短時間內負載超過額定值時不致引起危險，例如配電用變壓器若短時間內負載超過額定容量，但不超過額定的25％時，不致於燒燬變壓器；但用電設備若使用時超過容許的過載程度，將隨時有危險的發生，因繼續不斷的發熱，使設備之溫度不斷增加，絕緣物質因而劣化而使絕緣破壞，而引起可怕的短路事故。引起過載的原因有：

(1) 外加電壓比正常電壓高。

(2) 所連接的負載太大；然而過載的嚴重情況需視溫度升高的情況來加以分析，若負載由零載而突升為過載較已載而升為過載之損壞為輕；電機工程師於設計配線或用電設備時應瞭解過載容許的時間，不致於由過載而引起災害。一般設計時，配線及用電器具應能忍受瞬間的過載，但不能承受連續的過載。

3.漏電（ Leakage ）：

用電設備之繞組或引線之絕緣不良而使電流不沿特定的路徑流動，謂之漏電；若絕緣劣化的程度不嚴重，漏電路徑的電阻高，漏電電流小，此等漏電謂之高阻性漏電；高阻性漏電易受電壓的衝擊而使絕緣更嚴重的劣化，漏電電流增強而形成低電阻性漏電，最後形成接地或短路事故；漏電發生時，除了故障點以外的電壓皆降低，降低的幅度視漏電的情況而定，或使各線間的電壓失去平衡。若設備之非帶電金屬外殼未實施接地或接地不良，將有感電之虞。

裝置過電流保護器之目的：係當導線及設備通過電流達某一程度可能危害導線或設備時，能自動切斷電源，以達到保護導線及設備之作用。

1-3　低壓過電流保護器

常用低壓過電流保護器有：

1.熔絲（ Fuse ）：

熔絲又有普通塞頭熔絲（ Ordinary Plug Fuse ）、雙元件塞頭熔絲（ Dual-element Plug Fuse ）、普通非更換型管型熔絲（ Ordinary One-time Cartridge Fuse ）、延時性更換形管形熔絲（ Time-delay Renewable Cartridge Fuse ）、雙元件管形熔絲（ Dual-element Cartridge Fuse ）、銀質熔絲（ Silver-sand Fuse ）、露裝熔絲（ Open Fuses ）等，就經濟觀點而言，低壓熔絲若使用恰當，對過電流保護相當有益，且因低壓熔絲在技術上的革新，使其重量及體積皆大為縮小，且價格便宜，將來可能取代低壓斷路器，但其缺點為熔斷時可能產生欠相。熔絲之標準額定安培值為：1，3，5，7，10，15，20，30，40，50，60，75，100，125，150，200，250，300，400，500，600，700

，800，900，1000，1200，1600，2000，2500，3000，4000，5000
，6000安培。

2.積熱熔絲器（ Thermal Cutouts ）：

　　此種熔絲為具有反比延時性之過載保護器，且容量較大，適用於保護電動機。

3.斷路器（ Breaker ）：

　　依其跳脫方式可分為：

(1)　積熱過載釋放器：適用於各種電路或分路的保護。
(2)　積熱電驛：適用於保護各種電路或分路。
(3)　磁動釋放器：適用於保護各種電路及電器。
(4)　磁動電驛：適用於保護各種電路及電器。
(5)　積熱與磁動兼具之釋放器：適用於保護各種電路及電器。
(6)　感應式電驛：適用於保護電路及電器。

　　斷路器之標準額定安培值為：10，15，20，30，40，50，60，70，75，90，100，125，150，175，200，225，250，300，350，400，500，600，700，800，1000，1200，1600，2000，2500，3000，4000安培等。

4.由熱動釋放器動作之手動開關：

　　用於保護及起動馬達。

5.電磁開關：

　　用於操作及保護馬達。

1-4　高壓過電流保護器

　　高壓過電流保護器常用者有：

1.高壓電力熔絲：

　　分為屋內型及屋外型兩種，此種熔絲熔斷時不生火花，適宜作為變壓器之一次保護，若選用規格適當時有高速啓斷短路電流及限制短路電流之值；若選用不當時遇接通電源時會因變壓器之激磁電流而燒斷（變壓器接通電源之瞬間，其激磁電流約為變壓器額定電流之十倍，設計時不可忽略此點）。

2.高壓熔絲鏈開關：

　　僅使用於屋外，可分為封閉型（Enclosed Type）、開放型（Open-type）及開放熔絲鏈型（Open-link Type）三種，適宜作為變壓器之一次保護；標準熔絲鏈依其熔斷特性分為快動作型（在電流額定數值後加“K”，如10K即表示電流為10安培之快熔斷型熔絲鏈）及慢動作型（在電流額定數值後加“T”，如10T即表示電流為10安培之慢動作型熔絲鏈），目前常用之熔絲鏈以慢動作型為較普遍。選用熔絲鏈之額定電流值時亦應考慮變壓器之激磁電流為額定電流之十倍，不得於電源接通之瞬間燒斷熔絲鏈。標準之熔絲鏈電流額定可分為(A)可選額定，其電流值之大小有6，10，15，25，45，65，100，140，200安培等；(B)不可選額定，其電流值有8，12，20，30，50，80安培等；(C) 6安培以下之額定，有1，2，3，5安培等。

3.過電流電驛：

　　需與主斷路器（例如O.C.B.，ACB，VCB，GCB）等配合使用，遇有過載時過電流電驛之接點接通，使主斷路器之跳脫線圈激磁而使電源切斷。通常需配合整個用電系統作適當的電流標置及時間標置。

1-5　低壓屋內線過電流保護原則

　　爲求低壓屋內線過電流保護器裝置，有足夠容量以應付屋內線最大短路電流起見，除應按「用戶用電設備裝置規則」等規定設計外，其過電流保護器之啓斷容量應按下列原則選定之：

1.一般性原則：

(1) 低壓屋內線「主」及「分路」過電流保護器原則上應採用附有封印裝置之斷路器或熔絲。

(2) 新增設用戶無論是否換裝電表，其「主」及「分路」過電流保護器之啓斷容量均需符合表1-1所示，低壓用戶過電流保護裝置之額定極限短路啓斷容量表。

(3) 新增設用戶，無論是否換裝電表，其屋內線設計審核及檢驗送電時，台電將予嚴格查驗「主」及「分路」保護器之啓斷容量。

(4) 用戶所採用之「主」及「分路」過電流保護器之查驗依據保護器上所標示廠家名稱、額定電流、電壓及啓斷容量（但熔絲名牌上未標明啓斷容量者，可根據原廠家發行之型錄），及原廠家之動作曲線爲準。

(5) 若台電供電用戶之設備特殊，經計算後在保護器裝置點之短路電流容量比所規定者爲大時，應要求用戶依照實際需要容量設計裝設之。

(6) 過電流保護器之額定電壓，單相爲220伏特以上，三相爲380伏特以上。

2.一般低壓用戶過電流保護裝置之額定極限短路啓斷容量

(一) 單相110伏特，220伏特供電用戶：

(1) 電表容量在75安培（包括75安培）以下者，主保護器之啓斷容量應在10000安培以上，分路保護器之啓斷容量應在10000安培以上。

(2) 電表容量在100安培（包括100安培）以下者，主保護器之啓斷容量應在15000安培以上，分路保護器之啓斷容量應在15000安培以上。

(3) 電表容量超過100安培（包括附有比流器之一次電流容量）者，主保護器之啓斷容量應再20000安培以上，分路保護器之啓斷容量應在20000安培以上之適合要求者。

（二）　三相220伏特供電用戶：
(1)　電表容量在75安培以下者（包括75安培），主保護器之啓斷容量應在10000安培以上，分路保護器之啓斷容量應在10000安培以上。
(2)　電表容量在200安培以下者（包括200安培），主保護器之啓斷容量應在15000安培以上，分路保護器之啓斷容量應在15000安培以上。
(3)　電表容量超過200安培者，主保護器之啓斷容量應在20000安培以上，分路保護器之啓斷容量應在20000安培以上之適合要求者。

（三）　三相380伏特供電用戶：
(1)　電表容量在75安培以下者（包括75安培），主保護器之啓斷容量應在15000安培以上，分路保護器之啓斷容量應在15000安培以上。
(2)　電表容量在200安培以下者（包括200安培），主保護器之啓斷容量應在20000安培以上，分路保護器之啓斷容量應在20000安培以上。
(3)　電表容量超過200安培者，主保護器之啓斷容量應在25000安培以上，分路保護器之啓斷容量應在25000安培以上。

3. 過電流保護器設計裝置原則

(1)　過電流保護器之啓斷容量，應能安全啓斷裝設點短路發生後三分之一週波之不對稱最大短路電流。

(2)　過電流保護裝置（指主保護器與分路保護器之啓斷容量）之設計係採用全容量（ Full Rated ）保護方式，如圖1-1及圖1-2所示。

(3)　全容量保護方式其保護器得採用斷路器或熔絲均可，惟其保護須能互相協調，若主保護器及分路保護器皆採用同一製品之斷路器或皆採用同特性熔絲或主保護器為斷路器，分路保護器為熔絲，即可得到保護

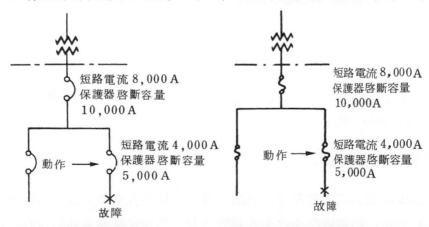

圖1-1　斷路器保護方式　　　　圖1-2　熔絲保護方式

協調。

(4) 採用全容量保護方式所有之主及分路保護器之啓斷容量，應全部不得低於裝置點可能發生之最大短路電流。

(5) 採用全容量保護方式時，主保護器之動作特性應協調其他保護器，包括（台電桿上）電源變壓器之保護設備。

(6) 過電流保護器之額定電壓不得低於電路電壓。

4.一般低壓用戶過電流保護裝置之額定極限短路啓斷容量表

表1-1　低壓用戶過電流保護裝置之額定極限短路啓斷容量表

主保護器之額定電流　　　最低額定極限短路啓斷容量(Icu)	單相110V、220V 用戶			三相 220V 用戶			三相 380V 用戶		
	75A以下	100A以下	超過100A	75A以下	200A以下	超過200A	75A以下	200A以下	超過200A
受電箱	35kA	35kA	35kA	35kA	35kA	35kA	35kA	35kA	35kA
集中(單獨)表箱	20kA	20kA	25kA	20kA	20kA	25kA	25kA	25kA	30kA
用戶總開關箱	10kA	15kA	20kA	10kA	15kA	20kA	15kA	20kA	25kA

註：1. 本表啓斷容量亦得依短路故障電流計算結果選用適當之額定極限短路啓斷容量(Icu)
　　2. 額定使用短路啓斷容量(Ics)值應由設計者選定，且爲額定極限短路啓斷容量(Icu)之 50%以上。

1-6　過電流保護方式

低壓短路保護裝置常使用斷路器及熔絲兩種，保護之原則須能在最小及最大之故障電流時皆能完成適當的選擇，將故障線路啓斷，達到最小區域的停電。屋內系統之過電流保護裝置常採用全容量（ Full Rated ）及縱續（ Cascade ）保護方式，設計原則如下：

1.全容量保護方式：

此種保護方式之故障電流係由一具斷路器負責啓斷，故每個保護器皆應具有該點短路電流之全容量的啓斷容量，爲達到保護協調的目的，在各種故障電流範圍內，最靠近故障點之保護器應最先動作。全容量保護器得採用斷路器或熔絲均可。

2.縱續保護方式：

　　如圖1-3所示之系統，若採用縱續保護，則保護器#2及#3之啓斷容量均可不超過其裝置點之故障電流，但主保護器#1之啓斷容量應大於其裝置點可能發生之最大故障電流，且電源側主保護器不得採用模殼型斷路器（即無熔線斷路器）；此種保護方式，當分路故障時可能使全系統停電，但設備費低較經濟。在圖1-3中，若在#3保護器之負載側發生短路時，係主保護器#1動作啓斷，而非分路保護器#3啓斷，故全系統將會全部停電。採用縱續保護方式應符合下列條件：

(1)　縱續之段數不可超出三段。

(2)　保護器#1應具有高於裝置點可能發生之最大短路電流。

(3)　保護器#2應具有裝置點可能發生之最大短路電流之½以上的啓斷容量。

(4)　保護器#3應具有裝置點可能發生的最大短路電流之⅓以上的啓斷容量。

(5)　啓斷電流後，欲再復閉接通時，應先檢查保護器#2及#3後再投入保

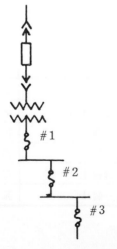

圖1-3　過電流保護方式

護器#1。

(6) 使用限流熔絲作為主保護器，及使用斷路器作為分路保護時，限流熔
    絲與斷路器動作曲線交叉點之電流值應低於該斷路器之額定啟斷容量。

（註：經濟部於 73 年 7 月 1 日實施新屋內外線路規則已將保護方式全部
改用全容量保護）

1-7 過電流保護器應具之極數

過電流保護器之極數應符合用戶用電設備裝置規則第五十四條之規定：電路中
每一非接地導線應有一個過電流保護裝置（如熔絲及斷路器之過電流跳脫單
位），故保護器之極數與電路之線數及是否接地有關如圖1-4及表1-2所示。

表1-2　過電流保護器應具有之極數

裝置過電流保護器之電路	過電流保護器應有之極數	參考圖
單相二線式（1φ2W）非接地電路	二極(每一導線上應有一個過電流保護)	圖 1-4 (a)
單相二線式（1φ2W）而一線被接地電路	單極（在非接地之導線上）	圖 1-4 (b)
單相二線式（1φ2W）而中點被接地電路	二極（每一導線上一個）	圖 1-4 (c)
由三相而中性點非接地系統引接之單相二線式電路	二極（每一導線上一個）	圖 1-4 (d)
由三相而中性點被接地系統引接之邊相線引接之單相二線式電路	二極（每一導線上一個）	圖 1-4 (e)
單相三線式中性線未接地電路	三極（每一導線上一個）	圖 1-4 (f)
單相三線式中性線接地電路	二極（在非接地之導線上）	圖 1-4 (g)
三相三線式而各線非接地電路	三極（每一導線上一個）	圖 1-4 (h)
三相三線式而一線被接地電路	二極（在非接地之導線上）	圖 1-4 (i)
三相三線式而中性點被接地電路	三極（每一導線上一個）	圖 1-4 (j)
三相三線式而一相之中點被接地電路	三極（每一導線上一個	圖 1-4 (k)
三相四線式而中性線接地電路	三極（在非接地之導線上）	圖 1-4 (l)
三相四線式而中性線非接地電路	四極（每一導線上一個）	圖 1-4 (m)

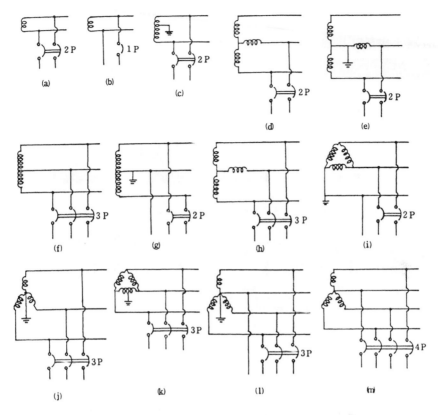

圖 1-4　過電流保護器應具有之極數

1-8　過電流保護器之額定的選用

　　過電流保護器之額定選擇是否正確，對系統之保護作用息息相關，爲獲得正確的選擇過電流保護器之額定，須依下列原則：

1. 額定電壓（Rated Voltage）：

　　過電流保護器之額定電壓，必須選用高於受保護之電路電壓；於低壓配線系統，過電流保護器之額定電壓，單相爲 220 伏特以上，三相爲 380 伏特以上。限流型之熔絲因設計在標定電壓上使用，若使用在超過標定之電壓時，可能產生異常電壓的危險，故應避免。

表 1-3 無熔線斷路器之規格

無熔線斷路器 │ NF系列 │ 過負載/短路 保護兼用

框架容量(AF)			30			50			100			100			125		
型 式			NF30-SN			NF50-CN			NF100-CN			NF100-SN			NF125-SN		
外 觀																	
額定電流In (A)(AT) 基準周圍溫度40℃			3,5,10,15,20,30.			10,15,20,30,40,50.			10,15,20,30,40, 50,60,75,100.			10,15,20,30,40, 50,60,75,100.			10,15,20,30,40,50, 60,75,100,125.		
極 數(P)			2	3	4	2	3	4	2	3	4	2	3	4	2	3	4
額定絕緣電壓 Ui (V)	AC		690			690			690			690			690		
	DC		—			—			—			—			—		
額定工作電壓 Ue (V)			600			600			600			600			600		
外型及安裝尺寸 (mm)		a	50	75	100	50	75	100	50	75	100	50	75	100	60	90	120
		b	130			130			130			130			155		
		c	68			68			68			68			68		
		ca	90			90			90			90			90		
		bb	111			111			111			111			132		
		aa	0	25	25	0	25	25	0	25	25	0	25	25	0	30	30
製品重量 (kg)			0.45	0.65	0.85	0.45	0.65	0.85	0.45	0.65	0.85	0.45	0.65	0.85	0.9	1.3	1.6
額定啟斷容量 (kA) #註4.	Icu/Ics AC #註1.	CNS 14816-2 IEC 60947-2 EN 60947-2 JIS C8201-2 *550V *600V	1.5/0.8			1.5/0.8			5/2.5			7.5/3.8			7.5/3.8		
		440V *480V	2.5/1.3			2.5/1.3			7.5/3.8			10/5			15/7.5		
		380V *415V	2.5/1.3			2.5/1.3			7.5/3.8			15/7.5			22/11		
		220V *240V	5/2.5			5/2.5			10/5			25/13			30/15		
	NEMA asym/sym AC #註1.	*550V *600V	1.5			1.5			5			7.5			7.5		
		440V *480V	2.5			2.5			7.5			10			18/15		
		380V *415V	2.5			2.5			7.5			18/15			25/22		
		220V *240V	5			5			10			30/25			35/30		
	IEC 60947-2 EN 60947-2 Icu DC #註2. #註3.	250V	—			—			—			—			—		
		125V	—			—			—			—			—		
接 線 方 式			壓著端子			壓著端子			壓著端子			壓著端子			壓著端子		
過載跳脫方式			完全電磁式			完全電磁式			完全電磁式			完全電磁式			完全電磁式		
跳 脫 按 鈕			有			有			有			有			有		

【註】 1. "*" 標明之電壓值非台灣地區系統電壓,其相對應之啟斷容量僅供參考,實際啟斷容量以證書為主。

2. DC type非標準規格品,須於訂貨時註明,另行製造出貨。

3. N系列之熱動電磁式為AC/DC共用,DC之Icu值為相對應啟斷容量,請恕無法在實體產品上標示。

4. 規格表中無標示之電壓啟斷容量,請以已標示電壓乘I.C容量相等方式換算參考,恕無法將全部I.C標示於表中及開關本體中。

2.頻率（Frequency）：

標準為 60 赫或 50 赫，台灣地區皆採用 60 赫 。

3.框架容量（Frame Current）：

無熔線斷路器（NFB）或低壓氣斷路器（ACB）之額定啓斷容量隨框架容量（AF）之增大而增加，故設計時需將裝置保護器之處的短路電流先計算出來，然後選定能夠完全啓斷短路電流之框架容量，若無適當之框架容量的保護器用以保護線路時，可選用較大之框架容量，例如：某 3ϕ220V 配電線路，若負載僅 20A ，依常理可選用 50AF 之 NFB 即可，若該裝置點之短路電流為 8000 安培，若無 50AF 之 NFB 之啓斷容量（I.C.）超過 8000A 時，可選用 100AF 之 NFB 。

無熔線斷路器之額定如表 1-3 所示者為 NFB 之規格。

4.額定電流（Rated Current）：

因分路之負載不同可分為：

(1)　保護電燈之電路過載者：保護器之額定值不得超過該電路之額定電流，但斷路器或熔絲之標準額定無法配合導線之安全電流者，得選用高一級之額定值，但保護器之額定電流不得超過導線安全電流之 1.25 倍；切記在額定值 800A 以上時不得作高一級之選用，例如：設最大負載電流為 110A ，而幹線之安全電流為 115A 時，則過電流保護器可選用 125A 者 。

(2)　保護變壓器、馬達、電容器等電路之短路及過載者，若採用熔絲時，其額定電流可大於電路之額定電流（因考慮變壓器之激磁電流、馬達之啓動電流、電容器之充電電流及雷擊電流等），惟不得超過變壓器、馬達、電容器額定電流之 2.5 倍為原則。

(3)　保護電熱裝置的幹線之過電流保護器，其額定電流應小於幹線之安培容量 。

茲將各種負載需選用保護器之額定電流值列於表 1-4 至表 1-11 ：

14 配線設計

表 1 - 4　電燈電路過電流保護器之選擇表

分路	分　路　種　類		熔絲容量(A)	斷路器容量(A)
分路	15A		16	15
	20A		20	20
	30A		30	30
	50A		50	50
	最大使用電流(A)	導線最小線徑	熔絲容量(A)	斷路器容量(A)
幹	20 以下	2·0mm	20	20
	30 以下	2·6mm	30	30
	40 以下	14mm²	40(50)	40(50)
	50 以下	14mm²	50	50
	75 以下	30mm²	80	75
	90 以下	38mm²	100	90(100)
	100 以下	38mm²	100	100
	125 以下	60mm²	125	125
	150 以下	80mm²	160	150
	175 以下	100mm²	200	175
	200 以下	125mm²	200	200
	250 以下	150mm²	250	250
	300 以下	200mm²	300	300
	350 以下	250mm²	350	350
線	400 以下	325mm²	400	400

表 1 - 5　電熱器分路過電流保護器之選擇表

電熱器容量（KW）			導線最小線徑	熔絲容量(A)	斷路器容量(A)
110V 單相二線式	220V 單相二線式 110V／220V 單相三線式	220V 三相三線式	線　徑		
1·5 以下	3 以下	5 以下	1·6mm	16	15
2 以下	4 以下	7 以下	2	20	20
3 以下	6 以下	10 以下	2·6	30	30
4 以下	8 以下	14 以下	3·2	35	40
5 以下	10 以下	17 以下	14mm²	50	50
7·5 以下	15 以下	25 以下	22mm²	80	75
10 以下	20 以下	35 以下	38mm²	100	100
12·5 以下	25 以下	40 以下	50mm²	125	125
15 以下	30 以下	50 以下	60mm²	160	150
17·5 以下	35 以下	60 以下	80mm²	200	175
20 以下	40 以下	70 以下	100mm²	200	200
25 以下	50 以下	85 以下	150mm²	250(225)	250(225)
30 以下	60 以下	105 以下	200mm²	300	300
35 以下	70 以下	120 以下	250mm²	350	350
40 以下	80 以下	140 以下	325mm²	400	400

表1-6　交流電弧電焊器分路過電流保護器之選擇表

電焊器額定輸入（KVA）		導線最小線徑	熔絲容量(A)	斷路器容量(A)
110V	220V			
1.5 以下	3 以下	1.6mm	16	15
2 以下	4 以下	2	20	20
3 以下	6 以下	2.6	30	30
4 以下	8 以下	3.2	35	40
5 以下	10 以下	14mm²	50	50
7.5 以下	15 以下	22mm²	80	75
10 以下	20 以下	38mm²	100	100
12.5 以下	25 以下	50mm²	125	125
15 以下	30 以下	60mm²	160	150
17.5 以下	35 以下	80mm²	200	175
20 以下	40 以下	100mm²	200	200
25 以下	50 以下	150mm²	250(225)	250(225)
30 以下	60 以下	200mm²	300	300

表1-7　三相220V感應電動機分路過電流保護器之選擇表

電動機		全載電流(A)	分路最小線徑	熔絲容量(A)	斷路器容量(A)
KW	HP				
(0.75)	1.0	3.5	1.6mm	10	10
1.0		4.3	1.6	10	10
1.5	2.0	6.5	1.6	16	15
2.0		8.1	1.6	20	20
	3.0	9.0	1.6	20	20
3.0		12.0	1.6	25(30)	30
(3.7)	5.0	15.0	2.0	30	30
5.0		19.0	2.6	30	30
	7.5	22.0	2.6	35(30)	40
7.5	10.0	27.0	8(5.5)mm²	50	50
10.0		37.0	14(8)mm²	63(50)	50
15.0	15.0	40.0	14(14)mm²	80(75)	75
	20.0	52.0	22(14)mm²	80(75)	75
	25.0	64.0	38(22)mm²	100	100
20.0		70.0	38(22)mm²	100	100
	30.0	78.0	38(30)mm²	125	125
25.0		87.0	50(38)mm²	125	125
	35.0	91	60(50)mm²	160	150
30.0	40.0	104	60(50)mm²	160	150
	50.0	125	80(60)mm²	200	200
40.0		137	100(60)mm²	200	200
50.0		171	125(100)mm²	300	300

表 1-8　三相 3000V 1 號及 2 號特種鼠籠式電動機短路保護用電力熔絲額定電流之推薦表

額定輸出 （KW）	極　　數	滿載電流（A）	起動電流（A）	電力熔絲之額定電流 值（最適當值）(A)
40	4～12	10.3～12.7	49～　63	50
50	4～12	12.6～15.3	60～　77	75
60	4～12	15.0～17.9	71～　90	75
75	4～12	18.5～21.9	88～　110	75
100	4～12	24.3～28.4	115～　140	100
125	4～12	30.0～34.4	145～　175	100
150	4～12	35.6～41.3	190～　210	100
200	4～12	47.0～54.1	225～　270	200
250	4～12	55.0～67.5	275～　338	200
300	4～12	65.5～81.0	325～　405	200
400	4～12	87.0～108.0	435～　540	300
500	4～12	107.0～135.0	535～　675	400
600	4～12	129.0～162.0	645～　810	400
750	4～12	158.0～200.0	780～1000	600

表 1-9　三相 3000V 繞線式電動機短路保護用電力熔絲額定電流之推薦表

額定輸出 （KW）	極　　數	滿載電流（A）	起動電流（A）	電力熔絲之額定電流 值（最適當值）(A)
40	4～12	10.3～12.3	18.5 以下	20
50	4～12	12.6～14.9	22.5 以下	30
60	4～12	15.0～17.5	26.5 以下	30
75	4～12	18.5～21.3	32.0 以下	40
100	4～12	24.3～27.7	41.5 以下	50
125	4～12	30.0～34.0	51.0 以下	70
150	4～12	35.6～40.3	60.5 以下	70
200	4～12	47.0～52.8	79.5 以下	100
250	4～12	53.5～66.0	100 以下	100
300	4～12	66.5～79.0	125 以下	150
400	4～12	86.5～105.0	160 以下	200
500	4～12	106.0～132.0	200 以下	200
600	4～12	128.0～158.0	240 以下	300
750	4～12	156.0、198.0	300 以下	300

表1-10　變壓器短路故障保護用電力熔絲額定電流之推薦表

相數	電路電壓(KV)／變壓器容量(KVA)	3.3 變壓器額定電流(A)	電力熔絲額定電流(A)	6.6 變壓器額定電流(A)	電力熔絲額定電流(A)	11 變壓器額定電流(A)	電力熔絲額定電流(A)
單相	5	1.52	10	0.76	10	—	—
	10	3.03	10	1.52	10	0.91	10
	15	4.55	10	2.28	10	1.36	10
	25	7.57	30	3.78	10	2.27	10
	50	15.2	30	7.6	20	4.55	10
	75	22.7	50	11.4	30	6.82	20
	100	30.3	75	15.2	30	9.10	30
	150	45.5	100	22.8	50	13.6	50
	200	60.7	100	30.4	100	18.2	50
	300	91.0	150	45.6	100	27.3	75
	500	151.4	300	76.0	150	45.5	100
三相	10	1.75	10	0.88	5	—	—
	15	2.36	10	1.32	5	0.79	5
	25	4.38	10	2.19	10	1.31	10
	50	8.75	30	4.38	10	2.63	10
	75	13.1	30	6.55	20	3.94	10
	100	17.5	50	8.76	30	5.25	10
	200	35.0	75	17.5	50	10.5	30
	300	52.5	100	26.3	50	15.7	50
	500	87.5	150	43.8	100	26.2	50
	1000	175	300	87.5	150	52.5	100
	1500	263.0	400	132	200	78.0	150

表1-11　高壓電容器一次側保護用電力熔絲額定電流之推薦表

電容器定額 三相容量(KVAR) 3300V	6600V	額定電流(A)	電容器之估計充電電流有效值(最大)(A)	電力熔絲額定電流(A)
—	10	0.88	50	10
—	15	1.32	75	10
10	20	1.75	100	20
15	30	2.63	150	20
20	—	3.5	180	20
25	50	4.38	240	30
30	—	5.26	270	30
50	100	8.75	600	50
75	150	13.15	700	50
100	200	17.5	1200	75
150	300	26.3	1500	100
200	—	35.0	1600	100
250	500	43.8	1750	150
300	—	52.6	2000	150
500	1000	87.5	2500	200
844	1667	146	3000	300
1000		175	3000	400

5.啓斷容量（Interrupting Capacity,簡寫爲I.C.）：

　　過電流保護器之啓斷容量需能啓斷事故發生後½週波之不對稱短路電流爲原則，亦即保護器之額定啓斷容量需大於裝置點可能發生之不對稱電流的最大值。過電流保護器之啓斷容量需能啓斷事故發生後的½週波之不對稱短路電流爲原則，亦即保護器之額定啓斷容量需大於裝置點可能發生之不對稱電流的最大值。過電流保護裝置之短路啓斷容量(IC)應能安全啓斷裝置點可能發生之最大短路電流，採用斷路器者，額定極限短路啓斷容量(I_{CU})不得低於裝置點之最大短路電流，其額定使用短路啓斷容量(I_{CS})值應由設計者選定，並於設計圖標示I_{CU}及I_{CS}值。

1-9　過電流保護器之裝設地點

　　導線之過電流保護除有下列各項情形之一者外，應裝於該導線由電源受電的分歧點（如圖1-5）：

(1)　進屋線之過電流保護裝置裝於屋內接戶開關之負荷側。

(2)　幹線或分路之過電流保護裝置，既可保護電路中之大導線亦可保護較小導線者，如圖1-6所示，若以XLPE絕緣導線按金屬管配線時，母線分歧點 "A" 之40A絲，不但可保護$8mm^2$之幹線，亦可保護$5.5mm^2$之分歧導線，故分歧點 "B" 可不必加裝過電流保護器。

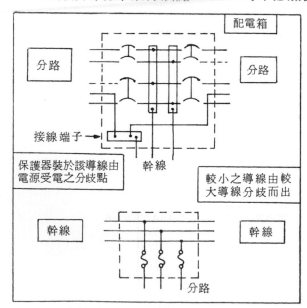

圖1-5　作爲電路導線之過電流保護的施設位置

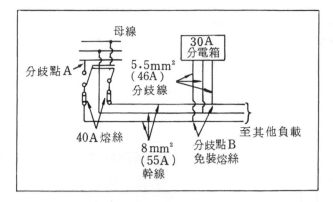

圖 1-6　分歧導線已受幹線熔絲保護 (XLPE 絕緣導線按金屬管配線)

不必加裝過電流保護器。

(3)　自分路導線分接至個別出線口之分接線之長度不超過 3 公尺 (或稱出線頭) ，其線徑若在 2.0 mm 以上，且長度不超過 3 公尺者，可視由分路之過電流保護器保護，在出線頭之分歧點可免裝過電流保護器。

(4)　幹線之分歧線長度不超過 3 公尺而有下列各點之規定者，在分歧點處

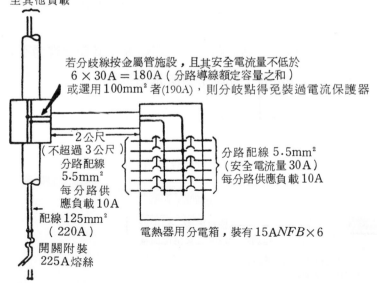

圖 1-7　幹線之分歧線長度不超過 3 公尺者，分歧點免裝
　　　　過電流保護器配線之圖例 (PVC 絕緣導線按金屬管配線)

，得免裝過電流保護裝置：

① 分歧導線之安全電流量不低於其所供各分路之分路額定容量之和或其供應負載之總和，如圖1-7所示。

② 該分歧線係配裝在配電盤或配電箱之內或安裝於導線管內者，如圖1-8所示。

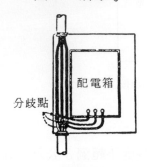

圖1-8　幹線之分歧線長度不超過3公尺且配裝在配電箱內

(5) 幹線之分歧線長度不超過8公尺而有下列各點之規定者得免裝於分歧點：

① 分歧線之安全電流量不低於幹線之三分之一者，如圖1-9所示。

② 妥加保護不易為外物所碰傷者。

③ 分歧線末端所裝之一具斷路器或一組熔絲，其額定容量不超過該分歧線之安全電流量，如圖1-9所示。

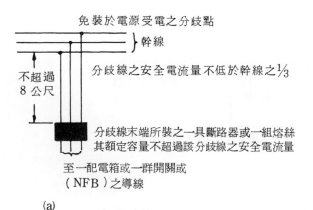

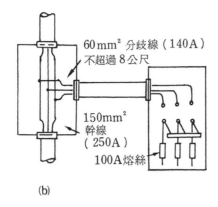

60 mm² 分歧線（140A）
不超過 8 公尺

150mm²
幹線
（250A）

100A熔絲

(b)

圖1-9　幹線之分歧線長度不超過 8 公尺者如符合圖(a)及圖(b)之條件，
　　　　過電流保護器得免裝於分歧點之配線圖例(PVC 絕緣導線按金屬管配置)

習題 1

1. 試述配線系統中過電流之起因？
2. 配線系統中採用過電流保護器之理由安在？
3. 試述低壓過電流保護器之種類及用途？
4. 何謂全容量保護方式？有何優劣點？
5. 何謂縱續保護方式？有何優劣點？
6. 試述採用縱續保護方式應具那些條件？
7. 某一配線，若線路電壓為220 V，過電流保護器裝置點之故障電流值（非對稱值）為9500 A，負載電流為25 A，試詳述斷路器（NFB）之額定電壓、框架容量（電流）、額定電流、啟斷容量應如何選擇？

2

短路電流計算

2-1 概說

　　近年來工商業發展神速，國民生活水準提高，用電量突增，促使電力公司之發電容量驟增，輸配電系統短路電流因而增加，爲使人員及設備不致因保護設備（如無熔線斷路器，簡稱NFB）之啓斷容量（Interrupting capacity，簡稱IC）不足所引起的事故而損傷起見，對嚴格選擇過電流保護設備之啓斷容量是相當重要的。第一章所述之過電流保護（Over-current protective）之主要目的在當流經導線及設備（如馬達或電具）之電流超過某一數值時，導致導線或設備之溫度上升，而使導線或設備之絕緣劣化前，將電路自動切斷；此等過電流保護器如熔絲、無熔線斷路器等應具有足夠的啓斷容量，以對付在過電流保護器裝置地點發生短路時之可能的最大短路電流；配線系統所發生之短路電流的大小，視電源至短路故障點間之電路及設備之等效阻抗而定，並非與系統所連接之負載有直接關係；高壓用戶之短路電流的大小與用戶自備變壓器容量及馬達倒灌電流（因電源系統短路時，電源電壓接近零，故馬達因電壓突然消失，但馬達因慣性作用而繼續作短暫的運轉，變成發電機作用而供給電流至故障點，謂之倒灌電流或反饋電流）有關。

計算短路電流之值，係爲選擇最適當啓斷容量之保護設備，以最經濟安全的保護線路及設備，確保供電的可靠性。

2-2 短路電流之來源

於故障點發生短路事故時，感應電動機及同步電動機，均因電源之電壓消失而不再自配電線路或變壓器吸取電能，但其運轉及所連接之機械的慣性作用，而使電動機繼續旋轉，電動機之線圈切割磁力線而產生電動勢，變爲發電機作用，供給短路點之電流；還有電力公司（或自備發電系統）供給故障點之電流及電力電容器（改善功率因數用）之放電電流均爲故障點短路電流之來源。茲說明短路電流之來源如下：

1. 發電機產生之短路電流

發電機不論以水輪機、蒸汽渦輪或柴油引擎作爲原動力，在該發電機所供應之線路發生短路事故時，因發電機之激磁及運轉速度尚在正常狀況下，故其產生之電動勢在故障點產生短路電流，由發電機供給之短路電流的大小視發電機之阻抗及線路阻抗的限制，設發電機之阻抗爲 $\overline{Z}_G$，線路阻抗爲 $\overline{Z}_L$，則 $\overline{Z} = \overline{Z}_G + \overline{Z}_L$（向量和），短路電流 I_s 爲：

$$I_s = \left| \frac{E}{Z} \right| \qquad\qquad (\,2\text{-}1\,)$$

上式中 $E=$ 故障點處之電源電壓；I_s 爲三相短路電流。

2. 感應電動機所產生之短路電流

因感應電動機沒有直流激磁，當故障發生時，轉子的磁通不能立即衰減，由於慣性作用在定子感應電壓而供給故障點之短路電流，此種短路電流約經數週波（Hz）後完全消失，所以感應電動機僅考慮其次暫態電抗

X''_d（X''_d為次暫態電抗為發生短路時，第一週波的電抗值），X''_d約為感應電動機之轉子堵住（Rotor　Blocked）時之電抗值。

3. 同步電動機產生之短路電流

同步電動機在正常運轉下，由交流電源供給電流，將電能轉換為機械能，當電源發生短路時，線路電壓降低，同步電動機無法自電源吸進電能，反而因同步電動機的機械負載及轉子的慣性動能，使同步電動機變為發電機作用，供給短路電流；自激式同步電動機供給短路電流的情況與感應電動機相似，僅考慮次暫態電抗 X''_d；他激式發電機對供給短路電流之衰減率較緩，故需考慮暫態電抗（Transient Reactance）X'_d（X'_d 為發生短路後，½秒至2秒的電抗值）。

4. 電容器產生之短路電流

改善功率因數用之電力電容器，當配電系統發生短路故障時，電容器將對故障點放電，但因電容器所貯存的能量不大，且為高額率，為時約1～2週波（Hz），通常計算短路電流時皆不計算。

2-3　短路電流之計算基礎

1. 歐姆定律

計算短路電流時，採用歐姆定律，即 $I_s = \dfrac{E}{Z}$，　在配線系統中以三相短路時之短路電流為最大，線間短路電流約為三相短路電流之87％，一線接地之故障電流約為三相短路電流之60～125％，但一般情況下均不超過三相短路電流，故短路電流計算均針對三相短路電流。

2. 短路電流之成份

短路電流係由對稱交流成分與不對稱直流成分所組成，即：

$$i_{as} = i_{ac} + i_{dc} \tag{2-2}$$

式中 i_{as} 爲不對稱短路電流，i_{ac} 爲對稱交流成分，i_{dc} 爲不對稱直流成分，i_{as} 爲瞬間值，若以有效值表示爲：

$$I_{AS} = \sqrt{\left(\frac{I_{ac}}{\sqrt{2}}\right)^2 + I_{dc}^2} \tag{2-3}$$

式中 I_{AS} 爲不對稱短路電流之有效值，I_{ac} 爲交流成分之最大值，I_{dc} 爲直流成分；在實際情況下，因線路皆有電阻存在，其直流成分由 $i_{dc}^2 R$ 所消耗，此種消耗係按指數函數衰減而消失，衰減之情況與電源至故障點間之阻抗有關，若 X/R 值大時，直流成分之衰減速度較慢，反之則衰減速度較快。

3. 對稱電流與不對稱電流

在配電系統發生短路事故時，產生暫態的非對稱短路電流，約經過 0.1秒，然後即變爲定態的對稱短路電流；不對稱短路電流的衰減與 X/R 有關，經過數週波後，變爲對稱電流，典型的短路電流如圖 2-1 所示。設不對稱電流與對稱電流之有效值的比值爲K，則：

$$K = \frac{I_{AS}}{I_S} \tag{2-4a}$$

$$I_{AS} = K I_S \tag{2-4b}$$

上二式中，I_{AS} 爲不對稱電流之有效值，I_S 爲對稱電流之有效值，K爲短路故障之非對稱係數，K與 X/R 之關係如表 2-1 所示。

2-4 標么值之計算

1. 標么值（Per Unit）之定義

標么值之定義爲實在值與基準值（Base Value）之比值，標么值簡稱PU值；電機之電壓、電流、功率等均視電機之容量而定；電壓降及功

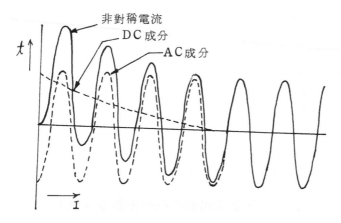

圖 2-1 典型之短路電流

表 2-1 短路故障非對稱表

短 路 回 路 X／R	非對稱係數 單相短路	三相短路	短 路 回 路 X／R	非對稱係數 單相短路	三相短路	短 路 回 路 X／R	非對稱係數 單相短路	三相短路
∞	1.73	1.39	5.80	1.29	1.15	2.67	1.091	1.046
100.0	1.69	1.37	5.46	1.28	1.14	2.59	1.084	1.043
50.0	1.67	1.36	5.17	1.26	1.14	2.51	1.078	1.039
33.3	1.63	1.33	4.90	1.26	1.13	2.43	1.073	1.036
25.0	1.60	1.32	4.66	1.23	1.12	2.36	1.068	1.033
20.0	1.57	1.30	4.43	1.22	1.11	2.29	1.062	1.031
16.6	1.54	1.29	4.23	1.21	1.11	2.22	1.057	1.028
14.3	1.51	1.27	4.04	1.19	1.10	2.16	1.053	1.026
12.5	1.49	1.26	3.87	1.18	1.09	2.10	1.049	1.024
11.7	1.47	1.25	3.71	1.17	1.08	2.04	1.045	1.022
11.0	1.46	1.24	3.57	1.16	1.08	1.98	1.041	1.02
9.95	1.44	1.23	3.43	1.15	1.08	1.93	1.038	1.019
9.04	1.41	1.22	3.30	1.14	1.07	1.88	1.034	1.017
8.27	1.39	1.20	3.18	1.13	1.07	1.83	1.031	1.016
7.63	1.37	1.19	3.07	1.12	1.06	1.78	1.029	1.014
7.07	1.35	1.18	2.96	1.113	1.057	1.73	1.026	1.013
6.59	1.33	1.17	2.86	1.105	1.053	1.52	1.015	1.008
6.17	1.31	1.16	2.76	1.098	1.049	1.33	1.009	1.004

註 ： 1. 本表乘數適用於求第一半週之最大非對稱值 。

2. 據 NEMA 規格 ABI-1964 所列公式 $\sqrt{1+e^{\frac{-2\pi R}{X}}}$ 計算而得者 。

率損失亦隨電機容量及阻抗而異，若將功率損失或電壓降分別除以其功率或額定電壓，再相互比較其特性較爲麻煩，若用ＰＵ值來比較將大爲方便，例如有兩具不同電壓之電動機，其起動時之電壓分別爲：

	電 動 機 甲	電 動 機 乙
額 定 電 壓	3300V	220V
起動時電壓	3036V	209V
起動時電壓 PU 值	0.92	0.95

如只由兩具電動機之額定電壓及起動時電壓來觀察，其起動特性較不容易分別；若由起動時電壓之ＰＵ值，便可立卽看出電動機乙之起動特性較佳；尤其在系統中有若干種不同電壓時，標么值更爲便捷，若阻抗以選定的ＫＶＡ爲基準值，而以標么值表示時，可不必考慮變壓器之變壓比及系統中各種不同的電壓，而能直接以串聯或並聯的方式合併。

ＫＶＡ、Ｖ、Ｉ、Ｚ四者皆可選爲基準值，此四者中任選二者，其餘二者卽可利用歐姆定律算出，通常計算短路電流時皆選擇ＫＶＡ及Ｖ爲基準值，例如ＫＶＡ$_b$及ＫＶ$_b$分別爲所選擇之仟伏安及電壓之基準值，則其餘的電流基準值爲：

$$單相時 \quad I_b = \frac{KVA_b}{KV_b} \tag{2-5}$$

$$三相時 \quad I_b = \frac{KVA_b}{\sqrt{3}\,KV_b} \tag{2-6}$$

上二式中ＫＶＡ$_b$爲總容量，ＫＶ$_b$爲線間電壓。

阻抗之基準值爲：

$$單相時 \quad Z_b = \frac{KV_b}{I_b} \times 10^3 \tag{2-7}$$

$$三相時 \quad Z_b = \frac{KV_b}{\sqrt{3}\,I_b} \times 10^3 \tag{2-8}$$

選用基準值時應考慮儘量使各種電機之額定標么值約等於 1 以利計算。

2．配電系統等效阻抗之標么值計算

$$X_s (PU) = \frac{KVA_b}{KVA_s} \qquad (2-9)$$

上式中X_s（PU）為配電系統之等效電抗標么值，KVA_b為所選擇之仟伏安基準值，KVA_s為電源側母線之短路容量或所裝斷路器之啟斷容量。

在三相系統中可將2－9式改為：

$$X_s (PU) = \frac{KVA_b}{\sqrt{3} I_s KV_s} \qquad (2-10)$$

上式中I_s為電源母線之短路電流值，KV_s為電源之系統額定仟伏電壓。

3．由歐姆值轉換為標么值

設選定計算用KVA基準值為KVA_b，每線之電抗值（相線與中性點間之電抗值）為X（Ω），線間電壓為KV，則：

$$X_{pu} = \frac{X(\Omega) \cdot KVA_b}{1000 (KV_b)^2} \qquad (2-11)$$

上式中KVA_b為設定之三相基準容量。

4．由標么電抗值換算為百分電抗值 (X%)

$$X(\%) = \frac{X(\Omega) \cdot KVA_b}{10 (KV_b)^2} \qquad (2-12)$$

比較（2－11）式與（2－12）式，可得結果如下：

$$X_{pu} = \frac{X(\%)}{100} \qquad (2-13)$$

5．由PU值或%值轉換為歐姆值

由（2－11）式可改寫為：

$$X（\Omega）=\frac{X_{pu}\cdot（KV_b）^2}{KVA_b}\times10^3 \tag{2-14}$$

由（2-12）式可改寫爲：

$$X（\Omega）=\frac{X（\%）\cdot（KV_b）^2}{KVA_b}\times10 \tag{2-15}$$

6。變換基準值之換算公式

(1) 變換KVA基準時：

$$\frac{R_1（PU）}{R_2（PU）}=\frac{KVA_{b1}}{KVA_{b2}} \tag{2-16}$$

$$\frac{X_1（PU）}{X_2（PU）}=\frac{KVA_{b1}}{KVA_{b2}} \tag{2-17}$$

$$\frac{Z_1（PU）}{Z_2（PU）}=\frac{KVA_{b1}}{KVA_{b2}} \tag{2-18}$$

（2-16）～（2-18）式中R_1，X_1，Z_1分別爲以KVA_{b1}爲基準KVA時之電阻、電抗、阻抗標么值；R_2，X_2，Z_2分別以KVA_{b2}爲基準KVA時之電阻、電抗、阻抗標么值。

(2) 變換KV基準值時：

$$\frac{Z_1（PU）}{Z_2（PU）}=（\frac{KV_{b2}}{KV_{b1}}）^2 \tag{2-19}$$

（2-19）式中Z_1（PU）爲KV_{b1}時之標么阻抗；Z_2（PU）爲KV_{b2}時之標么阻抗。

2-5 電力系統阻抗標么值

1. 電源側母線之短路阻抗計算

電源側母線之短路阻抗視電力公司變電所之主變壓器容量及配電線路而定，目前全台灣地區11.4KV系統電源側短路容量皆以250MVA，22.8KV系統電源側短路容量皆以500MVA來計算，69KV以上者洽電力公司業務處以決定電源側短路容量。

【例一】 設電源側短路容量爲250MVA，若選定基準KVA爲1000
KVA，試求電源側短路阻抗爲若干？

【解】 $X_{pu} = \dfrac{1000 \text{ KVA}}{250 \text{ MVA}} = \dfrac{1000 \text{ KVA}}{250000 \text{KVA}}$

$= 0.004$ （ 1 MVA = 1000 KVA ）

2. 變壓器之阻抗計算

表2－2爲士林變壓器之阻抗表，表2－3爲大同變壓器之阻抗表。

表2－2 士林製油浸式配電變壓器之標么阻抗參考值(75℃)

變壓器容量 （ KVA ）	單 相 型 變 壓 器			三 相 型 變 壓 器		
	R(P·U)	X(P·U)	Z(P·U)	R(P·U)	X(P·U)	Z(P·U)
25	0.0155	0.0165	0.0226	—	—	—
30	0.015	0.022	0.0266	—	—	—
37.5	0.014	0.018	0.0228	—	—	—
50	0.0135	0.017	0.0217	0.0176	0.028	0.032
75	0.014	0.024	0.0278	0.017	0.028	0.0326
100	0.014	0.023	0.027	0.017	0.021	0.027
150	0.0135	0.019	0.0233	0.0165	0.025	0.0295
200	0.0135	0.025	0.028	0.0145	0.028	0.0315
250	0.0135	0.025	0.0294	0.0135	0.025	0.0284
300	0.013	0.035	0.0373	0.0135	0.032	0.0347
400	0.011	0.035	0.0367	0.0125	0.032	0.0344
500	0.012	0.035	0.037	0.0115	0.028	0.0303
600	—	—	—	0.012	0.035	0.037
750	—	—	—	0.012	0.04	0.0417
1000	—	—	—	0.011	0.045	0.0463
1500	—	—	—	0.0105	0.05	0.051
2000	—	—	—	0.0105	0.06	0.061

表2-3 大同製油浸式配電變壓器之標么阻抗參考值(75℃)

單相型變壓器容量 （ KVA ）	Z （ PU ）	三相型變壓器容量 （ KVA ）	Z （ PU ）
25	0.029		
37.5	0.021		
50	0.03	50	0.025
75	0.033	75	0.03
100	0.036	100	0.03
150	0.045	150	0.029
200	0.034	200	0.029
250	0.036	250	0.032
300	0.040	300	0.031
400	0.051	400	0.035
500	0.039	500	0.034
		600	0.051
		750	0.054
		1000	0.062
		1500	0.054
		2000	0.049

【 例二 】 由表2-2可查出某三相100KVA變壓器，其電阻標么值爲0.017PU ，電抗標么值爲0.021PU，試求以1000KVA爲基準KVA時之標么阻抗爲若干？

【 解 】 由表2-2所查得之阻抗標么值皆以該變壓器容量爲基準值，若以1000KVA爲基準值，則因變換KVA基準值時由（2-16）～（2-18）式可得：

$$R（PU）=\frac{1000}{100}\times 0.017 = 0.17（PU）$$

$$X(PU) = \frac{1000}{100} \times 0.021 = 0.21 (PU)$$

$$Z = \sqrt{R^2 + X^2} = \sqrt{(0.17)^2 + (0.21)^2} = 0.27 (PU)$$

3. 馬達反饋電流之阻抗計算

一般工廠所裝接之馬達大多皆爲感應電動機，由2－2節可知感應電動機之反饋電流阻抗僅考慮一次暫態電抗X''_d即可，由表2－4可查出感應電動機之X''_d，X''_d約等於額定電流與起動電流之比值。

表2－4　感應電動機之標么電抗（以額定KVA爲基值）

感應電動機之種類	Xd''	Xd'
600^V 以上　大型電動機	0.17	—
600^V 以下　大型電動機	0.20	—
600^V 以下　小型電動機群	0.25	—

註：$X''_d \doteqdot \dfrac{額定電流}{起動電流}$　（P.U）

由表2－4可查出600V以下小型電動機群X''_d爲0.25，$X/R \doteqdot 6$即$X = 6R$。

【例三】　某電力系統所連接之220V電動機群共計125HP，設基準KVA爲1000KVA，試求馬達反饋電流之阻抗爲若干？

【解】　由表2－4可查出X''_d爲0.25，則$X/R = 6$，設$\overline{Z}_M$爲馬達反饋電流之阻抗，則：

$$\overline{Z}_M = (\frac{1}{6} + j1.0) \times 0.25 \times \frac{1000}{125} \text{（註125HP} \doteqdot 125\text{KVA）}$$

$$= 0.334 + j2.0 = 2.03 \underline{/80.5°}$$

4. 比流器之電抗

若已知比流器（CT）之電抗值（Ω）時，可由（2-11）式求出其標么電抗X_{pu}之值,如表2-5所示為CT在1000KVA為基準容量,對208V,220V,380V,440V所算出之電抗標么值。

表2-5 比流器以1000KVA為基準之電抗標么值(單位千分之P.U)

額定電流 (A)	X (mΩ)	208^V	220^V	380^V	440^V
100	3.6	83.21	74.79	24.93	18.70
150	1.8	41.61	37.41	12.47	9.35
200	0.96	22.19	19.95	6.65	4.99
250	0.66	15.26	13.71	4.57	3.43
300	0.504	11.65	10.47	3.49	2.62
400	0.324	7.49	6.732	2.244	1.68
500	0.216	4.993	4.488	1.496	1.12
600	0.192	4.438	3.990	1.330	1.00
800	0.120	2.774	2.493	0.831	0.62
1000至4000	0.072	1.664	1.497	0.499	0.37

【例四】 某500/5A之比流器之電抗為0.216mΩ,以1000KVA為基準容量,試求在208^V,220^V,380^V,440^{V}之電抗標么值各為若干?

【解】 由(2-11)式可得:

(1) 208^{V}時:

$$X_{pu} = \frac{0.000216 \times 1000}{1000 \times (0.208)^2} = 0.00493 \ PU$$

(2) 220^{V}時:

$$X_{pu} = \frac{0.000216 \times 1000}{1000 \times (0.22)^2} = 0.0044 \ PU$$

(3) 380^{V}時:

$$X_{pu} = \frac{0.000216 \times 1000}{1000 \times (0.38)^2} = 0.001496 \ PU$$

(4) 440^{V}時:

$$X_{pu} = \frac{0.000216 \times 1000}{1000 \times (0.44)^2} = 0.00112 \ PU$$

5. 導線之阻抗

(1) 平行裝置之銅（鋁）匯流排之電抗（Ω）值及電抗標么（ＰＵ）值如表２-６所示。

(2) 各種電線、電纜之阻抗表如表２-７、表２-８及表２-９所示。

表２-６　平行裝置銅（鋁）排母綫（匯流排）每1000公尺之標么值（1000 KVA 基值60 HZ）

規　格 （mm）	相間距離 S＝10 cm					相間距離 S＝15 cm				
	X （Ω）	208ᵛ	220ᵛ	380ᵛ	440ᵛ	X （Ω）	208ᵛ	220ᵛ	380ᵛ	440ᵛ
30 × 5-1	0.207	4.78	4.28	1.44	1.07	0.241	5.58	4.98	1.67	1.25
40 × 5-1	0.188	4.35	3.89	1.30	0.97	0.223	5.16	4.61	1.55	1.15
40 × 5-2	0.174	4.03	3.60	1.21	0.90	0.204	4.72	4.22	1.41	1.05
40 × 10-1	0.183	4.24	3.78	1.27	0.95	0.229	5.30	4.74	1.59	1.18
40 × 10-2	0.162	3.75	3.35	1.12	0.84	0.193	4.46	4.00	1.43	1.00
50 × 5-1	0.174	4.03	3.60	1.21	0.90	0.204	4.71	4.22	1.41	1.05
50 × 10-1	0.168	3.88	3.49	1.16	0.87	0.198	4.59	4.10	1.37	1.02
50 × 10-2	0.150	3.47	3.10	1.04	0.78	0.180	4.16	3.72	1.25	0.93

規　格 （mm）	相間距離 S＝20cm					相間距離 S＝15cm				
	X （Ω）	208ᵛ	220ᵛ	380ᵛ	440ᵛ	X （Ω）	208ᵛ	220ᵛ	380ᵛ	440ᵛ
60 × 10-1	0.208	4.80	4.30	1.44	1.08	0.186	4.30	3.85	1.29	0.96
60 × 10-2	0.196	4.54	4.06	1.36	1.01	0.173	4.00	3.68	1.20	0.90
80 × 10-1	0.190	4.40	4.93	1.32	0.98	0.168	3.88	3.49	1.16	0.87
80 × 10-2	0.180	4.16	3.72	1.25	0.93	0.156	3.60	3.23	1.08	0.81
100 × 10-1	0.178	4.12	3.68	1.23	0.92	0.154	3.56	3.18	1.07	0.80
100 × 10-2	0.166	3.84	3.44	1.15	0.86	0.144	3.33	2.98	1.00	0.75
120 × 10-1	0.165	3.82	3.42	1.14	0.85	0.142	3.28	2.94	0.98	0.74
120 × 10-2	0.149	3.45	3.08	1.03	0.77	0.130	3.01	2.69	0.90	0.67

註：　1.　本表據西門子出版電氣裝置技術一書所列資料而計算者。
　　　2.　使用時應先確定 S 值，又表中電壓適用於單相或三相電路。

表 2 - 7　600伏以下二心，三心電纜感抗表（歐／公里）60週／秒

公　稱 面　積 mm²	在 空 氣 中 或 非 金 屬 管 中 X_L		金 屬 管 中 X_L		R （50°C）
	B N ①	C V ②	B N ③	C V ④	
3.5	0.120	0.110	0.150	0.138	5.65
5.5	0.112	0.110	0.140	0.138	3.62
8	0.107	0.104	0.134	0.130	2.51
14	0.0995	0.0973	0.124	0.122	1.41
22	0.100	0.0965	0.125	0.121	0.895
38	0.0943	0.0914	0.118	0.114	0.529
60	0.0943	0.0912	0.118	0.114	0.330
100	0.0939	0.0909	0.117	0.114	0.195
150	0.0927	0.0887	0.116	0.111	0.128
200	0.0920	0.0878	0.115	0.110	0.101
250	0.0897	0.0875	0.112	0.109	0.0783
325	0.0878	0.0856	0.110	0.107	0.0612

註：1. 上表所列係一心之感抗值。計算三相電路之電壓降時，上值應乘 $\sqrt{3}$，單相電路則乘2。上表之值係由 $L = 0.05 + 0.2\ \log e\ \dfrac{2s}{d}$ mH／kM.，$X_L = 2\pi f L$ 算出者。

2. 電線在金屬管中之感抗值約比在空氣中者增加25％，上表③、④欄即據此標準而計得者。

3. 如配線為單心橡皮絕緣電線或ＰＶＣ絕緣電線，則①、③欄可代替橡皮線感抗值，②、④欄代替ＰＶＣ線之感抗值。

4. 2.0mm 相當 3.5mm²，2.6mm 相當 5.5mm²。

5. 內規88年修正後絕緣導線若採用絞線其截面積不得小於3.5mm²。

表2－8　3300 伏二心，三心電纜感抗表（歐／公里）60 週／秒

公 稱 面 積 mm²	在 空 氣 中 或 非 金 屬 管 中 XL		金 屬 管 中 XL		R (50℃)
	BN ①	CV ②	BN ③	CV ④	
8	0.145	0.137	0.181	0.171	2.51
14	0.134	0.125	0.168	0.156	1.41
22	0.123	0.116	0.154	0.145	0.895
38	0.114	0.108	0.143	0.135	0.529
60	0.106	0.106	0.133	0.133	0.330
100	0.0995	0.0995	0.124	0.124	0.195
150	0.0983	0.0957	0.118	0.119	0.128
200	0.0957	0.0950	0.123	0.120	0.101
250	0.0946	0.0931	0.120	0.116	0.0783
325	0.0931	0.0908	0.116	0.114	0.0612

註：本表之說明同表（ 2－7 ）。

表2－9　11000 伏二心，三心電纜感抗表（歐／公里）60 週／秒

公 稱 面 積 mm²	在 空 氣 中 或 非 金 屬 管 中 XL		金 屬 管 中 XL		R (50℃)
	BN ①	CV ②	BN ③	CV ④	
22	0.161	0.149	0.201	0.186	0.895
38	0.149	0.137	0.186	0.171	0.529
60	0.137	0.127	0.171	0.159	0.330
100	0.126	0.126	0.158	0.158	0.195
150	0.118	0.110	0.148	0.138	0.128
200	0.114	0.106	0.143	0.133	0.101
250	0.110	0.103	0.138	0.129	0.0783
325	0.106	0.100	0.133	0.125	0.0612

註：本表之說明同表（ 2－7 ）。

由表 2〜7〜表 2‑9 可查出電纜之阻抗，將此等阻抗由（ 2 ‑ 11 ）
式可將歐姆值轉換爲各種不同電壓基準値之標么值，如表 2 ‑ 10 所示。

表 2 ‑ 10 金屬管內 P V C 絕緣導綫以 1000 KVA 爲基值之 1 km 電(阻)抗標么值(P.U)

導綫大小	208^V		190^V		380^V		220^V		440^V	
	X	R	X	R	X	R	X	R	X	R
1.6	3.44	233	4.13	279	1.03	69.9	3.07	209	.769	52.1
2.0	3.19	130	3.82	156	.956	39.1	2.85	117	.712	29.0
5.5	3.19	83.6	3.82	100	.950	25.0	2.85	74.8	.712	18.7
8.0	3.00	0.58	3.60	69.0	.900	17.3	2.68	51.8	.670	12.9
14	2.82	32.6	3.38	39.0	.844	9.76	2.52	29.2	.630	7.30
22	2.82	20.6	3.35	24.7	.837	6.19	2.50	18.5	.625	4.62
30	2.82	15.6	3.35	18.7	.837	4.67	2.50	15.3	.625	3.84
38	2.64	12.2	3.16	14.6	.789	3.66	2.35	10.9	.589	.273
50	2.64	9.36	3.16	11.4	.789	2.86	2.35	9.23	.589	2.33
60	2.64	7.64	3.16	9.14	.789	2.28	2.35	6.82	.589	1.71
80	2.64	5.32	3.16	6.38	.789	1.59	2.35	5.21	.589	1.30
100	2.64	4.50	3.16	5.40	.789	1.35	2.35	4.03	.589	1.01
125	2.56	3.59	3.08	4.34	.768	1.07	2.30	3.44	.575	.861
150	2.56	2.95	3.08	3.55	.768	.880	2.30	2.64	.575	.660
200	2.56	2.56 (2.34)	3.05	3.08 (2.83)	.768	0.77 (0.71)	2.29	2.30 (2.11)	.575	.552 (.507)
250	2.51	2.04 (1.84)	3.02	2.37 (2.14)	.754	0.61 (0.55)	2.25	1.83 (1.65)	.563	.458 (.412)
325	2.47	1.65 (1.45)	2.96	1.99 (1.75)	.740	.491 (.432)	2.21	1.48 (1.31)	.550	.370 (.325)
400	2.45	1.40 (1.20)	2.94	1.68 (1.44)	.735	.472 (.361)	2.19	1.26 (1.07)	.530	.350 (.272)
500	2.45	1.21 (.994)	2.94	1.46 (1.19)	.735	.363 (.297)	2.19	1.07 (.884)	.530	.273 (.221)

註： 表中之 X 値除以 1.25 即在 P V C 管內或在非金屬包電纜中者。導線
200 方公厘以上者其電阻在金屬管中較之在 PVC 管中大 （ 集膚作用 ）
，故其在（ ）內數字表示按 P V C 管配線者。

由表 2 - 11 可查出平行裝置銅（鋁）排母綫每 1000 公尺以 1000 K V A 爲基值之標么值。

表 2 - 11　平行裝置銅（鋁）排母線（匯流排）每 1000 公尺之標么值

（1000 KVA 爲基值 60 HZ）

規　格 （mm）	相間距離 S ＝ 10 cm					相間距離 S ＝ 15 c m				
	$\frac{X}{(\Omega)}$	208^V	220^V	380^V	440^V	$\frac{X}{(\Omega)}$	208^V	220^V	380^V	440^V
30 × 5-1	0.207	4.78	4.28	1.44	1.07	0.241	5.58	4.98	1.67	1.25
40 × 5-1	0.188	4.35	3.89	1.30	0.97	0.223	5.16	4.61	1.55	1.15
40 × 5-2	0.174	4.03	3.60	1.21	0.90	0.204	4.72	4.22	1.41	1.05
40 × 10-1	0.183	4.24	3.78	1.27	0.95	0.229	5.30	4.74	1.59	1.18
40 × 10-2	0.162	3.75	3.35	1.12	0.84	0.193	4.46	4.00	1.34	1.00
50 × 5-1	0.174	4.03	3.60	1.21	0.90	0.204	4.71	4.22	1.41	1.05
50 × 5-2	0.162	3.75	3.35	1.12	0.84	0.193	4.46	4.00	1.34	1.00
50 × 10-1	0.168	3.88	3.49	1.16	0.87	0.198	4.59	4.10	1.37	1.02
50 × 10-2	0.150	3.47	3.10	1.04	0.78	0.180	4.16	3.72	1.25	0.93

規　格 （mm）	相間距離 S ＝ 20 cm					相間距離 S ＝ 15 cm				
	$\frac{X}{(\Omega)}$	208^V	220^V	380^V	440^V	$\frac{X}{(\Omega)}$	208^V	220^V	380^V	440^V
60 × 10-1	0.208	4.80	4.30	1.44	1.08	0.186	4.30	3.85	1.29	0.96
60 × 10-2	0.196	4.54	4.06	1.36	1.01	0.173	4.00	3.68	1.20	0.90
80 × 10-1	0.190	4.40	4.93	1.32	0.98	0.168	3.88	3.49	1.16	0.87
80 × 10-2	0.180	4.16	3.72	1.25	0.93	0.156	3.60	3.23	1.08	0.81
100 × 10-1	0.178	4.12	3.68	1.23	0.92	0.154	3.56	3.18	1.07	0.80
100 × 10-2	0.166	3.84	3.44	1.15	0.86	0.144	3.33	2.98	1.00	0.75
120 × 10-1	0.165	3.82	3.42	1.14	0.85	0.142	3.28	2.94	0.98	0.74
120 × 10-2	0.149	3.45	3.08	1.03	0.77	0.130	3.01	2.69	0.90	0.67

註：1.　本表據西門子出版電氣裝置技術一書所列資料而計算者。

　　2.　使用時應先確定 S 值，又表中電壓適用於單相或三相電路。

【例五】 設 100 平方公厘（簡寫爲 $\overline{100}$ ）600^{V}級PVC絕緣導線於金屬配線時，每公里之電阻爲 $0.195\,\Omega$ ，電抗爲 $0.114\,\Omega$ ，設以 1000KVA爲基準值，試求每一公里在 190^V、208^V、220^V、380^V、440^V 時之電阻、電抗、阻抗標么值各爲若干？

【解】 $\overline{100}$ 之600^V 級 PVC（ 或 CV ）絕緣導線之標么阻抗如下：由（ 2 - 11 ）式可得：

(1) 190^{V}時：

$$R_{pu} = \frac{0.195 \times 1000}{1000 \times (0.19)^2} = 5.40 \ PU$$

$$X_{pu} = \frac{0.114 \times 1000}{1000 \times (0.19)^2} = 3.16 \ PU$$

$$Z_{pu} = \sqrt{(R_{pu})^2 + (X_{pu})^2} = \sqrt{(5.40)^2 + (3.16)^2}$$
$$= 6.26\,PU$$

(2) 208^V 時：

$$R_{pu} = \frac{0.195 \times 1000}{1000 \times (0.208)^2} = 4.50\,PU$$

$$X_{pu} = \frac{0.114 \times 1000}{1000 \times (0.208)^2} = 2.64\,PU$$
$$Z_{pu} = \sqrt{(4.5)^2 + (2.64)^2} = 5.22\,PU$$

(3) 220^V 時：

$$R_{pu} = \frac{0.195 \times 1000}{1000 \times (0.22)^2} = 4.03\,PU$$

$$X_{pu} = \frac{0.114 \times 1000}{1000 \times (0.22)^2} = 2.35\,PU$$

$$Z_{pu} = \sqrt{(4.03)^2 + (2.35)^2} = 4.67\,PU$$

(4) 380^V 時：

$$R_{pu} = \frac{0.195 \times 1000}{1000 \times (0.38)^2} = 1.35\ PU$$

$$X_{pu} = \frac{0.114 \times 1000}{1000 \times (0.38)^2} = 0.789\ PU$$

$$Z_{pu} = \sqrt{(135)^2 + (0.789)^2} = 1.56\,PU$$

(5)　440^V 時：

$$R_{pu} = \frac{0.195 \times 1000}{1000 \times (0.44)^2} = 1.01\ PU$$

$$X_{pu} = \frac{0.114 \times 1000}{1000 \times (0.44)^2} = 0.589\ PU$$

$$Z_{pu} = \sqrt{(1.01)^2 + (0.589)^2} = 1.17\ PU$$

由例題五可知表2-10係由（ 2-11 ）式所演算後而列出的。

6. 低壓斷路器之電抗

低壓斷路器指無熔線斷路器(NFB)而言，因閘刀開關所裝之過電流保護(熔絲)在被保護電路之最大短路電流不得超過 1500 安，一般工廠因短路電流皆超過1500A，故閘刀開關現皆已無熔線斷路器所取代。無熔線斷路器(NFB)以1000KVA為基準值之電抗標么直如表2-12所示。因無熔線斷路器之電阻比電抗小得很多，皆將其電阻忽略不計。

表2-12　無熔線斷路器（ NFB）以1000KVA為基值之電抗（ 單位：千分之P.U ）

框 架 容 量 （ A ）	X (mΩ)	208^V	220^V	380^V	440^V
50-100	3.6	83.2	74.3	44.9	18.6
225	0.96	22.1	19.8	6.65	4.96
400-800	0.192	4.43	3.96	1.33	0.993
1000-4000	0.072	1.66	1.48	0.50	0.372

註：1. 以上資料出自「電氣工事設計實務資料」（ 小林勳等編著 ）

　　2. 表中所列數字除以1000 始為 pu 值。

2-6　短路電流及短路容量之計算

整個電力系統之阻抗若算出時，即可算短路電流之對稱值如下：

對稱短路電流 $I_s = \dfrac{KVA_b}{\sqrt{3} \times KV_b \times Z_{pu}}$（A）　　　　　（2-20）

（2-20）式中為三相短路電流之對稱值，KVA_b 為選定之基準KVA值，通常皆選擇 1000KVA 為基準值。若欲求出對稱短路容量（KVA）時為：

對稱短路容量（KVA）$= \sqrt{3}\,KV_b \times I_s$　　　　　　　（2-21）

將（2-20）式代入（2-21）式，則：

對稱短路容量（KVA）$= \sqrt{3} \times KV_b \times \dfrac{KVA_b}{\sqrt{3} \times KV_b \times Z_{pu}}$

$$= \dfrac{KVA_b}{Z_{pu}} \qquad\qquad (2\text{-}22)$$

以上所述皆為對稱值，但選擇斷路器等保護設備時皆應採用可能發生之最大短路電流或容量，故應求出不對稱之短路電流或容量，由（2-4b）式可知：

不對稱短路電流 $I_{As} = K I_s$　（K為短路故障之非對稱係數，可由表
　　　　　　　　　　　　　　　　2-1查出）

不對稱短路容量（KVA）$= K \times$ 對稱短路容量　　　　　（2-23）

【例六】　某電力系統之短路點阻抗為 $\overline{Z} = 0.01 + j0.033\,PU$，若基準KVA為 1000KVA，基準電壓為 220^v，試求該短路點之不對稱電流及不對稱容量各為若干？

【解】　$\overline{Z} = 0.01 + j0.033\,PU$

　　　　$Z(PU) = \sqrt{(0.01)^2 + (0.033)^2} = 0.0345\,pu$

$$X / R = \frac{0.033}{0.01} = 3.3$$

由表 2 - 1 可查出 K = 1.07

由（2 - 20）式，則：

$$I_s = \frac{1000}{\sqrt{3} \times 0.22 \times 0.0345} = 76069.5^A = 76.0695^{KA}$$

$$I_{AS} = 1.07 \times I_s = 1.07 \times 76.0695 = 81.394^{KA}$$

$$\text{對稱短路容量（KVA）} = \frac{1000}{0.0345} = 28985.5 KVA$$

$$= 28.9855 MVA$$

$$\text{不對稱短路容量（KVA）} = 1.07 \times 28.9855$$

$$= 31.0145\ MVA$$

2-7　短路電流計算實例

【例七】　某一鋼鐵製造廠之單線圖如 2 - 2 圖所示，各分路所連接之馬達皆為 3φ220^V 感應電動機，共有 80.5 **HP**，試求(1)～(6)各點之不對稱短路電流各為若干？（配綫採用硬質 P V C 管配綫）

【解】

(1)　假設資料

(a)　基準 KVA：1000 KVA

(b)　基準電壓：0.22^{KV}

(c)　基準電流：$\dfrac{1000}{\sqrt{3} \times 0.22} = 2625^A$

(d)　電源側（變壓器一次側）短路容量 250 MVA

(e)　由表 2 - 2 查出單相 50KVA 之阻抗 $\overline{Z} = 0.0135 + j0.017\ PU$

(f)　馬達反饋（倒灌）電流之阻抗 $\overline{Z}_M$：

設：X％ = 25％，X／R = 6

所連接之總馬達負載：80.5 **HP** ≒ 80.5 KVA

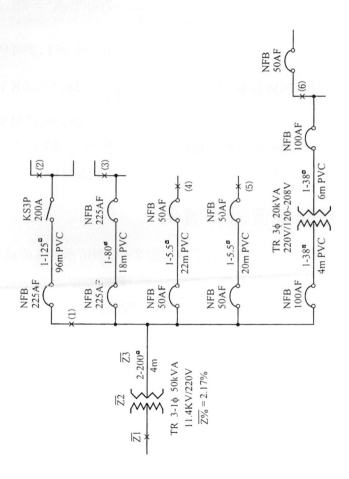

圖 2 - 2　單線系統圖

$$\overline{Z}_M = \left(\frac{1}{6} + j\,1.0\right) \times 0.25 \times \frac{1000}{80.5} = 0.52 + j3.11$$
$$= 3.15 \ \underline{/80.5^\circ}$$

當短路發生時 $\overline{Z}_M$ 與電源側阻抗爲並聯，因短路點之短路電流部份爲馬達供應者。

(g)　由表 2-12 可查出 NFB 以 1000 KVA 爲基值時之電抗標么值如下：

NFB之框架容量（AF）	電抗（Ω）	3φ3w 220ᵛ X（pu）
50～100	0.0036	0.0743
225	0.00096	0.0198
400～800	0.000192	0.00396

(2)　上列單綫圖綫路常數（PU）之計算：

$$\overline{Z}_1 = j\frac{1000\ KVA}{250\ MVA} = j\frac{1}{250} = j0.004$$

$$\overline{Z}_2 = (0.0135 + j0.017) \times \frac{1000}{3 \times 50} = 0.09 + j0.1133$$

由表 2-10 可查出 $\overline{200}$ 一根之阻抗標么值爲 2.11+j1.832（注意表 2-10 所示之電抗標么值爲 2.29 係在金屬管配綫時，但本例題爲 PVC 管配綫故將 X 值除以 1.25 倍而得 1.832），但每相由 2 根 $\overline{200}$ 並聯，故 $\overline{Z}_3$ 爲：

$$\overline{Z}_3 = \frac{1}{2}(2.11 + j1.832) \times \frac{4}{1000} = 0.0042 + j0.0037$$

$$\overline{Z} = \overline{Z}_1 + \overline{Z}_2 + \overline{Z}_3 = 0.0942 + j0.121 = 0.153 \ \underline{/52.1^\circ}$$

$\overline{Z}$ 與 $\overline{Z}_M$ 係並聯故：

$$\overline{Z}' = \frac{\overline{Z} \times \overline{Z}_M}{\overline{Z} + Z_M} = \frac{0.482 \ \underline{/132.6^\circ}}{3.288 \ \underline{/79.2^\circ}}$$
$$= 0.1466 \ \underline{/53.4^\circ}$$

$$= 0.0874 + j 0.1173$$

(3) 短路電流計算：

(a) 在(1)點：

$$\overline{Z}_{(1)} = \overline{Z}' = 0.0874 + j 0.1173 = 0.1466 \text{ PU}$$

$X/R = 1.34$ ，由表 2-1 查出 $K = 1.004$

$$I_{AS} = 1.004 \times \frac{1000}{\sqrt{3} \times 0.22 \times 0.1466} = 1.004 \times 2625 \times \frac{1}{0.1466}$$

$$= 17977.5^{A} = 17.9775^{KA}$$

故在(1)點所連接之 N F B 的啓斷容量在 220^{V} 時不得低於 17.9775^{KA}

(b) 在(2)點：

導線 $\overline{125}$ 之阻抗標么值由表 2-10 查出爲 $3.44 + j 1.84$ ，長度爲 96 公尺，則導綫之阻抗標么值爲：

$$\overline{Z}_w = (3.44 + j 1.84) \times \frac{96}{1000} = 0.33 + j 0.1766$$

$$\overline{Z}_{(2)} = \overline{Z}_{(1)} + X_{NFB(225AF)} + \overline{Z}_w = 0.4174 + j 0.3137$$
$$= 0.522 \text{ PU}$$

$X/R = 0.7516$ ， $K = 1$

$$I_{AS} = \frac{1000}{\sqrt{3} \times 0.22 \times 0.522} = 5028.7^{A} = 5.0287^{KA}$$

故在此點裝置之 NFB 的啓斷容量（ I C ）在 220^{V} 時不得低於 5.0287^{KA} 。

(c)在(3)點：

導綫 $\overline{80}$ 之阻抗標么值由表 2-10 查出爲 $5.21 + j 1.88$ PU ，長度18 公尺之阻抗標么值爲：

$$\overline{Z}_w = (5.21 + j 1.88) \times \frac{18}{1000} = 0.0938 + j 0.0338$$

N F B 225 AF 之電抗由表 2-11 查出電抗標么值 $X_{225AF} = 0.0198$ PU。

$$\overline{Z}_{(3)} = \overline{Z}_{(1)} + X_{NFB(225AF)} + \overline{Z}_w + X_{NFB(225AF)}$$
$$= 0.181 + j\,0.1907 = 0.263\,PU$$

$$X/R = 1.054 \quad K = 1$$

$$I_{AS} = \frac{1000}{\sqrt{3} \times 0.22 \times 0.263} = 9981^A = 9.981^{KA}$$

在此點裝置之NFB遮斷容量（IC）在220^{V}時不得低於 9.981^{KA}，

(d) 在(4)點（ $\overline{5.5}$ ， 22 m ）

$$\overline{Z}_w = (74.8 + j\,2.28) \times \frac{22}{1000} = 1.6456 + j\,0.0502$$

$$\overline{Z}_{(4)} = \overline{Z}_{(1)} + X_{NFB(50AF)} + \overline{Z}_w + X_{NFB(50AF)}$$
$$= 1.733 + j\,0.316 = 1.762\,PU$$

$$X/R = 0.182 \quad K = 1$$

$$I_{AS} = 2625 \times \frac{1}{1.762} = 1489.8^A = 1.4898^{KA}$$

(e) 在(5)點 : （ $\overline{5.5}$, 20 m ）

$$\overline{Z}_w = (74.8 + j\,2.28) \times \frac{20}{1000} = 1.496 + j\,0.0456$$

$$\overline{Z}_{(5)} = \overline{Z}_{(1)} + X_{NFB(50AF)} + \overline{Z}_w + X_{NFB(50AF)}$$
$$= 1.583 + j\,0.312 = 1.613\,PU$$

$$X/R = 0.197 \quad K = 1$$

$$I_{AS} = 2625 \times \frac{1}{1.613} = 1627^A = 1.627^{KA}$$

(f) 在(6)點 （ $\overline{38}$, 4m + 6m ）

$$\overline{Z}_w = (10.9 + j1.88) \times (\frac{4}{1000} + \frac{6}{1000}) = 0.109 + j\,0.0188$$

變壓器之阻抗爲 $0.0155 + j\,0.0165$ 轉換爲 1000 KVA 基值時之阻抗標么值：

$$\overline{Z}_t = (0.0155 + j0.0165) \times \frac{1000}{20} = 0.775 + j0.825$$

$$\overline{Z}_{(6)} = \overline{Z}_{(1)} + \overline{Z}_w + \overline{Z}_t + 2 X_{NFB(100AF)}$$

$$= 0.9716 + j1.117 = 1.481 \, PU$$

$$X/R = 1.15 \qquad K = 1$$

$$I_{AS} = 1 \times \frac{1}{1.481} \times 2625 = 1772^A = 1.772^{KA}$$

2-8 保護協調

表2-13 三菱CL型電力熔絲之平均 熔斷電流—時間特性

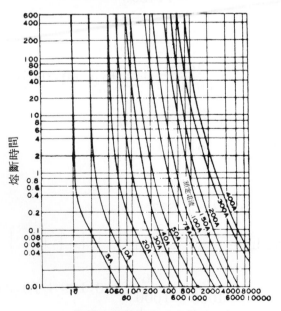

對稱之短路電流（有效值A）

　　電力系統在發生事故時，應能迅速的將故障點隔離，使停電之區域僅限於故障區，爲達此目的必須使高低壓保護設備間有良好的協調，故需繪製精確的保護協調曲綫，茲將常用保護設備之特性曲綫列出，如表 2 - 13，2 - 14，2 - 15，2 - 16所示。

表2-14　三菱CO-4過電流電驛之動作時間　　表2-15　三菱CO-5過流電驛之動作時間特性
　　　　特性曲綫（CO-4用於綫路保護）　　　　　曲綫（CO-5用於電動機保護）

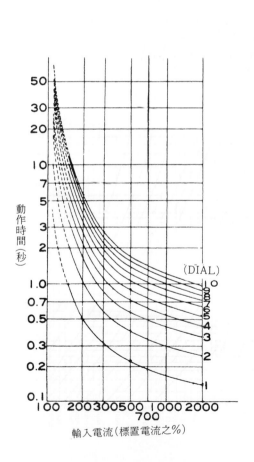

輸入電流（標置電流之％）

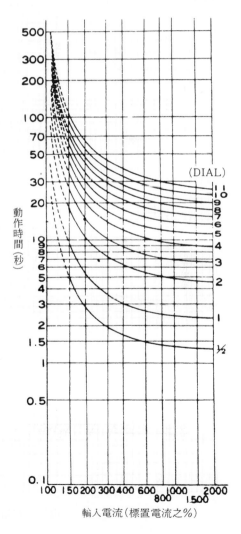

輸入電流（標置電流之％）

表2-16　M-E牌熔絲鏈開關之熔斷電流—時間特性曲綫

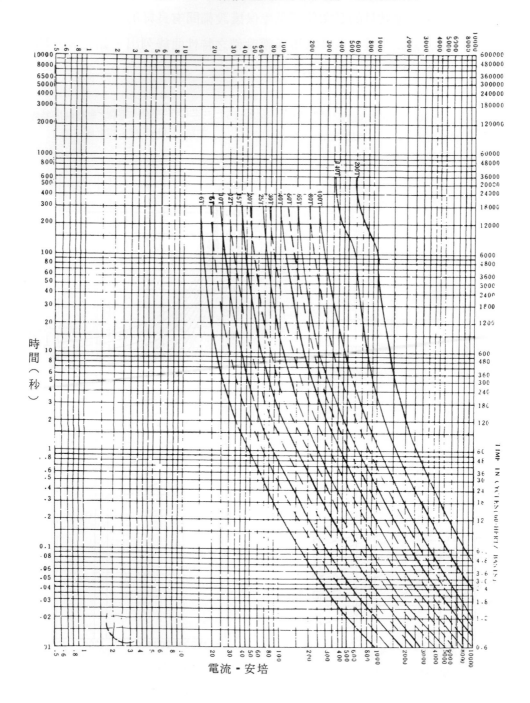

【 例 八 】 某工廠之配電系統如圖 2-3 所示，試繪出以 3.3KV 為基
準值之保護協調曲綫。

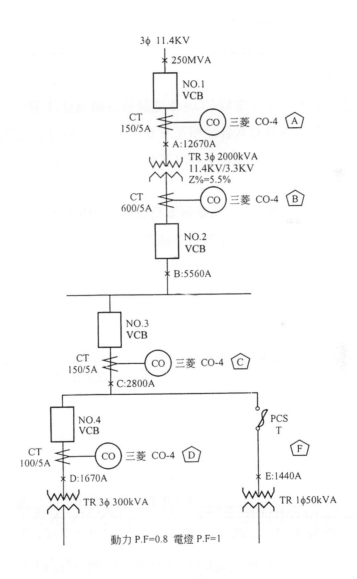

圖 2-3 配電系統圖

【解】　1.⑴由圖２－３所示，可直接列出ＡＢＣＤＥ各點之短路電流如下：

$$I_A = 12670 \text{ A}$$
$$I_B = 5560 \text{ A}$$
$$I_C = 2800 \text{ A}$$
$$I_D = 1670 \text{ A}$$
$$I_E = 1440 \text{ A}$$

⑵　設末端Ｄ點之保護電驛ＣＯ－４之跳脫時間爲０。１秒。

⑶　ＡＢＣＤ及ＡＢＣＥ各段相互有０．３～０．５秒的跳脫時間差。

⑷　在Ａ點發生故障時需在１秒以下將故障隔離，尚需與電力公司之變電所協調。

2.　末端ＣＯ－４ Ⓓ 之標置，變壓器爲３φ３００ＫＶＡ。

⑴　在Ｄ點故障時需在０．１秒以下清除。

⑵　對變壓器1.25倍之過載須作保護。

⑶　對變壓器投入電流（激磁電流）不可動作，卽對變壓器額定電流之8 ～12倍０。１秒以內不得動作。

⑷　變壓器３φ３００ＫＶＡ之額定電流 $I = \dfrac{300}{\sqrt{3} \times 3.3} = 52.5 \text{ A}$

⑸　變壓器額定電流之1.25倍爲52.5×1.25＝65.6 A

⑹　ＣＴ 100／5ᴬ之二次側電流爲 $65.6 \times \dfrac{5}{100} = 3.28 \text{ A}$

⑺　選ＣＯ－４之ＴＡＰ電流値爲４Ａ。

⑻　選ＣＯ－４之ＴＩＭＥ ＤＩＡＬ（ＴＤ）或ＬＥＶＥＲ按短路電流1670ᴬ爲ＴＡＰ置於4Ａ時之20倍（ $1670 \times \dfrac{5}{100} \div 4 = 20.8$ ）

⑼　由表２－14可查出三菱ＣＯ－４型動作時間特性得ＬＥＶＥＲ爲１（ 20倍，0.1秒），

⑽　依ＣＯ－４動作時間特性Ｔ＝４，　ＴＤ或Ｌ＝１時之數值如下：

倍數（％）	電　流　值（A）	動作時間（秒）
	（3.3KV　BASE）	
100	$\dfrac{100}{5} \times 4 = 80$	
150	$80 \times 1.5 = 120$	1.0
300	$80 \times 3 = 240$	0.32
500	$80 \times 5 = 400$	0.23
700	$80 \times 7 = 560$	0.18
1000	$80 \times 10 = 800$	0.17
2000	$80 \times 20 = 1600$	0.14

⑾　由⑽求出之動作時間之各點可描繪出曲綫D，如圖2-4所示。

⑿　由曲綫D可查出在D點短路時CO-4在0.14秒動作，比預定0.1秒略高，係受電驛特性之限制；對變壓器之激磁電流$52.5 \times 8 = 420$A不動作。

3.　CO-4Ⓒ之標置

⑴　對電燈變壓器容量之125%與動力變壓器容量之125%之和不得動作。

⑵　對C點之短路電流將在0.44秒（比D點高約0.3秒）左右動作。

⑶　對DE點之故障作後備保護。

⑷　對大馬達啓動時不得動作。

⑸　3ϕ 300KVA之額定電流 $\dfrac{300}{\sqrt{3} \times 3.3} = 52.5$A ，

1ϕ 50KVA之額定電流 $\dfrac{50}{3.3} = 15$A ，

⑹　$I = 1.25 \times 52.5 + 1.25 \times 15 = 84.4$A

⑺　$84.4 \times \dfrac{5}{150} = 2.81$A

⑻　CO-4之TAP電流值選擇3A。

(9)　選CO‑4之TIME　DIAL（TD）或LEVER 按短路電流2800A為TAP置於3A時之31倍（$2800 \times \frac{5}{150} \div 3 = 31.1$倍）

(10)　由三菱CO‑4型動作時間特性可得LEVER為5（31倍，0.44秒）

(11)　依CO‑4動作時間特性T＝3　（TAP）　L＝5　（LEVER）之數值如下：

倍數（％）	電　流　值（A） （3.3KV　BASE）	動作時間（秒）
100	$\frac{150}{5} \times 3 = 90$ A	
150	$1.5 \times 90 = 135$A	6
300	$3 \times 90 = 270$ A	1.3
500	$5 \times 90 = 450$ A	0.9
700	$7 \times 90 = 630$ A	0.77
1000	$10 \times 90 = 900$ A	0.66
2000	$20 \times 90 = 1800$A	0.52

(12)　由(11)求出之動作時間之各點可描繪出曲綫C，如圖2‑4所示。

(13)　由曲綫C可查出在C點短路時CO‑4在0.5秒動作，D點及C點相差0.36秒（$0.5 - 0.14 = 0.36$秒）。

(14)　故可作為D點之後備保護。

4.　CO‑4Ⓑ之標置

(1)　對B點短路時CO‑4電驛動作時間預定為0.9秒（$0.5 + 0.4 = 0.9$秒）

(2)　需對C點作後備保護

(3)　3φ　2000KVA之額定電流 $\frac{2000}{\sqrt{3} \times 3.3} = 350$ A

(4)　對3φ　2000KVA之額定電流的1.25倍應不動作，即對$1.25 \times 350 = 437.5$A不應動作。

(5)　$437.5 \times \dfrac{5}{600} = 3.6$

(6)　CO-4之TAP電流值 4 A

(7)　選CO-4之 TIME DIAL 或 LEVER，按短路電流 5560ᴬ 爲 TAP 4 A 之 11.6 倍（ $5560 \times \dfrac{5}{600} \div 4 = 11.6$ 倍 ）

(8)　由三菱 CO-4 型動作時間特性得 LEVER 爲 7（ 1000%，0.9 秒 ）

(9)　依 CO-4 動作時間特性 T = 4 ， L = 7 之數值如下：

倍數（%）	電　流　值（ A ） （3.3KV BASE）	動作時間（秒）
100	$\dfrac{600}{5} \times 4 = 480$	
150	$1.5 \times 480 = 720$	9.0
300	$3 \times 480 = 1440$	2.0
500	$5 \times 480 = 2400$	1.25
700	$7 \times 480 = 3360$	1.1
1000	$10 \times 480 = 4800$	0.9
2000	$20 \times 480 = 9600$	0.74

(10)　由(9)求出之動作時間之各點可描繪出曲綫 B，如圖 2-4 所示。

(11)　C 點與 B 點相差 0.3 秒（ 0.8 - 0.5 = 0.3 秒 ）

(12)　加瞬時元件 40ᴬ，$40 \times \dfrac{600}{5} = 4800$ A

5.　CO-4Ⓐ 之標置

(1)　對 A 點短路時需在 1 秒以下清除，需與電力公司變電所協調。

(2)　對主變壓器之激磁電流應不動作，卽對 $\dfrac{2000}{\sqrt{3} \times 11.4} \times 12 = 1215.5$ (在 11.4KV 側，若換算爲 3.3KV 側，則爲 $1215.5 \times \dfrac{11.4}{3.3} = 4199$ᴬ ）

(3)　對 B 及 C 點作後備保護。

⑷ 對變壓器 1.25 倍之過載須作保護。

⑸ $3\phi 2000KVA$ 之額定電流 $\dfrac{2000}{\sqrt{3}\times 11.4}=101.3A$

對 $3\phi 2000KVA$ 之額定電流的 1.25 倍應不動作，即對 $1.25\times 101.3=126.6A$ 不動作。

⑹ $126.6\times\dfrac{5}{150}=4.22$ ，選 CO - 4 之 TAP 電流值 5 A

⑺ 選 CO - 4 之 TIME DIAL 或 LEVER ，按短路電流 12670^A 為 TAP 5 A 之 84.5 倍（ $12670\times\dfrac{5}{150}\div 5=84.5$ ）

⑻ 由三菱 CO-4 型動作時間特性得 LEVER 為 10

⑼ 依 CO - 4 動作時間特性 T = 5 ， L = 10 之數值如下：

倍數（%）	電 流 值（A） （3.3KV BASE）	動作時間（秒）
100	$\dfrac{150}{5}\times 5\times\dfrac{11.4}{3.3}=518$	
150	$1.5\times 518=777$	13
300	$3\times 518=1554$	2.8
500	$5\times 518=2590$	1.7
700	$7\times 518=3626$	1.4
1000	$10\times 518=5180$	1.25
2000	$20\times 518=10360$	0.96

⑽ 由⑼求出之動作時間之各點可描繪出曲線A，如圖 2-4 所示

⑾ A 點與 B 點相差 0.35 秒（ 1.15 - 0.8 = 0.35 秒）

⑿ 加瞬時元件 60^A ，即 $60\times\dfrac{150}{5}\times\dfrac{11.4}{3.3}=6218^A$ （3.3^{KV}為 BASE）

6. PCS 之熔絲選定

⑴ 1ϕ 50^{KVA} 之激磁電流熔絲不得熔斷，即 $15\times 8=120A$，在 0.1 秒熔絲不得熔斷。

⑵ 由表 2 - 16 可查出 M - E 牌 10T 熔絲即可加以保護。

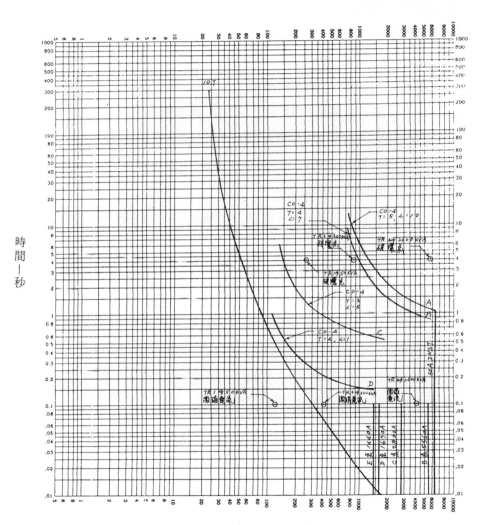

圖 2 - 4　保護協 調曲綫

習題二

1. 試述計算配線系統短路電流之目的？

2. 試述配線系統短路電流之來源？

3. 試述對稱電流、非對稱電流、啓斷電流之意義。

4. 試以 1000KVA 爲基準值及其使用電壓爲基準值，求出下列用電器具或線路之阻抗標么值或歐姆值：

  (1) 220ᵛ 線路，金屬管配線 $\overline{325}$ 之阻抗標么值。

  (2) 220ᵛ 線路，硬質PVC管配線 $\overline{100}$ 之阻抗標么值。

  (3) 變壓器 3φ 500KVA，$\overline{Z}\% = 1.15 + j2.8 = 3.03$，求 1000 KVA爲基準值之標么值。

  (4) NFB 225AF 225AT，電抗 0.96mΩ，以 220ᵛ 及 1000ᴷⱽᴬ 爲基準值之標么值。

  (5) CT 600／5A 之電抗 0.192 mΩ，以 380ᵛ 及 1000ᴷⱽᴬ 爲基準值之標么值。

5. 某三相變壓器 500KVA，阻抗爲 1.15 + j2.8 = 3.03，二次側電壓爲 220ᵛ，一次側電源11.4KV之三相短路容量爲250MVA，是計算變壓器二次側短路時之非對稱短路電流爲若干？若二次側電壓 380ᵛ 時，其短路電流爲若干？

3

供電方式與壓降計算

3-1 配線設計之基本原則

由於目前工商業繁榮，各種工廠、大樓林立，因用途不同、運轉情況均不相同，為應付不同負載需設計不同的配線系統，以提供最佳的生產條件，故作配線設計之前必先考慮下列因素：

1.安全、可靠:

配線設計首重安全，包括人員及電氣設備、廠房的安全，屋內、屋外配線需依據「用戶用電設備裝置規則」及「輸配電設備裝置規則」施工始能達到安全標準。停電機會少及停電範圍小及可靠性高，配線設計時需能在損失最小的情況下將故障隔離。

2.裝設費:

一般工廠之電氣設備費用約為工廠總投資額之百分之十左右。

(1) 配線設計時需考慮安全可靠的原則，儘量降低裝設費用。

3.簡便的操作方式:

設計時對於系統的控制應力求簡便,操作愈方便在事故發生時可即時隔離故障,避免損失擴大,故應避免繁雜的操作程序。

4.電壓變動率:

在定額的電壓下,各種用電器具之效率高、壽命亦增長,若電壓變動比額定電壓過高或過低皆會減低生產成品之品質及產量,亦會縮短電氣設備之壽命。

5.維護:

配線設計時亦需考慮將來的維護,儘量減少維護費用,電氣負責人應作定期的保養,以減少故障的發生。

6. 未來設備之擴充

因各工廠之負載往往皆隨設廠的時間而增加用電設備,設計時除應能配合目前使用的機器外,尚需考慮將來增加設備時能否即時擴充,儘量符合經濟投資的原則。

3-2 系統電壓之等級

系統電壓依電壓之高低可分為:

1.特低壓:

指電路之線間電壓在50伏特以下(或對地電壓在30伏特以下者),通常電鈴、訊號、通訊等使用特別低壓。

2. 低壓:

指電路之線間電壓或對地電壓在50伏特以上，250伏特以下者，適宜一般電灯及小型電器之使用。

3. 中低壓：

指電路之線間電壓或對地電壓超過250伏特，在600伏特以下者，此種電壓常使用於三相電動機或大容量之電器。

4. 高壓：

指電路電壓在601伏特以上，25000伏特以下，一般設備容量在100 KW以上之中小型工廠皆使用此等級之電壓。

5. 特高壓：

指電路電壓在25001伏特以上，250,000伏特以下，使用在大型工廠。

6. 超高壓：

指電路電壓在250,001伏特以上，500,000伏特以下，使用於電力公司之輸電系統。

7. 極超高壓：

指電路電壓在500,000伏特以上者。

3-3 負載之種類

用電器具之種類繁多，依電能的用途可將負載分別如下：

1. 照明負載：

以電能轉變為光能者皆屬之，如各種電灯、霓虹灯、飾灯等。

2. 電力負載:

以電能轉變爲動能者皆屬之,如各種電動機。

3. 電熱負載:

以電能轉變爲熱能者皆屬之,如電鍋、電炉、電烤箱等。

4. 電化學負載:

以電能轉變爲化學能或改變化學作用等皆屬之,如電鍍、電解等。

5. 電車負載:

以電能轉變爲動能以驅動運輸工具者皆屬之,如電力列車、電動車等。
若依用電區域之不同而可劃分爲:

(1) 工業用電:指一般生產工廠之用電,如紡織廠、鋼鐵廠、機械製造廠
………等皆屬之。
(2) 商業用電:指一般商業交易之用電場所或辦公場所,如百貨公司、購
物中心、戲院………等屬之。
(3) 農村用電:指農村之一般用電而言。
(4) 家庭用電:指一般家庭之用電而言。

3-4 供電方式

電力公司依用戶之負載種類而訂定的各種供電方法謂之供電方式;目
前臺電公司之供電方式有:

1. 單相二線制(1 φ2W)

此種供電方式適用於一般電灯及小型電具用戶,單相二線制之線間或
對地電壓爲110伏特或220伏特,如圖3-1所示。若用戶負載容量小於
3 KW 時皆屬同一種電壓供電。一般單相二線制110伏特常使用於一般電

灯、日光灯、電扇、洗衣機、冰箱、電視、小型單相電動機及小容量之Ｘ
光機。單相二線制220伏特常使用於40W以上之日光灯、單相電動機（
啟動電流33Ａ以下者　）、大容量Ｘ光機、焊接機、工業用紅外線加熱裝
置等。在單相二線制之系統中，電流、電壓、功率之關係如（3-1）式所
示：

$$I = \frac{P}{E} \tag{3-1}$$

上式中Ｉ為負載之額定電流、Ｅ為線路電壓（需為負載之額定電壓）
，Ｐ為負載之功率。

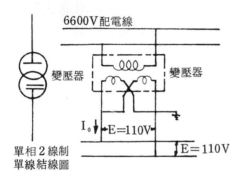

圖3-1　單相二線制接線圖

2.　**單相三線制(1ϕ3W)**

此系統之電壓為110V／220Ｖ，適用於負載容量較大之家庭、商店
、醫院、大樓等。其接線圖如圖3-2所示，係從單相二線制變壓器之低壓
側繞組之中心點再引接一根中性線（Neutral），卽可得110V及220V
兩種電壓，110V可供給電灯及小型電具（如電扇、電鍋……等），220
Ｖ可供給大型之電具，如冷氣機、電能熱水器等。單相三線制110V／220
Ｖ較單相二線制110V之電壓高一倍，可節省導線的投資，且電壓降及線
路損失亦較小，但設計時需考慮負載平衡，以免產生異常電壓。在單相三
線制系統中，若中性線斷線會引起異常電壓而將用電器具燒燬，故若用閘

刀開關時，中性綫不得裝保險絲必須裝銅綫，以免中性綫斷路，但若裝用無熔綫斷路器(NFB)可同時將非接地導綫同時隔離者，則中性綫亦可裝用過載保護設備；單相三綫制於接戶開關（總開關）之電源側必須實施再接地。圖3-3所示者為單相三綫制之分路接綫圖。於單相三綫制中，因中性綫之電流為A、B兩綫電流之向量差，原則上可採用較細導綫，但中性綫之導綫的安全電流值不得小於A、B非接地綫之70％，以保證若A或B任一條斷綫時，流經中性綫之電流仍與健全側之電流相同。若單相三綫制負載不平衡，中性綫之安全電流應不低於幹綫電路中之最大不平衡負載（中性綫與任一非接地綫間之最大裝接負載謂之最大不平衡負載）；但對於白熾灯、小型電動機、插座等負載之最大不平衡負載若超過200A以上時，其超過部份得採用（3-2）式計算，即：

$$200A＋（最大不平衡負載電流－200A）\times 70\% \qquad （3-2）$$

但對供電日光灯、水銀灯及霓虹灯等放電灯，因有第三諧波及奇次諧波（如第五、第七諧波……等）流經中性綫，若綫路中之最大不平衡負載超過200A時亦不得使用（3-2）式計算。

目前因電力諧波相當嚴重，故設計時中性綫之綫徑皆與幹綫綫徑相同較安全。

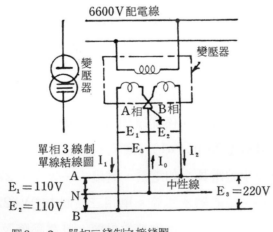

圖3－2 單相三綫制之接綫圖

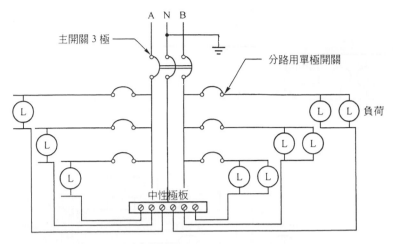

圖 3-3　單相三線制之分路接線圖

3.　三相三線制(3ϕ3W)：

　　此系統之電壓為220伏特，系供給三相電動機及其他三相器具之用電，若工廠之220V電灯亦可採用，三相三綫制中三綫間之電壓皆相等，此系統中無中性綫，對地電壓等於綫間電壓；三相負載需使用三極開關或斷路器，單相負載需使用二極開關或斷路器。圖3-4所示為其接線圖，圖3-5 所示為其分路之接綫，在三相三綫制中電壓（E），電流（I）、功率（P）之關係如下：

$$I = \frac{P}{\sqrt{3}\,E}$$

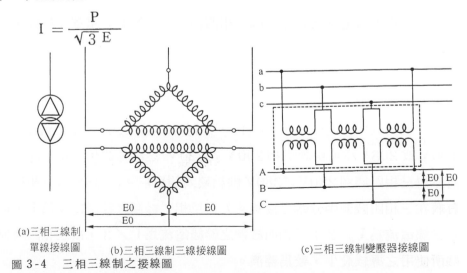

(a)三相三線制
　　單綫接線圖　　　(b)三相三線制三綫接線圖　　　　(c)三相三線制變壓器接線圖

圖 3-4　三相三線制之接線圖

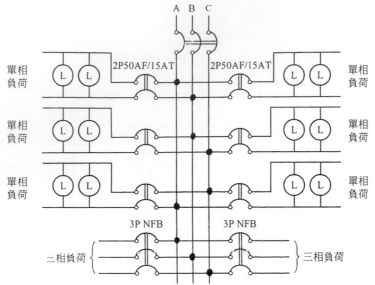

圖 3-5　三相三綫制分路之接綫圖

4.　三相四線制(3φ4W)：

近年來工商業發達，國民所得大增，家庭普遍電氣化，單位面積之負載增加，尤以高樓更形顯着，若以單相三綫制供電，因電力公司之配電綫路皆爲三相電源，負載太重時將使配電綫路產生不平衡現象，且單相三綫制之幹綫較三相四綫制者粗大，較不經濟，因此較大負載之用戶皆逐漸改用三相四綫制供電，如圖 3-6 所示爲三相四綫制之接綫圖，圖 3-7 所示爲其相電壓及綫電壓之關係，因三相四綫制皆爲 Y 型（星型）接綫，中性點實施接地，綫路與中性點間之電位差謂之相電壓，以 Ep 表示；綫路與綫路間之電位差謂之綫電壓，以 E_L 表示；E_L 爲 $\sqrt{3} E_P$，目前一般工廠、大樓之電灯及小型灯具所使用之電壓皆爲 110V／190V 或 120V／208V 之系統，其中相電壓 110V 或 120V 可供給電灯及小型電具，綫電壓 190V 或 208V 亦可供應三相 200V 或 220V 之電動機使用；臺電公司目前亦以三相四綫制 220V／380V 供給較大的用戶。圖 3-8 爲單相與三相負載在三相四綫制中分路之接綫。若以單相二綫制之幹綫電流爲 I，則單相三綫電流爲 I／2；三相四綫制之幹綫電流爲 I／3，故三相四綫制幹綫所使用之導綫最少，較爲經濟。

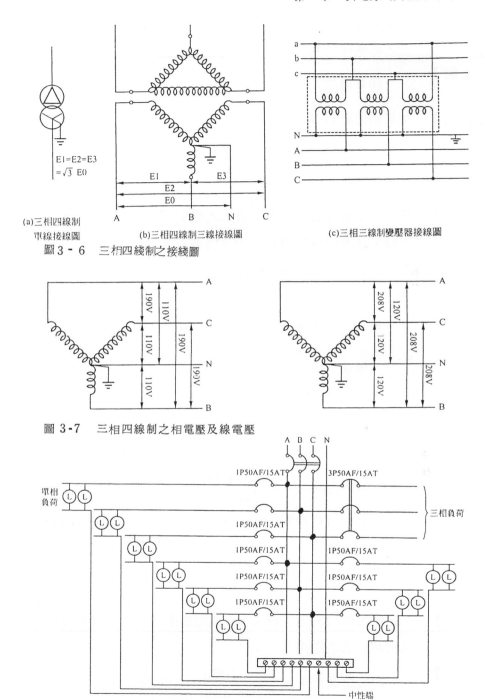

(a)三相四線制
　單線接線圖

(b)三相四線制三線接線圖

(c)三相三線制變壓器接線圖

圖 3－6　三相四線制之接綫圖

圖 3-7　三相四線制之相電壓及線電壓

圖 3-8　三相四綫制之分路接綫圖

【例一】　某單相變壓器 30 KVA，其二次側按單相二線制 110 V 配綫，試求能供給負載之電流為若干？

【解】　　滿載電流 $I = \dfrac{30 \times 1000}{110} = 272.7\,(A)$

【例二】　某單相變壓器 30 KVA，其二次側按單相三線制 110V／220V 配綫，試求能供給負載之電流為若干？

【解】　　滿載電流 $I = \dfrac{30 \times 1000}{220} = 136.4\,(A)$

【例三】　某三相變壓器 30 KVA，其二次側按三相四線制 110V／190V 配綫，試求能供給負載之電流為若干？

【解】　　滿載電流 $I = \dfrac{30 \times 1000}{\sqrt{3} \times 190} = 91.2\,(A)$

【例四】　某工廠有電灯負載 15 KVA，供電電壓為單相二線制 110V，試求其幹綫之電流為若干？

【解】　　幹綫之電流 $I = \dfrac{15 \times 1000}{110} = 136.36\,(A)$

【例五】　某大樓有電灯負載 15 KVA，供電電壓為單相三線制 110V／220V，試求其幹綫之電流為若干？

【解】　　幹綫之電流 $I = \dfrac{15 \times 1000}{220} = 68.18\,(A)$

【例六】　某辦公大樓電灯負載 15 KVA，供電壓為三相四線制 110V／190V，試求其幹綫之電流為若干？

【解】　　幹綫之電流 $I = \dfrac{15 \times 1000}{\sqrt{3} \times 190} = 45.58\,(A)$

【例七】　某工廠之動力設備 15 KVA，供電電壓為三相三線制 220V，試求其幹綫之電流為若干？

【解】　　幹綫之電流 $I = \dfrac{15 \times 1000}{\sqrt{3} \times 220} = 39.36\,(A)$

【例八】 某三相200KVA變壓器，其二次側按三相四線制110V／190V
接線，以供應單相110V之電灯負載，試求二次側幹綫之導綫
的安全電流各爲若干？

【解】 二次側幹綫電流＝$\dfrac{200 \times 1000}{\sqrt{3} \times 190}$＝607.75（A）

中性綫之最小載流量按（3-2）式可得：

200＋（607.75－200）× 0.7＝485.43（A）

若二次側所連接之負載爲日光灯或水銀灯等放電灯時，因受第
三諧波及奇次諧波的影響，故需與幹綫具有相同的載流量，不
得使用（3-2）式計算。

5. 高壓供電：
　　按臺電規定契約容量在100KW以下之用戶，概以低壓供電；但契約
容量在500KW（不含）以下之用戶可採用220V／380V供電，500KW
以上者概以高壓供電，但契約容量100KW以上500KW以下者可選用
220V／380V或高壓供電，高壓供電又以契約之多寡而劃分爲：

(1) 契約容量在100KW以上，1000KW以下者，以三相三線制3.3KV、
11.4KV、22.8KV或三相四線制5.7KV、11.4KV、22.8KV供
電；目前以三相四線制11.4KV供電者爲最普遍；契約容量在100KW
以上未滿2,000KW在22.8KV供電地區，以三相22.8KV供電。

(2) 契約容量在1000KW以上，30,000KW以下者，原則上以三相三線
制34.5KV或69KV供電；未滿5,000KW，用戶要求以高壓供電者
，如技術無困難者得以11.4KV供電；未滿10,000KW者得以22.8KV
供電。

(3) 契約容量在30,000KW以上60,000KW以下者，原則上以三相三線
制161KV供電，如未滿60,000KW，技術無困難者或以69KV供電
爲宜者得以69KV供電。

(4) 契容量在60,000KW以上者概以三相三線制161KV供電。

3-5 導線之安全電流

　　導線本身具有電阻，當電流流過導線時有$I^2 Rt$之電能轉變爲熱能，
使導線之溫度較周圍爲高，若超過某一溫度時，導線之絕緣及機械性能因
而衰減，此溫度稱爲最高容許溫度；導線若爲PVC、PE或橡皮爲絕緣者

，周圍溫度為35℃ 為基準，最高運轉溫度為60℃時之安全電流如表3-1，表3－2，表3－3，表3－4所示。

表3-1 磁珠磁夾板配線（依絕緣物溫度）之安培容量表

（周溫 35°C 以下）

銅　　導　　線			60°C 絕緣物	75°C 絕緣物	80°C 絕緣物	90°C 絕緣物
線別	公稱截面積（mm²）	根數／直徑（mm）	安	培	容　（A）	量
單		1·6	20			
		2·0	30			
線		2·6	40			
絞	3·5	7/0·8	30			
	5·5	7/1·0	40			
	8	7/1·2	55	65	70	80
	14	7/1·6	80	95	100	110
	22	7/2·0	100	125	135	145
	30	7/2·3	125	150	160	170
	38	7/2·6	145	180	190	205
	50	19/1·8	175	210	220	245
	60	19/2·0	200	240	250	280
	80	19/2·3	230	285	300	330
	100	19/2·6	270	330	350	380
	125	19/2·9	310	380	400	440
	150	37/2·3	360	440	460	505
	200	37/2·6	425	520	550	600
	250	61/2·3	505	615	650	710
	325	61/2·6	590	720	760	830
線	400	61/2·9	680	825	870	955
	500	61/3·2	765	930	985	1,080

表 3-2 金屬導線管配線導線安培容量表(導線絕緣物溫度 60℃，周溫 35℃以下)

線別	銅導線		同一導線管內之導線數/電纜芯數			
	公稱截面積 (平方公厘)	根數／直徑 (公厘)	3 以下	4	5-6	7-9
			安培容量(安培)			
單線		1.6	13	12	11	9
		2.0	18	16	14	12
		2.6	27	25	22	19
絞線	3.5	7/0.8	19	17	15	13
	5.5	7/1.0	28	25	22	20
	8	7/1.2	35	32	28	25
	14	7/1.6	51	46	41	36
	22	7/2.0	65	58	52	45
	30	7/2.3	80	72	64	56
	38	7/2.6	94	84	75	66
	50	19/1.8	108	97	87	76
	60	19/2.0	124	112	99	87
	80	19/2.3	145	130	116	101
	100	19/2.6	172	155	138	121
	125	19/2.9	194	175	156	136
	150	37/2.3	220	198	176	
	200	37/2.6	251	226	200	
	250	61/2.3	291	262		
	325	61/2.6	329	296		
	400	61/2.9	372			
	500	61/3.2	407			

註：本表可適用於金屬可撓導線管配線及電纜配線。

表 3-3　PVC 管配線導線安培容量表(導線絕緣物溫度 60℃，周溫 35℃以下)

銅導線			同一導線管內之導線數/電纜芯數			
線別	公稱截面積 (平方公厘)	根數／直徑 (公厘)	3 以下	4	5-6	7-9
			安培容量(安培)			
單 線		1.6	13	12	10	9
		2.0	18	16	14	12
		2.6	24	22	19	16
絞 線	3.5	7/0.8	19	16	14	12
	5.5	7/1.0	25	23	20	17
	8	7/1.2	33	30	25	20
	14	7/1.6	50	40	35	30
	22	7/2.0	60	55	50	40
	30	7/2.3	75	65	55	50
	38	7/2.6	85	75	65	55
	50	19/1.8	100	90	80	65
	60	19/2.0	115	105	90	75
	80	19/2.3	140	125	105	90
	100	19/2.6	160	150	125	
	125	19/2.9	185	165	140	
	150	37/2.3	215	190		
	200	37/2.6	251	225		
	250	61/2.3	291			
	325	61/2.6	329			

註：

1. 本表適用於 PVC 配線、HDPE 管配線及非金屬可撓線管配線。

2. 採 PVC 管配線者，超過 325 平方公厘導線安培容量參照金屬導線管槽配
線，絕緣物溫度 60℃ 規定。

表3-4 軟線或燈具線安全電流表(周溫35°C以下)

導線	公稱截面 (mm²)	0.75	1.25	2.0	3.5	5.5
線	根數／直徑 (mm)	30/0.18	50/0.18	37/0.26	45/0.32	70/0.32
安全電流(A)		7	11	15	21	32

3-6 導線線徑之選擇

配綫設計時選擇導綫之綫徑時必視下列因素加以選擇:

1. 安全電流:

一般電灯及小型電具之裝接負載電流應小於導綫之安全電流;三相電動機之分路導綫的安全電流應爲電動機額定電流的 1.25 倍。導綫之安全電流與配綫方式及管內導綫之根數有關,由表3-1~表3-4可查出。

2. 電壓降

依用戶用電設備裝置規則第九條規定(電路之供應電燈、電力或電熱或該等混合負載之低壓幹線及其分路,其電壓降均不得超過標稱電壓之百分之三,兩者合計不得超過百分之五),若超過許可範圍之電壓降將使電燈之光度減弱或不亮,電熱器之電能變熱能而達某預定溫度的加熱時間增長,電動機之速率,轉矩產生變化等皆會縮短用電器具之壽命。所謂配電線路之壓降係指在額定之負載下,送電端電壓 E_s 與受電端電壓 E_r 之算術差;在直流電路中電壓降係由線路電阻引起,但交流電路中除受電阻影響外尚受電抗及功率因數之影響,故交流電路之壓降較直流電路爲大。

3. 線路損失:

若使用導線之線徑太小時，雖投資較少，但線路損失太大反而不經濟。

4. 抗張強度:

選擇導線線徑時亦需考慮抗張強度，以免在拉導線時將導線拉斷，因此用戶用電設備裝置規則及輸配電設備裝置規則之規定屋外高壓線應採用22平方公厘以上，低壓幹線採用14平方公厘以上，接戶線應採用5.5平方公厘以上之硬抽銅線，或強度相當之鋁線、鋼心鋁線；屋內線路之最小線徑為1.6公厘，為配線方便起見單線通常使用1.6公厘及2.0公厘，更大的導線以採用絞線較為方便。

5. 增設負載的容許率

決定線徑時不但需考慮目前的負載，而且要考慮將來可能增加的負載，才能選擇最適宜的線徑。

6. 導線線徑與短路電流

導線線徑太大時，線路阻抗小，因此產生故障之短路電流太大，而使開關設備之啟斷容量（I.C.）增大，增加投資較不經濟，故應儘量避免大容量的幹線，而採用數分路的小容量代替之，較為經濟。且因太大的導線使用在交流電路中會受集膚效應的影響，使大導線每單位面積之載流量較小導線者為少；通常線徑在 200 平方公厘以上時應考慮集膚效應的影響。實際屋內配線時導線之線徑宜不超過 325 平方公厘者較佳，若超過時宜採用較小導線數分路並聯供電。

3-7 電壓降之計算

當定態電流通過阻抗時所引起的電壓降落稱為電壓降（ Voltage Drop ），簡稱壓降；在交流電路中因壓降受負載電阻、電抗及功率因數等影響，需用三角運算較爲複雜，但爲簡便起見在配線設計時皆採用近似公式，且誤差甚小，尚稱滿意。

1. 設：

e ：爲線路對中性點之電壓降，稱爲相壓降（ V ）

e_s ：爲電源側相電壓 （ V ）

e_r ：爲負載側之相電壓（ V ）

I ：爲負載電流（ A ）

R ： 爲線路電阻（ Ω ）

X ：爲線路電抗（ Ω ），通常感抗爲正，容抗爲負。

θ ：爲功率因數角度。

$\cos\theta$: 負載之功率因數。

$\sin\theta$: 負載之無效功率因數。

若 e_r 爲已知時，則相壓降 e 爲：

$$e = \sqrt{(e_r\cos\theta + IR)^2 + (e_r\sin\theta + IX)^2} - e_r \quad (3\text{-}3)$$

若 e_s 爲已知時，則相壓降 e 爲：

$$e = e_s + IR\cos\theta + IX\sin\theta - \sqrt{e_s^2 - (IX\cos\theta - IR\sin\theta)}$$

$$(3\text{-}4)$$

（ 3 - 3 ）及（ 3 - 4 ）式爲正確之壓降計算公式，但運算複雜，且需先知道 e_s 或 e_r，若使用近似公式則 c_s 或 e_r 皆不需要知道，圖 3 - 9 所示之電壓降相量圖可導出相壓降 e 爲：

$$e = IR\cos\theta + IX\sin\theta \quad (3\text{-}5)$$

（ 3 - 5 ）式爲近似公式，若 e_s 與 e_r 間之相角不大時，其誤差甚少可忽略。

2. 壓降計算所使用之公式

（ 3-3 ）～（ 3-5 ） 式僅爲一條導線之壓降或相線與中性線之電壓

降。若為單相或三相供電時需依下列公式計算。

(1) 若功率因數為1時，由（3-5）式可得應用公式如下：

① 單相二線制之壓降（因 $\cos\theta = 1$ 時，$\sin\theta = 0$，且線路為二條）

$$= 2\,I\,R\,\ell \qquad\qquad (3\text{-}6)$$

（3-6）式中 I 為負載電流，R 為導線單位長度之電阻，ℓ 為線路一條的長度，若令 $e_{1\phi2w}$ 之壓降為1伏特時，則可得 I 與 ℓ 之關係如表 3-5 所示。

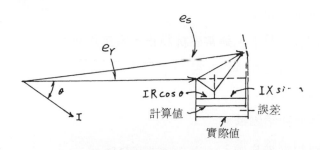

圖 3-9　電壓降之相量圖

【例九】　單相二線制中，使用 600V 級 PVC 絕緣 8.0 平方公厘之銅絞線，若負載為電熱器（功率因數為 1），其電流為 30A，線路長為 20 公尺，試問該負載通電時之電壓降為若干伏特。（註：線路採用硬質 PVC 管配線）

【解】　由表 2-7 可查出 600V 級 PVC 絕緣 8.0 平方公厘之電阻為 2.51 歐／公里，電抗（於硬質 PVC 管配線）為 0.104 歐／公里，由（3-6）式可得壓降為：

$$= 2\,I\,R\,\ell = 2 \times 30 \times \frac{2.51}{1000} \times 20 = 3.012\,(伏)$$

（註：本題因功率因數為 1，故電抗之壓降為 0）

【例十】　單相二線制中，使用 600V 級 PVC 絕緣 22 平方公厘之銅絞線，負載電流為 50A，功率因數為 1，若線路容許壓降為 1 伏特，試求此線路之最大容許長度為若干公尺？

表3-5　單相二線制電壓降爲一伏時負載電流 I 與電路長度 L 之關係表　　　（Cosθ＝1）　　t＝50℃

線徑各欄數值單位均爲公尺（線徑 1.6～6.5 爲公厘，5.5～125.0 爲平方公厘）。

電流(安)	1.6 公厘	2.0 公厘	2.6 公厘	3.2 公厘	4.0 公厘	5.0 公厘	6.5 公厘	5.5 平方公厘	8.0 平方公厘	14.0 平方公厘	22.0 平方公厘	30.0 平方公厘	38.0 平方公厘	50.0 平方公厘	60.0 平方公厘	80.0 平方公厘	100.0 平方公厘	125.0 平方公厘
1	49.8	79.1	133.4	202.1	316.1	494.6	836.4	137.9	198.7	355.2	557.5	730.7	945.5	1214.1	1512.8	2002.4	2552.3	3192.8
2	24.9	39.5	66.7	101.0	158.0	247.3	418.2	68.9	99.4	177.6	278.3	360.9	472.7	607.0	756.4	1001.2	1276.1	1596.4
3	16.6	26.3	44.6	67.5	105.4	164.8	278.8	46.0	66.2	118.5	185.7	246.9	315.2	404.7	504.2	667.5	850.8	1064.2
4	12.5	19.5	33.4	50.0	79.0	123.6	209.1	34.5	49.7	88.7	139.2	184.9	236.4	303.7	378.2	500.6	638.0	798.2
5	10.0	15.8	26.8	40.5	63.2	98.9	167.2	27.6	39.8	71.0	111.5	147.5	189.1	242.8	302.5	400.5	510.5	638.5
6	8.3	13.2	22.2	33.7	52.7	82.4	139.3	23.0	33.1	59.2	93.0	123.2	157.6	202.3	252.1	333.7	425.5	532.1
7	7.1	11.3	19.1	29.0	45.2	70.6	119.5	19.7	28.4	50.7	79.6	105.8	135.1	173.6	216.1	286.0	364.6	456.1
8	6.2	9.9	16.7	25.4	39.5	61.8	104.6	17.2	24.8	44.4	69.6	92.5	118.1	151.9	189.1	250.3	319.0	399.1
9	5.5	8.8	14.8	22.5	35.2	55.0	92.9	15.3	22.1	39.4	62.0	82.3	105.2	135.0	168.0	222.5	283.6	354.8
10	5.0	7.9	13.3	20.2	31.6	49.5	83.6	13.8	19.9	35.5	55.8	74.0	94.6	121.4	151.3	200.2	255.2	319.3
12	4.1	6.6	11.1	16.9	26.4	41.2	69.6	11.5	16.5	29.6	46.4	61.6	78.7	101.2	125.9	167.0	212.6	266.1
14	3.6	5.6	9.5	14.5	22.6	35.4	59.7	9.8	14.2	25.4	39.8	52.8	67.5	86.6	108.0	143.1	182.4	228.1
15	3.3	5.3	8.9	13.5	21.1	32.9	55.7	9.2	13.2	23.7	37.2	49.3	63.0	81.0	100.8	133.6	170.0	212.9
16		4.9	8.4	12.7	19.7	30.9	52.3	8.6	12.4	22.2	34.8	46.2	59.1	75.9	94.5	125.2	159.5	199.6
18		4.4	7.4	11.3	17.6	27.5	46.4	7.7	11.3	19.7	31.0	41.1	52.5	67.5	84.0	111.2	141.9	177.4
20		4.0	6.7	10.1	15.8	24.7	41.8	6.9	9.9	17.8	27.8	37.0	47.3	60.7	75.6	100.1	127.6	159.6
25			5.3	8.1	12.7	19.8	33.4	5.5	7.9	14.2	22.3	29.6	37.8	48.6	60.4	80.3	102.1	127.8
30			4.5	6.8	10.5	16.5	27.9	4.6	6.6	11.9	18.6	24.6	31.5	40.5	50.4	66.7	85.1	106.4
35				5.8	9.0	14.1	23.9		5.7	10.2	15.9	21.2	27.0	34.7	43.2	57.3	73.0	91.3
40					7.9	12.4	20.9			8.9	13.9	18.5	23.6	30.4	37.8	50.1	63.8	79.8
45					7.0	11.0	18.6			7.9	12.4	16.4	21.0	27.0	33.6	44.6	56.7	71.0
50					6.3	9.9	16.7			7.1	11.1	14.8	18.9	24.3	30.3	40.1	51.1	63.9
60						8.2	13.9				9.3	12.3	15.8	20.2	25.2	33.4	42.5	53.2
70						7.1	11.9				8.0	10.6	13.5	17.4	21.6	28.6	36.5	45.6
80							10.5					9.1	11.8	15.2	18.9	25.0	31.9	39.9
90							9.3					8.1	10.5	13.5	16.8	22.3	28.4	35.5
100							8.4					7.3	9.5	12.1	15.1	20.0	25.5	31.9

註：(1)當壓降爲 2V 或 3V 時，容許電路最大長度分別爲本表之 2 倍或 3 倍，依此類推。

(2)電流爲 20A 或 200A 時，容許電路最大長度分別爲本表 2A 之電流長度的 1/10 或 1/100，依此類推。

【解】 ①由表 3-5 可得：由線徑 22 平方公厘之行往下看與 50 A 之列交點為 11·1 公尺。

②由（3-6）式計算：由表 2-7 可查出 22 平方公厘之電阻為 0·895 歐／公里，則

$$1 = 2 \times 50 \times \frac{0.895}{1000} \times \ell$$

$$\ell = 11.17 \text{（公尺）}$$

③單相三線制及三相四線制線路對中性線之壓降（因 $\cos\theta = 1$ 時 $\sin\theta = 0$，且負載平衡時中性線電流為零）

$$e_{L-N} = IR\ell = \frac{1}{2}e_{1\phi2w} \tag{3-7}$$

（3-7）式僅適用於負載平衡時。

【例十一】 單相三線制中，使用 600 V 級 P V C 絕緣 14 平方公厘之銅絞線，負載在平衡狀況下，每線之電流為 40 A，功率因數為 1，長度為 15 公尺，試求每線對中性線之壓降為若干伏特？

【解】 由表（2-7）可查出 14 平方公厘之銅絞線電阻為 1·41 歐／公里，代入（3-7）式，可得：

$$e_{L-N} = 40 \times \frac{1.41}{1000} \times 15 = 0.846 \text{（伏）}$$

【例十二】 三相四線制中，使用 600 V 級 P V C 絕緣 150 平方公厘之銅絞線，負載在平衡狀況下，每線之電流為 200 A，功率因數為 1，長度為 50 公尺，試求每線對中性線之壓降為若干伏特？

【解】 由表（2-7）可查出 150 平方公厘之銅絞線電阻為 0·128 歐／公里，代入（3-7）式，可得：

$$e_{L-N} = 200 \times \frac{0.128}{1000} \times 50 = 1.28 \text{（伏）}$$

① 三相三線制之壓降

$$e_{3\phi3w} = \sqrt{3}\,IR\ell = 0.866e_{1\phi2w} \tag{3-8}$$

令（3-8）式中 $e_{3\phi3w}$ 為 2 伏特時，可得 I 與 ℓ 之關係

　　　　　如表（ 3 - 6 ）所示。

【例十三】三相三線制中，使用 600 V 級 100 平方公厘之銅絞線，每線
　　　　　之電流為 150 A，功率因數為 1，長度為 40 公尺，試求電路
　　　　　之壓降為若干？

【解】　　由表（ 2 - 7 ）可查出 100 平方公厘之銅絞線電阻為 0.195 歐
　　　　　／公里，由（ 3 - 8 ）式可得：

$$e_{3\phi 3w} = \sqrt{3} \times 150 \times \frac{0.195}{1000} \times 40 = 2.026 \text{（伏）}$$

【例十四】三相三線制電路中使用 600 V 級 60 平方公厘銅絞絲，負載電
　　　　　流為 50 安培，功率因數為 1，若電源電壓為 220 V，線路壓
　　　　　降為 3 ％時，試求電路最大容許長度為若干？

【解】　(1)　由表（ 3 - 6 ）可查出壓降 2 伏特，電流 50 安培時之最
　　　　　　　大長度為 69.9 公尺，線路容許壓降為 220 × 0.03 = 6.6
　　　　　　　伏，故電路最大容許長度為：

$$\ell = \frac{6.6}{2} \times 69.9 = 230.67 \text{（公尺）}$$

　　　　　(2)　由（ 3 - 8 ）式計算：由表（ 2 - 7 ）可查出 60 平方公
　　　　　　　厘銅絞線電阻為 0.330 歐／公里，代入（ 3 - 8 ）式得
　　　　　　　：

$$6.6 = \sqrt{3} \times 50 \times \frac{0.330}{1000} \times \ell$$

$$\ell = 230.95 \text{（公尺）}$$

　　2.　若功率因數不是 1 時，則需考慮線路感抗及功率因數，可由
　　　　下列近似公式計算。

　　　(1)　單相二線制之壓降：

$$e_{1\phi 2w} = 2 I \ell (R \cos\theta + X \sin\theta) \qquad (3\text{-}9)$$

【例十五】單相二線制電路中，使用 5.5 mm² 之銅線，如負載電流為 15
　　　　　安培，功率因數為 0.8，金屬管配線，長度 10 公尺，試計算
　　　　　該負載運轉時之壓降為若干伏特？

表3-6 銅線 三相三線制電壓降為二伏特時負載電流 I 與電路長度 L 之關係表 （ Cosθ= 1 　　 t = 50℃ ）

電流(安)	1.5 公尺	2.0 公尺	2.6 公尺	3.2 公尺	4.0 公尺	5.0 公尺	6.5 公尺	5.5平方公厘 公尺	8.0平方公厘 公尺	14.0平方公厘 公尺	22.0平方公厘 公尺	38.0平方公厘 公尺	50.0平方公厘 公尺	60.0平方公厘 公尺	80.0平方公厘 公尺	100.0平方公厘 公尺
1	115.8	182.8	308.5	467.2	731.9	1,1424	1,930.1	318.0	458.2	819.8	1,238.9	2,182.1	2,804.7	3,494.7	4,625.5	5,895.8
3	33.6	60.9	102.8	155.7	243.9	380.8	643.4	106.0	152.7	273.2	429.6	727.3	934.9	1,164.9	1,541.5	1,965.2
5	23.2	36.6	61.7	93.6	146.5	228.5	386.0	63.6	91.6	163.9	257.8	436.4	560.3	698.9	925.1	1,179.2
10	11.6	18.3	30.9	46.7	73.2	114.2	193.0	31.8	45.8	82.0	128.9	218.2	280.5	349.5	462.6	589.6
15	7.7	12.2	20.6	31.2	48.8	76.2	128.6	21.2	30.6	54.6	85.9	145.4	186.9	232.9	308.3	393.0
20		9.1	5.4	23.4	36.6	57.1	96.5	15.9	22.9	41.0	64.5	109.1	140.2	174.7	231.2	294.8
25			2.3	18.7	29.3	45.7	77.2	12.7	18.3	32.8	51.5	87.3	112.2	139.5	185.0	236.0
30			0.3	15.6	24.4	38.1	64.3	10.6	15.3	27.3	43.0	72.7	93.5	116.5	154.2	196.5
35				13.4	20.9	32.6	55.1		13.1	23.4	36.8	62.4	80.1	99.8	132.0	
40					18.3	28.6	48.2			20.4	32.2	54.6	70.1	87.3	115.6	147.1
45					16.3	25.4	42.9			18.2	28.6	48.5	62.3	77.6	102.9	13.0
50					14.7	22.9	38.6			16.4	25.8	43.6	56.1	69.9	92.5	117.9
60						19.1	32.3				21.5	36.4	46.8	58.2	77.0	98.2
70							27.6				18.4	31.2	40.1	49.8	66.0	84.1
80							24.1					27.2	35.0	43.6	57.8	73.6
90							21.4					24.3	31.2	38.8	51.4	65.5
100												21.3	28.0	34.9	46.3	59.0
150														30.8	46.3	39.3

註：(1)當壓降為 4 V 或 6 V 時容許電路最大長度分別為本表之 2 倍或 3 倍，依此類推。

(2)電流為 20 安 200 安時，容許電路最大長度分別為本表 2 A 之 1／10 或 1／100 依此類推。

【解】　由（3-9）式計算：由表（2-7）可查出金屬管配線時，5.5mm² 之電阻為3.62歐／公里，電抗為0.138歐／公里，代入（3-9）式可得：　（$\sin\theta=\sqrt{1-(0.8)^2}=0.6$）

$$e_{1\phi2w}=2\times15\times10\times(\frac{3.62}{1000}\times0.8+\frac{0.138}{1000}\times0.6)$$
$$=0.894（伏）$$

【例十六】　單相二線制電路中，使用38 平方公厘之銅絞線，如負載電流為30A，功率因數為0.8硬質ＰＶＣ管配線，長度25 公尺，試計算該負載運轉時之壓降為若干伏特？

【解】　由（3-9）式計算：由表（2-7）可查出硬質ＰＶＣ管配線時，38 平方公里之電阻為0.529Ω／km，電抗為0.0914Ω／km，代入（3-9）式可得：

$$e_{1\phi2w}=2\times30\times25\times(\frac{0.529}{1000}\times0.8+\frac{0.0914}{1000}\times0.6)$$
$$=0.717（伏）$$

【例十七】　單相三線制電路中，使用60mm² 之銅絞線，如負載電流為100A ，功率因數為0.85 ，金屬管配線，長度55 公尺，試計算該負載運轉時之壓降為若干伏特？

【解】　由（3-10）式計算：由表（2-7）可查出60 mm² 之銅絞線電阻為0.330 Ω／km，電抗為0.114 Ω／km，代入（3-10）式可得：

$$e'_{L-N}=100\times55\times[\frac{0.330}{1000}\times0.85+\frac{0.114}{1000}\times\sqrt{1-(0.85)^2}]$$
$$=1.87（V）$$

【例十八】　三相四線制電路中，使用150mm² 之銅絞線，如負載電流為200A ，功率因數為0.8，架空線路，長度80 公尺，試計算該負載運轉時之壓降為若干伏特？

【解】 由（ 3 - 10 ）式計算：由表（ 2 - 7 ）可查出 150 mm² 之銅絞線電阻為 0.128 Ω／km，電抗為 0.0887 Ω／km ， 代入（ 3 - 10 ）式可得：

$$e'_{L-N} = 200 \times 80 \times \left[\frac{0.128}{1000} \times 0.8 + \frac{0.0887}{1000} \right.$$
$$\left. \times \sqrt{1-(0.8)^2} \right]$$
$$= 2.49 (V)$$

③ 三相三線制之壓降為：

$$e'_{3\phi 3w} = \sqrt{3} \, I \ell \, (R\cos\theta + X\sin\theta) \qquad (3\text{-}11)$$
$$= 0.866 \times e'_{1\phi 2}$$

【例十九】 三相三線制電路中，使用 100 mm² 之銅絞線，如負載電流為 160A，功率因數為 0.8，金屬管配線，長度 65 公尺，試計算該負載運轉時之壓降為若干？

【解】 由（ 3 - 11 ）式計算：由表（ 2 - 7 ）可查出 100 mm² 之電阻為 0.195 Ω／km，電抗為 0.114 Ω／km，代入（ 3-11 ）式可得：

$$e'_{3\phi 3w} = \sqrt{3} \times 160 \times 65 \times \left(\frac{0.195}{1000} \times 0.8 + \frac{0.114}{1000} \right.$$
$$\left. \times 0.6 \right)$$
$$= 4.04 (V)$$

3-8 電壓降計算實例

【例二十】 某工廠之動力配線，其部份線路圖如圖 3 - 10 所示，試求 1 HP 及 2 HP 電動機之壓降各為若干？（供電電壓為三相三線制 220 V，硬質 P V C 管配線）

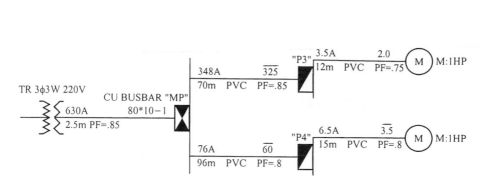

圖3-10　動力單線圖

【解】　由表（2-11）可查出 80×10 mm 之銅滙流排（相間距離 S = 20 cm）為0.19 Ω／km 由表2-7查出325 mm² 之電阻為0.0612 Ω／km，電抗為0.0856 Ω／km；　2.0 mm 之電阻為 5.65 Ω／km，電抗為0.110 Ω／km(與3.5 mm²相同) 60 mm² 之電阻為0.33 Ω／km，電抗為0.0912 Ω／km；3.5 mm² 之電阻為5.65 Ω／km，電抗為0.110 Ω／km，將上列數據代入（3-11）式可得：

(1)　1 HP 之壓降（V·D）為：（滙流排電阻遠比電抗為低可不計）

$$V.D. = \sqrt{3} \left[\left(630 \times \frac{0.19}{1000} \times \sqrt{1-(0.85)^2} \times 2.5 \right) \right.$$

$$+ 348 \times 70 \times \left(\frac{0.0612}{1000} \times 0.85 + \frac{0.0856}{1000} \right.$$

$$\left. \times \sqrt{1-(0.85)^2} \right) + 3.5 \times 12 \times \left(\frac{5.65}{1000} \right.$$

$$\left. \left. \times 0.75 + \frac{0.11}{1000} \times \sqrt{1-(0.75)^2} \right) \right]$$

$$= \sqrt{3} \left[0.1576 + 2.36 + 0.18 \right]$$

$$= 4.36 + 0.314 \quad (V)$$

（幹線壓降）＋（分路壓降）

$$V.D\% = \frac{4.36}{220} \times 100\% + \frac{0.314}{220} \times 100\%$$

$$= 1.98\% + 0.143\%$$

(2) 2 HP之壓降（V.D）為：

$$V.D = \sqrt{3}\left[\,(\,630 \times \frac{0.19}{1000} \times \sqrt{1-(\,0.85\,)^2}\right.$$

$$\times 2.5\,) + 76 \times 96 \times (\frac{0.33}{1000} \times 0.8 + \frac{0.0912}{1000}$$

$$\times \sqrt{1-(\,0.8\,)^2}\,) + 6.5 \times 15 \times (\frac{5.65}{1000}$$

$$\times 0.8 + \frac{0.110}{1000} \times \sqrt{1-(\,0.8\,)^2}\,)\,]$$

$$= \sqrt{3}\,[\,0.1576 + 2.33 + 0.45\,]$$

$$= 4.3 + 0.78\,(\,V\,)$$

$$V.D\,(\%) = \frac{4.3}{220} \times 100\% + \frac{0.78}{220} \times 100\%$$

$$= 1.95\% + 0.35\%$$

【例廿一】 某工廠之電灯配綫，其部份綫路圖如 3 - 11 所示，試求最遠
端之電灯之壓降為若干？（供電電壓為單相三綫制 110 V／220
V，硬質ＰＶＣ管配綫）

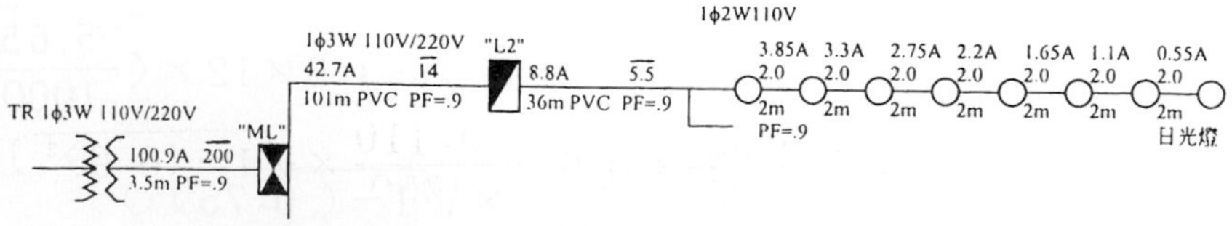

圖 3-11　電灯單線圖

【解】 由表（2 - 7）可查出 200 mm² 之電阻為 0.101 Ω／km，
電抗為 0.0878 Ω／km；14 mm² 之電阻為 1.41 Ω／km，

電抗為 $0.0973\,\Omega\diagup km$ ；$5.5\,mm^2$ 之電阻為 $3.62\,\Omega\diagup km$

電抗為 $0.110\,\Omega\diagup km$ ；$2.0\,mm$ （相當於 $3.5\,mm^2$）之電

阻為 $5.65\,\Omega\diagup km$，電抗為 $0.110\,\Omega\diagup km$，功率因數 P.F.

$=0.9$ ，代入（ 3 - 9 ）及（ 3 - 10 ）式：

最遠端日光灯 $40\,W$ 之壓降（ V.D ）為：

$$V \cdot D = 100.9 \times 3.5 \times [\frac{0.101}{1000} \times 0.9 + \frac{0.0878}{1000}$$

$$\times \sqrt{1-(0.9)^2}\,] + 42.7 \times 101 \times [\frac{1.41}{1000}$$

$$\times 0.9 + \frac{0.0973}{1000} \times \sqrt{1-(0.9)^2}\,] + 2$$

$$\times 8.8 \times 36 \times [\frac{3.62}{1000} \times 0.9 + \frac{0.110}{1000}$$

$$\times \sqrt{1-(0.9)^2}\,] + 2 \times 3.85 \times 2 \times [\frac{5.65}{1000}$$

$$\times 0.9 + \frac{0.110}{1000} \times \sqrt{1-(0.9)^2}\,] + 2 \times 3.3 \times 2$$

$$\times [\frac{5.65}{1000} \times 0.9 + \frac{0.110}{1000} \times \sqrt{1-(0.9)^2} + 2$$

$$\times 2.75 \times 2 \times [\frac{5.65}{1000} \times 0.9 + \frac{0.110}{1000}$$

$$\times \sqrt{1-(0.9)^2}\,] + 2 \times 2.2 \times 2 \times [\frac{5.65}{1000} \times 0.9$$

$$+ \frac{0.110}{1000} \times \sqrt{1-(0.9)^2}\,] + 2 \times 1.65 \times 2$$

$$\times [\frac{5.65}{1000} \times 0.9 + \frac{0.110}{1000} \times \sqrt{1-(0.9)^2}\,] + 2$$

$$\times 1.1 \times 2 \times [\frac{5.65}{1000} \times 0.9 + \frac{0.110}{1000} + \sqrt{1-(0.9)^2}\,] + 2$$

$$\times 0.55 \times 2 \times [\frac{5.65}{1000} \times 0.9 + \frac{0.110}{1000}$$

$$\times \sqrt{1-(0.9)^2}\,]$$

$$= 0.046 + 5.65 + 2.09 + 0.08 + 0.68 + 0.056$$
$$+ 0.045 + 0.034 + 0.023 + 0.011$$
$$= 8.103 \text{（V）}$$

3-9　電壓變化對用電設備之影響

供電電壓較用電器具之額定電壓高或低，皆會影響用電器具之特性及壽命，其影響程度需視用電器具之種類而定，茲說明如下：

1. 對白熾灯之影響

白熾灯之壽命及光度受電壓變更的影響很大，電壓較額定電壓爲高時發光效率高，光度及消耗電力增加，但壽命減短，例如電壓比額定電壓高10％時，則灯泡之壽命僅爲額定電壓時之三分之一。若電壓較額定電壓爲低時，灯泡之消耗電力及光度減少，發光效率較低，但壽命延長，例如電壓比額定電壓低10　％，則壽命增加三倍，但光度降低30％。

2. 對日光灯之影響

日光灯屬放電灯之一種，其發光原理與白熾灯不同，電壓變動在10％以內尚能滿意運轉，日光灯之輸出光度約與電壓成正比，壽命與電壓之關係較白熾灯爲不明顯；日光灯之限流器（安定器）受電壓變化的影響較大，若電壓太低則啓動困難，甚至不亮；若電壓太高則會使限流器產生過熱的現象。

3. 對水銀灯之影響

水銀灯亦屬放電灯，在正常電壓下點灯時約需四至八分鐘才能完全點亮，若電壓降低10％時，水銀灯之光度約降低30％；若較額定電壓低20％時，水銀灯將會熄滅。水銀灯之壽命與點灯之次數有密切關係，若因電壓過低而熄滅時重復啟動，將大大的縮短水銀灯之壽命。但若電壓較額定電壓為高時，會使水銀弧光之溫度過高，可能會損壞水銀灯泡之玻璃。

4. 對電動機之影響

電壓較額定電壓為高時，會使電動機之起動電流增加，轉矩增加，功率因數降低。若電壓較額定電壓為低時，最明顯的是使轉矩降低，若欲維持轉矩不變，則必須負載電流增加，損失增大而溫度昇高。感應電動機之轉矩與電壓的平方成正比；而同步電動機之轉矩與電壓成正比。一般而言，電動機之電源電壓的變化，在電壓高比電壓低時的不良影響較少。

5. 對電阻式電熱器之影響

電熱器產生之熱量約與電壓之平方成正比，電壓增高時會使發熱量高，但壽命降低。

習題三

1. 試述配線設計之原則？
2. 試述系統電壓等級之劃分？
3. 試述台電目前配電電壓（包括高、低壓）之種類？
4. 某單相110 V ½ HP之電動機，負載電流為 12A ，其分路之導線長 30 公尺，線徑為 3.5 mm² ， 硬質 PVC 管配線，功率因數為0.75，試求電動機運轉時之電壓降為若干？電壓降之百分率為若干？
5. 某單相220 V，½ HP之 電動機，負載電流為 6 A，其分路之導線長 25公尺，線徑為 1.6 mm， 金屬管配線，功率因數（P.F）為0.75，試求電動機運轉時之壓降為若干？電壓降之百分率為若干？
6. 三相三線220 V電動機分路之負載為 10 HP，電流為 27 A，功率因

數爲 0.8，導線爲 $14\ mm^2$，硬質ＰＶＣ管配線，長 35 公尺，試求電動機運轉時之電壓降爲若干？電壓降之百分率爲若干？

7. 某三相四線制中，連接三相電動機 $200A$，每相又連接 $300A$ 之白熾灯及 $100A$ 之日光灯負載，試求相線及中性線應有的最小載流量爲若干？

8. 某三相三線制 $220V$ 之電動機，其功因爲 0.8，滿載電流爲 $52A$，若線路容許壓降不得超過該電路標稱電壓（ $220V$ ）之 3%，而按硬質ＰＶＣ管配線，試求應使用之經濟的線徑及該線徑下之最大容許長度爲若干？

4

功率因數改善計算

4-1 功率因數之定義

電力負載中，電阻性負載係真正吸收能量、消耗能量者，而純電感性及純電容性負載並不消耗能量，只交替地將能量儲存及放出，且純電感性負載與純電容性負載貯存及放出能量之時間相反，例如一電路中有電感性及電容性負載並聯，則在某一瞬間電容性放出之能量恰好被電感性吸收，在另一瞬間則相反。在交流電路中視在功率 P_A ， 有效功率 P，虛（無效）功率 Q，此三者之關係為：

$$P_A = P + jQ \qquad\qquad (4-1)$$

上式中 P_A 之單位為 KVA（仟伏安），P 為 KW（仟瓦），Q 為 KVAR（仟乏），由（4-1）式可得：

$$|P_A| = \sqrt{P^2 + Q^2} \qquad\qquad (4-2)$$

有效功率與視在功率之比值謂之功率因數（Power Factor ，簡稱為 P. F），簡稱功因，在三相電路中，$P = \sqrt{3} I^2 R$，$Q = \sqrt{3} I^2 X$，代入（4-1）式可得：

$$P_A = \sqrt{(\sqrt{3}\,I^2R)^2 + (\sqrt{3}\,I^2X)^2}$$

$$= \sqrt{3}\,I^2\,\sqrt{R^2+X^2}$$

$$= \sqrt{3}\,I^2\,Z \tag{4-3}$$

$$P.F.\,(功率因數) = \frac{P}{P_A} = \frac{\sqrt{3}\,I^2R}{\sqrt{3}\,I^2Z} \tag{4-4}$$

$$= \frac{R}{Z}$$

　　在阻抗三角形中，因 $R/Z = \cos\theta$ ，故 $P.F = \cos\theta$ ；在一般交流電路中皆將電感性功率視爲正，在電感性電路中之功率因數稱爲滯後（落後）功因；電容性功率視爲負，在電容性電路中之功率因數稱爲越前（領前）功因。

　　負載中之有效功率及虛功率皆可由發電機供給，但輸送虛功率徒增線路之電力損失，輸送同一有效功率需增大導線之綫徑，故不經濟；爲求經濟原則，宜在產生虛功率之附近供給虛功率給負載，卽可減少因虛功率所引起的綫路損失。供給虛功率給負載常用之設備有同步調相機及進相用電容器，但因裝置進相用電容器之設備費及電力損失皆較同步調相機爲少，故一般用戶皆裝置進相用電容器來供給負載所需之虛功率；電力負載中若負載爲電阻性則有效功率與視在功率相同，卽功因爲 1 ；若有虛功率存在時，則功因皆小於 1 。

　　功率因數之降低係由感應電動機、日光灯、霓虹灯、及所有電感性負載所引起；若功率因數太低會使電線、變壓器超載及增加銅損，電動機速率降低，電灯之光度減少及增加電力費用。故改善功率因數乃是配線設計之重要規劃之一。

4-2　改善功率因數之利益

　　在負載中並聯進相用電容器，供給負載之虛功率，減少發電機供給無效電流（虛電流），可減少綫路損失，增加供電能力，減少電壓降，節省電費等，茲說明如下：

1. 減少線路損失

　　線路損失係與線路電流的平方成正比，功率因數愈低時供給額定之有效功率的線路電流較大，設線路之電阻爲R（定值），未改善功率因數以前之線路損失P_{L_1}，功因爲$\cos\theta_1$，電流爲I_1；改善功率因數後之線路損失P_{L_2}，功因爲$\cos\theta_2$，電流爲I_2，則兩者之關係如下：

$$\frac{I_1}{I_2} = \frac{\cos\theta_2}{\cos\theta_1} \qquad (4-5)$$

因　　　$P_{L_1} = I_1^2 R$，$P_{L_2} = I_2^2 R$，所以：

$$\frac{P_{L_1}}{P_{L_2}} = \frac{I_1^2 R}{I_2^2 R} = \frac{I_1^2}{I_2^2} = \frac{\cos^2\theta_2}{\cos^2\theta_1} \qquad (4-6)$$

　　改善功因前後之線路損失差額爲P_{L_0}，卽：

$$P_{L_0} = P_{L_1} - P_{L_2} = \frac{P^2}{E^2} R \left(\frac{1}{\cos^2\theta_1} - \frac{1}{\cos^2\theta_2} \right) \qquad (4-7)$$

　　（4-7）式中P爲三相之有效功率（W），R爲每一相線路之電阻（Ω），（4-7）式之（$\frac{1}{\cos^2\theta_1} - \frac{1}{\cos^2\theta_2}$）爲線路損失減少係數。表4-1爲線路損失減少係數。

表4-1　線路損失減少係數

改善前功率因數（$\cos\theta_1$）	改善後之功率因數（$\cos\theta_2$）							
	1.00	0.95	0.90	0.85	0.80	0.75	0.70	0.65
0.95	0.108	—	—	—	—	—	—	—
0.90	0.235	0.126	—	—	—	—	—	—
0.85	0.384	0.276	0.150	—	—	—	—	—
0.80	0.563	0.454	0.382	0.178	—	—	—	—
0.75	0.778	0.670	0.545	0.394	0.215	—	—	—
0.70	1.041	0.933	0.806	0.657	0.479	0.263	—	—
0.65	1.366	1.258	1.132	0.982	0.805	0.589	0.325	—
0.60	1.778	1.670	1.542	1.394	1.215	1.000	0.737	0.411

2. 增加供電能力

因變壓器、斷路器、導線等之輸出皆受電流限制，提高功率因數後將減少電流，因此有剩餘之電流可供給其他負載，而使同一設備能供給更多的負載。設 P_1 為未改善功率因數時負載（KVA），P_2 為改善功率因數後之負載（KVA），$P_1 - P_2$ 為改善功因前後之負載差值，即可增加之負載，則：

$$\frac{P_1 - P_2}{P_2} = \frac{P_1}{P_2} - 1 = \frac{\cos\theta_2}{\cos\theta_1} - 1 \qquad (4\text{-}8)$$

由（4-8）式可得改善功因與增加供電能力之比率如表4-2所示。

表4-2　改善功因與增加供電能力之比率

改善前之功率因數	改善後之功率因數				
	0.6	0.7	0.8	0.9	1.0
0.5	20%	40%	60%	80%	100%
0.6	0	17	33	50	67
0.7		0	15	29	43
0.8			0	13	25
0.9				0	11

3. 減少電壓降

設電源側之電壓 E_s，負載側之電壓 E_r，則壓降 $\triangle E$ 為：

$$\triangle E = E_s - E_r$$

設線路之電阻為R，感抗為X，電流為I，由第三章可得：

$$\triangle E = I(R\cos\theta + X\sin\theta)$$

$$= I\cos\theta\left(R + X\frac{\sin\theta}{\cos\theta}\right)$$

$$= I\cos\theta(R + X\tan\theta)$$

若將 I_1，$\cos\theta_1$ 之狀況下裝進相用電容器後成為 I_2，$\cos\theta_2$，前

後之壓降比爲：

$$\frac{\triangle E_2}{\triangle E_1} = \frac{R + X \tan\theta_2}{R + X \tan\theta_1} \qquad (4\text{-}9)$$

由（ 4-9 ）式可知：若 $\cos\theta_2 > \cos\theta_1$，則 $\tan\theta_2 < \tan\theta_1$ ，因此 $\triangle E_2 < \triangle E_1$ ，則改善功因後之壓降較未改善前爲小。

4. 節省電費

按台電公司現行之" 營業規則 "規定，凡電力用戶每月之用電的平均功率因數以百分之八十爲準，每低百分之一則該月份電費應增加千分之三；如超過百分之八十者，每超過百分之一則該月份電費應減少千分之一·五；每月之平均功率因數則以該月份之有效電力量（ KWH ）及無效電力量（ KVARH ） 來計算，卽：

$$P.F._{av}（平均功因）= \frac{KWH}{\sqrt{(KWH)^2 + (KVARH)^2}} \times 100\% \qquad (4\text{-}10)$$

【例一】　某用戶使用三相 11.4 KV 電源，未改善功率因數時之電流爲 50 A，功率因數爲 0.75 ，改善功率因數至 0.95 時，試求電流爲若干？

【解】　由（ 4-5 ）式可得：

$$I_1 = 50 A，\cos\theta_1 = 0.75，\cos\theta_2 = 0.95$$

$$\frac{I_1}{I_2} = \frac{\cos\theta_2}{\cos\theta_1} \qquad \therefore \quad I_2 = \frac{I_1\cos\theta_1}{\cos\theta_2}$$

$$= \frac{50 \times 0.75}{0.95}$$

$$= 39.5 （A）$$

由此結果可知功因提高卽可減少綫路電流。

【例二】　某用戶在功率因數爲 0.8 時之綫路損失爲 5 KW，若將功因改善至 0.95 ，試求此時之綫路損失爲若干？

【解】　由（ 4-6 ）式可得

$$P_{L_1} = 5 \text{ KW} , \quad \cos\theta_1 = 0.8 , \quad \cos\theta_2 = 0.95$$

$$\frac{P_{L_1}}{P_{L_2}} = \frac{\cos^2\theta_2}{\cos^2\theta_1}$$

$$\therefore \quad P_{L_2} = \frac{P_{L_1}\cos^2\theta_1}{\cos^2\theta_2} = \frac{5 \times (0.8)^2}{(0.95)^2} = 3.55 (\text{KW})$$

【例三】 某用戶在功率因數為 0.8 時，滿載時負載吸收之功率 1000 KVA，若將功因提高至 0.95 時，試求原負載吸收之功率為若干？又改善功率因數前後之負載差值為若干？

【解】 由（ 4-8 ）式：

$$P_1 = 1000 \text{ KVA} , \quad \cos\theta_1 = 0.8 , \quad \cos\theta_2 = 0.95$$

$$\frac{P_1 - P_2}{P_2} = \frac{\cos\theta_2}{\cos\theta_1} - 1 = \frac{0.95}{0.8} - 1 = 0.1875$$

$$P_1 - P_2 = 0.1875 \, P_2$$

$$\therefore P_2 = \frac{P_1}{1 + 0.1875} = \frac{1000}{1.1875} = 842.1 \text{ （KVA）}$$

$$P_1 - P_2 = 1000 - 842.1 = 157.9 \text{ （KVA）}$$

由此題可知：若原線路之線徑不變，提高功因後能增加 157.9 KVA 之供電能力。

【例四】 某用戶在未改善功因前，每月之電表指示：有效電力量為 8000 KWH ，無效電力量為 8000 KVARH ；改善功因後之電表指示為有效電力量為 8000 KWH，無效電力量為 4000 KVARH ，試求改善前後之平均功因各為若干？每月在改善功因後可節省電費百分之幾？

【解】 由（ 4-10 ）式：

未改善功因前之平均功因 $P.F._{av_1} = \dfrac{8000}{\sqrt{(8000)^2 + (8000)^2}}$

$$= 0.707 = 70.7\%$$

改善功因後之平均功因 $P.F._{av_2} = \dfrac{8000}{\sqrt{(8000)^2 + (4000)^2}}$

$$= 0.894 = 89.4\%$$

$$\frac{3}{1000}(80-70 \cdot 7)+\frac{1 \cdot 5}{1000}(89 \cdot 4-80)=\frac{4 \cdot 2}{100}=4.2\%$$

即改善功因後每月可節省電費 $4 \cdot 2$ ％

4-3　綜合功率因數計算

　　現代化之工廠具有各種不同的負載，且各種負載之功率因數皆不盡相同，為正確考慮整廠之功率因數時需將各負載之有效功率及無效功率列出，設有效功率以 P 表示，無效（虛）功率以 Q 表示，則：

總有效功率 $\Sigma P = P_1 + P_2 + P_3 + \cdots\cdots\cdots$

總無效功率 $\Sigma Q = Q_1 + Q_2 + Q_3 + \cdots\cdots\cdots$

綜合功因　$P.F. = \dfrac{\Sigma P}{\sqrt{\Sigma P^2 + \Sigma Q^2}}$　　　　　　（4-11）

　　（ 4 - 11 ）式中，P_1 ，P_2 ，P_3 為各負載之有效功率，Q_1，Q_2，Q_3 為各負載之無效功率，$\sqrt{\Sigma P^2 + \Sigma Q^2}$ 為總視在功率。

【例五】　某工廠之負載如下：白熾灯 20 KVA ，P.F. ＝ 1 日光灯 30

　　　　　KVA ，P.F. ＝ 0.9 ，感應電動機 350 KVA ，P.F. ＝ 0.8

　　　　　滯後，同步電動機 50 KVA ，P.F. ＝ 0.8 領前。

　　　　　試計算：(1)各負載之有效功率，無效功率，(2)整廠之總有效功

　　　　　　　　　率及總無效功率，(3)整廠之功率因數為若干？

【解】　(1)　各負載之有效功率及無效功率

	有效功率 $KVA \times \cos\theta$	無效功率 $KVA \times \sin\theta$
白　熾　灯	$20 \times 1 = 20$ KW	$20 \times 0 = 0$
日　光　灯	$30 \times 0.9 = 27$KW	$30 \times \sqrt{1-(0.9)^2}$ $= 13.08$ KVAR
感應電動機	$350 \times 0.8 = 280$KW	$350 \times \sqrt{1-(0.8)^2}$ $= 210$ KVAR（電感性）

同步電動機 $50 \times 0.8 = 40 \, KW$ $\quad 50 \times \sqrt{1-(0.8)^2}$
$$= 30 \, KVAR \,（電容性）$$

(2) $\Sigma P = 20 + 27 + 280 + 40 = 367 \, KW$

$\Sigma Q = 13.08 + 210 - 30 = 193.08 \, KVAR$

(3) 整廠之功因 $P.F. = \dfrac{367}{\sqrt{(367)^2 + (193.08)^2}} = 0.885$

【例六】 某工廠之負載如下：白熾灯 $10 \, KW$，$PF = 1$，水銀灯 20 KW，$P.F = 0.85$，日光灯 $15 \, KW$，$P.F = 0.9$，感應 電動機 $200 \, KW$，$P.F = 0.8$ 滯後，試求：(1)各負載之視在 功率，無效功率，(2)全廠之總視在功率及總無效功率，(3)全廠 之功率因數為若干？

【解】 (1) 各負載之視在功率及無效功率

視在功率（$P_A = \dfrac{P}{\cos\theta}$）　無效功率（$Q = P_A \sin\theta$）

白 熾 灯 $\dfrac{10}{1} = 10 \, KVA$ $\qquad 10 \times 0 = 0$

$\qquad\qquad\qquad\qquad\qquad\qquad\quad （\because \sin(\cos^{-1}1) = 0）$

水 銀 灯 $\dfrac{20}{0.85} = 23.53 \, KVA$ $\quad 23.53 \times \sqrt{1-(0.85)^2}$

$\qquad\qquad\qquad\qquad\qquad\qquad = 12.4 \, KVAR$

日 光 灯 $\dfrac{15}{0.9} = 16.67 \, KVA$ $\quad 16.67 \times \sqrt{1-(0.9)^2}$

$\qquad\qquad\qquad\qquad\qquad\qquad = 7.27 \, KVAR$

感應電動機 $\dfrac{200}{0.8} = 250 \, KVA$ $\quad 250 \times \sqrt{1-(0.8)^2}$

$\qquad\qquad\qquad\qquad\qquad\qquad = 150 \, KVAR$

(2) $\Sigma P = 10 + 20 + 15 + 200 = 245 \, KW$

$\Sigma Q = 12.4 + 7.27 + 150 = 169.67 \, KVAR$

$\Sigma P_A = [(245)^2 + (169.67)^2]^{\frac{1}{2}} = 298.0 \, KVA$

(3) 全廠之功率因數 $P.F = \dfrac{245}{298.0} = 0.822$

或 $P.F = \cos(\tan^{-1}\dfrac{169.67}{245}) = 0.822$

4-4　進相用電容器之規範

　　目前電容器之絕緣材料皆以聚丙烯薄膜（ Polypropylen Film ）
簡稱 P.P　來代替絕緣紙，因 P.P　之絕緣性能良好，介質損失少，使電
容器之單位容量提高，重量減輕，每 KVAR　約 0.5　磅，每 KVAR　之
電力損失約 0.5W；電力系統使用之電容器係用絕緣紙或 P.P 薄膜 及鋁
箔卷成扁平的元件，由多組元件串並聯焊裝，然後置於鐵製的外殼，抽成眞空，
灌絕緣油而成，圖 4-1 爲三相高壓電容器之外型；表 4-3 爲三相 60
 Hz　3450 V　及 11950 V 高壓進相電容器之尺寸表；表 4-4 爲單相
60　Hz　13800 V　高壓進相電容器之尺寸表；表 4-5 爲三相 60 Hz
23900 V　高壓進相電容器之尺寸表；表 4-6 爲單相 60 Hz 3450ᵛ／
6900ᵛ　共用高壓電容器之尺寸表；圖 4-2 爲低壓屋內、屋外兼用之組
合型進相電容器之外形，表 4-7 爲屋內、屋外兼用之組合型進相電容器

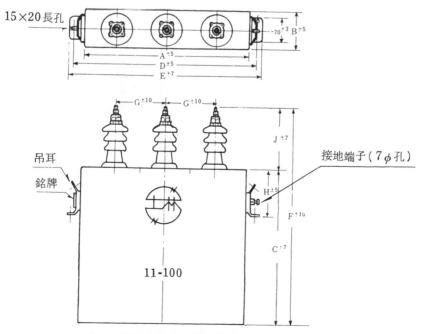

圖 4-1　三相（或單相双壓）電容器之外型

表4－3　3φ 60Hz 3450V　高壓進相電容器尺寸表
　　　　3φ 60Hz 11950V

型式 3450V	型式 11950V	容量 KVAR	電流(A) 3450V	電流(A) 11950V	尺寸(mm) A	B	C	D	E	F	G	H	J	概略重量 kg
TPE-36050TR	TPE-116050TR	50	8.37	2.42	430	100	320	488	530	520	150	150	200	29
TPE-36075TR	TPE-116075TR	75	12.6	3.62	430	130	330	488	530	660	150	150	200	34
TPE-36100TR	TPE-116100TR	100	15.74	4.83	430	130	460	488	530	660	150	150	200	43
TPE-36150TR	TPE-116150TR	150	25.2	7.25	630	110	160	688	730	660	200	150	200	57
TPE-36200TR	TPE-116200TR	200	33.5	9.66	630	130	460	688	730	660	200	150	200	67

表4－4　1φ 60Hz 13800V　高壓進相電容器尺寸表

型式	容量 KVAR	電流(A)	尺寸(mm) A	B	C	D	E	F	G	H	J	概略重量 kg
TPE-136050SR	50	3.62	340	125	340	398	440	610	200	150	270	30
TPE-136075SR	75	5.43	340	105	480	398	440	750	200	150	270	36
TPE-136100SR	100	7.25	340	135	480	398	440	750	200	150	270	41
TPE-136150SR	150	10.90	530	120	480	588	630	750	200	150	270	55

表4－5　3φ 60Hz 23900V　高壓進相電容器尺寸表

型式	容量 KVAR	電流(A)	尺寸(mm) A	B	C	D	E	F	G	H	J	概略重量 kg
TPE-236100TR	100	2.42	530	135	340	588	630	610	200	150	270	47
TPE-236150TR	150	3.62	530	130	480	588	630	750	200	150	270	64
TPE-236200TR	200	4.83	630	130	480	688	730	750	200	150	270	71
TPE-236300TR	300	7.25	850	150	480	908	950	750	200	150	270	103

表 4 – 9　電容器裝置容量計算係數表（ $\tan\theta_1 - \tan\theta_2$ ）

改善前功因 Cos θ₁	擬改善功因 Cos θ₂												
	0.80	0.85	0.90	0.91	0.92	0.93	0.94	0.95	0.96	0.97	0.98	0.99	Unity
0.50	0.982	1.112	1.248	1.276	1.303	1.337	1.369	1.403	1.441	1.481	1.529	1.590	1.732
0.51	0.936	1.066	1.202	1.230	1.257	1.291	1.323	1.357	1.395	1.435	1.483	1.544	1.686
0.52	0.894	1.024	1.160	1.188	1.215	1.249	1.281	1.315	1.353	1.393	1.441	1.502	1.644
0.53	0.850	0.980	1.116	1.144	1.171	1.205	1.271	1.309	1.349	1.397	1.458	1.600
0.54	0.809	0.939	1.075	1.103	1.130	1.164	1.196	1.230	1.268	1.308	1.356	1.417	1.559
0.55	0.769	0.899	1.035	1.063	1.090	1.124	1.156	1.190	1.228	1.268	1.316	1.377	1.519
0.56	0.730	0.860	0.996	1.024	1.051	1.085	1.117	1.151	1.189	1.229	1.277	1.338	1.480
0.57	0.692	0.822	0.958	0.986	1.013	1.047	1.079	1.113	1.151	1.191	1.239	1.300	1.442
0.58	0.655	0.785	0.921	0.949	0.976	1.010	1.042	1.076	1.114	1.154	1.202	1.263	1.405
0.59	0.618	0.748	0.884	0.912	0.939	0.973	1.005	1.039	1.077	1.117	1.165	1.226	1.368
0.60	0.584	0.714	0.849	0.878	0.905	0.939	0.971	1.005	1.043	1.083	1.131	1.192	1.334
0.61	0.549	0.679	0.815	0.843	0.870	0.904	0.936	0.970	1.008	1.048	1.096	1.157	1.299
0.62	0.515	0.645	0.781	0.809	0.836	0.870	0.902	0.936	0.974	1.014	1.062	1.123	1.265
0.63	0.483	0.613	0.749	0.777	0.804	0.838	0.870	0.904	0.942	0.982	1.030	1.091	1.233
0.64	0.450	0.580	0.716	0.744	0.771	0.805	0.837	0.871	0.909	0.949	0.997	1.058	1.200
0.65	0.419	0.549	0.685	0.713	0.740	0.774	0.804	0.809	0.878	0.918	0.966	1.027	1.169
0.66	0.388	0.518	0.654	0.682	0.709	0.743	0.775	0.809	0.847	0.887	0.935	0.996	1.138
0.67	0.358	0.488	0.624	0.652	0.679	0.713	0.745	0.779	0.817	0.857	0.905	0.966	1.108
0.68	0.329	0.459	0.595	0.623	0.650	0.684	0.716	0.750	0.788	0.826	0.876	0.937	1.079
0.69	0.299	0.429	0.565	0.593	0.620	0.654	0.686	0.720	0.758	0.798	0.840	0.907	1.049
0.70	0.270	0.400	0.536	0.564	0.591	0.625	0.657	0.691	0.729	0.769	0.811	0.878	1.020
0.71	0.242	0.372	0.508	0.536	0.563	0.597	0.629	0.663	0.701	0.741	0.783	0.850	0.992
0.72	0.213	0.343	0.479	0.507	0.534	0.568	0.600	0.634	0.672	0.712	0.754	0.821	0.963
0.73	0.186	0.316	0.452	0.480	0.507	0.541	0.573	0.607	0.645	0.685	0.727	0.794	0.936
0.74	0.159	0.289	0.425	0.453	0.480	0.514	0.546	0.580	0.618	0.658	0.700	0.767	0.909
0.75	0.132	0.262	0.398	0.426	0.453	0.487	0.519	0.553	0.591	0.631	0.673	0.740	0.882
0.76	0.105	0.235	0.371	0.399	0.426	0.460	0.492	0.526	0.564	0.604	0.652	0.713	0.855
0.77	0.079	0.209	0.345	0.373	0.400	0.434	0.466	0.500	0.538	0.578	0.620	0.687	0.829
0.78	0.053	0.183	0.319	0.347	0.374	0.408	0.440	0.474	0.512	0.552	0.594	0.661	0.803
0.79	0.026	0.156	0.292	0.320	0.347	0.381	0.413	0.447	0.485	0.525	0.567	0.634	0.776
0.80	—	0.130	0.266	0.294	0.321	0.355	0.387	0.421	0.459	0.499	0.541	0.608	0.750
0.81	—	0.104	0.240	0.268	0.295	0.329	0.361	0.395	0.433	0.473	0.515	0.582	0.724
0.82	—	0.078	0.214	0.242	0.269	0.303	0.335	0.369	0.407	0.447	0.489	0.556	0.698
0.83	—	0.052	0.188	0.216	0.243	0.277	0.309	0.343	0.381	0.421	0.463	0.530	6.672
0.84	—	0.026	0.162	0.190	0.217	0.251	0.283	0.317	0.355	0.395	0.437	0.504	0.645
0.85	—	—	0.136	0.164	0.191	0.225	0.257	0.291	0.329	0.369	0.417	0.478	0.620
0.86	—	—	0.109	0.140	0.167	0.198	0.230	0.264	0.301	0.343	0.390	0.450	0.593
0.87	—	—	0.083	9.114	0.141	0.172	0.204	0.238	0.275	0.317	0.364	0.424	0.567
0.88	—	—	0.054	0.085	0.112	0.143	0.175	0.209	0.246	0.288	0.335	0.395	0.538
0.89	—	—	0.028	0.059	0.086	0.117	0.149	0.183	0.230	0.262	0.309	0.369	0.512
0.90	—	—	—	0.031	0.058	0.089	0.121	0.155	0.192	0.234	0.281	0.341	0.484
0.91	—	—	—	—	0.027	0.058	0.090	0.124	0.161	0.203	0.250	0.310	0.453
0.92	—	—	—	—	—	0.031	0.063	0.097	0.134	0.176	0.223	0.283	0.426
0.93	—	—	—	—	—	—	0.032	0.066	0.103	0.145	0.192	0.252	0.395
0.94	—	—	—	—	—	—	—	0.034	0.071	0.113	0.160	0.220	0.363
0.95	—	—	—	—	—	—	—	—	0.037	0.079	0.126	0.186	0.329
0.96	—	—	—	—	—	—	—	—	—	0.042	0.089	0.149	0.292
0.97	—	—	—	—	—	—	—	—	—	—	0.047	0.107	0.250
0.98	—	—	—	—	—	—	—	—	—	—	—	0.060	0.203
0.99	—	—	—	—	—	—	—	—	—	—	—	—	0.143

應用例：設工廠負荷：500KW

改善前功因：Cos $\theta_1 = 0.6$

擬改善功因：Cos $\theta_2 = 0.95$

所需電容器容量 $= 500 \times 1.005$（由上表查得）

　　　　　　　 $\fallingdotseq 500$ KVAR

KVAR 與 UF 換算式：

$$C(\mu f) = \frac{KVAR \times 10^9}{2\pi f E^2}$$

式中 C：KVAR ＝容量值
　　　 f ＝頻率(Hz)
　　　 E ＝額定電壓(V)

50Hz 時 $2\pi f = 314$

60Hz 時 $2\pi f = 377$

之製造規範。圖4－3為低壓屋內型進相用電容器之外形，表4－8為其
製造規範。圖4－4為低壓屋外型之進相用電容器之外形。

表4-6　單相60Hz　3450V/6900V共用高壓電容器之尺寸表

容 量 (KVAR)	型　　式	電流（A）		尺寸（mm）			重 量 (kg)
		3450V	6900V	A	B	C	
10	TPB-366010SR	2.90	1.45	430	100	165	16
15	TPB-366015SR	4.35	2.17	430	130	165	18
20	TPB-366020SR	5.80	2.90	430	100	235	20
25	TPB-366025SR	7.25	3.62	430	110	235	24
30	TPB-366030SR	8.69	4.35	430	130	235	27
50	TPB-366050SR	14.5	7.25	430	110	420	40
75	TPB-366075SR	21.7	10.9	530	110	500	58
100	TPB-366100SR	29.0	14.5	530	110	630	78

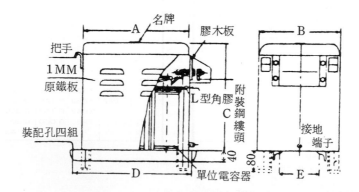

圖4-2　低壓屋內、屋外兼用之組合型進相電容器之外型

表 4-7　(a)額定電壓 220V 單三柱兩用屋內、屋外型組合式進相電容器之製造規範

型式	額定電壓 電壓	容量 KVAR	電流 A	尺寸 A	B	C	D	E	F	G	概略重量 kg
SPF-26015TR	220	15	39.3	320	200	620	200	120	376	408	46
SPF-26050TR	220	25	65.6	600	120	500	150	200	656	688	72
SPF-36025TR	380	25	38.0	340	120	500	150	120	396	428	42
SPF-36050TR	380	50	76.0	600	120	630	200	200	656	688	90
SPF-46025TR	400	25	36.1	340	120	500	150	120	396	428	40
SPF-46050TR	400	50	72.2	600	120	630	200	200	656	688	90
SPF-46025TR	440	25	32.8	340	120	500	150	120	396	428	40
SPF-46050TR	440	50	05.6	600	120	630	200	200	656	688	90

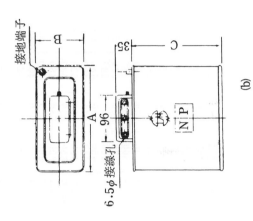

(b)

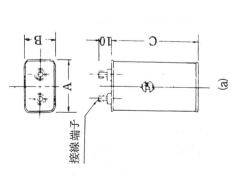

(a)

圖 4-3　低壓屋內型進相用電容器之外型

表4-7 (b) 額定電壓 220V 單三相兩用屋內外型組合式進相電容器之製造規範

型別	靜電容量 μF	KVAR容量 50Hz	KVAR容量 60Hz	額定電流 單相 50Hz	單相 60Hz	三相 50Hz	三相 60Hz	尺寸 A mm	B	C	D	E	F	概略重量 kg
SPF-C-2C27	600	9.1	10.9	41.4	49.3	23.9	28.5	285	280	450	325	180	40	40
SPF-C-2D24	700	10.6	12.8	48.4	58.0	27.9	33.5	350	360	420	390	230	40	50
SPF-C-2D30	800	12.2	14.7	55.3	66.3	31.9	38.3	350	360	450	390	230	40	58
SPF-C-2D33	900	14.7	16.4	62.2	74.6	35.9	43.1	350	360	480	390	230	40	61
SPF-C-2D37	1000	15.1	18.3	69.1	82.9	39.9	47.9	350	360	520	390	230	40	65
SPF-C-3D24	1100	16.7	20.0	76.0	91.1	43.9	52.6	500	360	420	540	230	40	67
SPF-C-3D30	1200	18.2	21.9	82.9	99.5	47.9	57.4	500	360	450	540	230	40	79
SPF-C-3D33	1300	19.7	23.7	89.8	107.8	51.8	62.2	500	360	480	540	230	40	85
SPF-C-3D33	1400	21.3	25.6	96.7	116.0	55.8	67.0	500	360	480	540	230	40	85
SPF-C-3D37	1500	22.8	27.4	103.6	124.3	59.8	71.8	500	360	520	540	230	40	92
SPF-C-4D30	1600	24.6	29.2	110.5	132.6	63.8	76.6	650	360	480	690	230	40	100
SPF-C-4D33	1700	25.9	31.0	117.4	140.9	67.8	81.4	650	360	480	690	230	40	112
SPF-C-4D33	1800	27.4	32.8	124.3	149.2	71.8	86.1	650	360	480	690	230	40	112
SPF-C-4D37	1900	28.9	34.7	131.3	157.5	75.8	90.9	650	360	520	690	230	40	120
SPF-C-4D37	2000	31.0	36.5	138.2	165.8	79.8	95.6	650	360	520	690	230	40	120
SPF-C-5D33	2100	32.0	38.3	145.1	174.1	83.8	100.5	800	360	480	840	230	40	135
SPF-C-5D33	2200	33.4	40.1	152.0	182.4	87.8	105.3	800	360	480	840	230	40	135
SPF-C-5D33	2300	35.0	41.9	158.9	190.6	91.7	110.0	800	360	480	840	230	40	135
SPF-C-5D37	2400	36.6	43.8	165.8	198.9	95.7	114.8	800	360	520	840	230	40	150
SPF-C-5D37	2500	38.0	45.6	172.7	207.2	99.5	119.6	800	360	520	840	230	40	150
SPF-C-6D33	2600	39.2	47.1	179.6	215.5	103.7	124.4	500	360	920	460	320	80	160
SPF-C-6D33	2700	41.0	49.2	186.5	223.8	107.7	129.2	500	360	920	460	320	80	160
SPF-C-6D33	2800	42.6	51.1	193.4	232.1	111.7	134.0	500	360	920	460	320	80	160
SPF-C-6D37	2900	44.0	52.9	200.3	240.4	115.7	138.8	500	360	1000	460	320	80	178
SPF-C-6D37	3000	45.7	54.7	207.2	248.7	119.7	143.6	500	360	1000	460	320	80	178
SPF-C-7D33	3100	47.2	56.5	214.1	257.0	123.7	148.4	650	360	920	610	320	80	190
SPF-C-7D33	3200	48.6	58.4	221.1	265.2	127.7	153.1	650	360	920	610	320	80	190
SPF-C-7D33	3300	50.2	60.2	228.0	273.5	131.6	157.9	650	360	920	610	320	80	190
SPF-C-7D37	3400	51.6	62.0	234.9	281.8	135.6	162.7	650	360	1000	610	320	80	190
SPF-C-7D37	3500	53.3	63.8	241.8	290.1	139.6	167.5	650	360	1000	610	320	80	212
SPF-C-8D33	3600	54.6	65.7	248.7	298.4	143.6	172.3	650	360	920	610	320	80	214
SPF-C-8D33	3700	56.3	67.5	255.6	306.7	147.6	177.1	650	360	920	610	320	80	214
SPF-C-8D33	3800	57.8	69.3	262.5	315.0	151.6	181.9	650	360	920	610	320	80	238
SPF-C-8D37	3900	59.3	71.1	269.4	323.3	155.5	186.7	650	360	1000	610	320	80	238
SPF-C-8D37	4000	61.0	72.9	276.3	331.6	159.5	191.5	650	360	1000	610	320	80	238

註：參閱圖4-2

表 4-8 (a) 額定電壓 400V 及 440V 單三相兩用屋內型進相電容器製造規範

型式	容量 μF	400V級電流 單相 50Hz	60Hz	3相 50Hz	60Hz	440V級電流 單相 50Hz	60Hz	3相 50Hz	60Hz	尺寸mm A	B	C	概略重量 kg
PF-4050	50	6.27	7.55	3.64	4.36	6.92	8.31	3.98	4.79	115	93	210	4.5
PF-4075	75	9.42	11.3	5.45	6.53	10.4	12.5	6.00	7.18	230	100	160	6.9
PF-4100	100	12.5	15.1	7.25	8.72	13.8	16.6	8.00	9.58	230	100	255	10.9
PF-4150	150	18.8	22.6	10.9	13.1	20.7	24.9	12.00	14.3	320	120	250	15.1
PF-4200	200	25	30.2	14.5	17.4	27.6	33.2	16.00	19.2	320	120	310	21.8

表 4-8 (b) 額定電壓 220V 單三相兩用屋內型進相電容器之製造規範

型別	容量 μF	KVAR 50Hz	60Hz	電流(A) 單相 50Hz	60Hz	3相 50Hz	60Hz	尺寸mm A	B	C	概略重量 kg
PF-2050	50	0.76	0.91	3.45	4.15	1.99	2.39	115	65	125	1.7
PF-2075	75	1.14	1.37	4.59	6.22	2.99	3.59	115	93	125	3.0
PF-2100	100	1.52	1.83	6.91	7.20	3.99	4.79	115	93	170	3.6
PF-2150	150	2.27	2.73	10.34	12.43	5.98	7.17	230	100	125	5.9
PF-2200	200	3.04	3.65	13.75	16.50	7.98	9.57	230	100	170	7.4
PF-2250	250	3.80	4.56	17.27	20.86		11.99	230	100	235	9.6
PF-2300	300	4.56	5.47	20.79		11.99	14.41		100	275	11.2
PF-2350	350	5.32	6.39	24.20	29.04	13.97	16.72	300	120	240	16
PF-2400	400	6.07	7.30	27.61	33.11	15.95	19.14	300	120	290	20
PF-2450	450	6.84	8.22	31.02	37.40	17.93	21.56	300	120	320	22
PF-2500	500	7.60	9.12	34.54	41.47	20.02	23.98	300	120	320	25

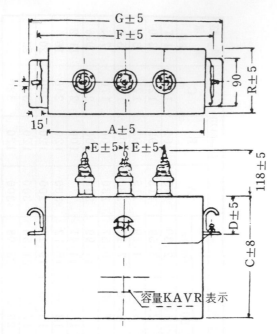

圖4-4 低壓屋外型之進相用電容器之外型

4-5 改善功因之進相電容 器容量計算

提高配電系統之功率因數皆在綫路上並聯進相電容器來抵消系統上之滯後的無效功率。若負載一定，則此負載之KVA及KVAR隨功因之不同而變化，設某負載之功率因數為$\cos\theta_1$，功率因數角為θ_1；改善功因後，其功率因數為$\cos\theta_2$，功率因數角為θ_2，則：

$$KVAR_1 = KVA_1 \sin\theta_1，\qquad KW = KVA_1 \cos\theta_1$$

$$\frac{KVAR_1}{KW} = \frac{\sin\theta_1}{\cos\theta_1} = \tan\theta_1$$

$$\therefore \quad KVAR_1 = KW\tan\theta_1 \qquad\qquad (4\text{-}12)$$

同理 $KVAR_2 = KW\tan\theta_2$ \qquad\qquad (4-13)

所需之無效功率為：（ 4 - 12 ）式與（ 4 - 13 ）式之差，卽

$$CKVAR = KVAR_1 - KVAR_2 = KW（\tan\theta_1 - \tan\theta_2）$$

$$(4\text{-}14)$$

　　（ 4 - 12 ）～（ 4 - 14 ）式中 $KVAR_1$ 爲未改善功因前之無效功率，KW爲負載之有效功率（定值），$KVAR_2$ 爲改善功率後之無效功率，CKVAR爲將原功因 $\cos\theta_1$ 改善至 $\cos\theta_2$ 所需並聯進相電容器之容量；圖 4 - 5 爲KW、 KVA 、 KVAR 間之關係三角形。

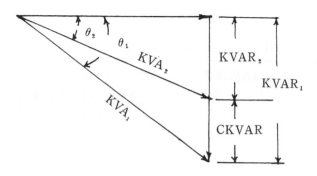

圖4-5　KW、KVA、KVAR間之關係三角形

　　由（ 4 - 14 ）式，若已知 θ_1 及 θ_2，卽可求出（ $\tan\theta_1 - \tan\theta_2$ ），再乘負載之有效功率KW卽可求出所需電容器之容量（CKVAR ）。茲將（ $\tan\theta_1 - \tan\theta_2$ ）列於表 4 - 9，可簡捷的求出其值。電容器之容量若高壓時其單位採用KVAR（任乏），若低壓時通常採用其電容量 μF（微法拉）爲單位。KVAR 與 μF 之關係如下：

　　若單相電容器之電容爲C（ μF ），Q_c 爲電容器之容量（ KVAR ），f 爲額定頻率Hz（ 台電之頻率皆爲 60 Hz ），V爲額定電壓（單位伏特），I_c 爲電容器之額定電流，ω 爲角速度（ $\omega = 2\pi f$ ），X_c 爲電容器之容抗（ $X_c = \dfrac{1}{\omega C} = \dfrac{1}{2\pi f c}$ ），則：

$$I_c = \frac{V}{X_c} = \frac{V}{\dfrac{1}{\omega C}} = \omega CV = 2\pi f CV$$

$$Q_c = I_c V = 2\pi f c V^2$$

$$\therefore C = \frac{Q_c}{2\pi f V^2} \text{（F）}$$

（此式中 Q_c 之單位爲VAR ，V之單位爲伏特，C之單位爲法拉）

$$或 C = \frac{Q_c}{2\pi f V^2} \times 10^9 \quad (\mu F) \qquad (4\text{-}15)$$

$$(此式中 Q_c 爲 KVAR，V 爲伏特，$$
$$C 爲 \mu F)$$

由（4-15）式可得表4-10之KVAR與 μF 在60Hz 時之換算表。

表4-10　KVAR與 μF 在60Hz 時之換算表

電　壓（V）	頻　率（Hz）	1KVAR等值之電容量（ μF ）	1 μF 等值之 KVAR 容量（KVAR）
100	60	265.2	0.00370
110	〃	219.2	0.00456
120	〃	184.0	0.00544
200	〃	66.30	0.01507
220	〃	54.80	0.01824
240	〃	46.0	0.02173
277	〃	34.5	0.02900
380	〃	18.4	0.05450
400	〃	16.57	0.06032
440	〃	13.70	0.07299
480	〃	11.50	0.08700
500	〃	10.61	0.09425
550	〃	8.769	0.1140
3000	〃	0.2945	3.393
3300	〃	0.2430	4.120
6600	〃	0.0609	16.450

電容器之額定電流爲：

單相電容器之額定電流：

$$I = \frac{Q_c}{V} \times 10^3 = 2\pi f C V \times 10^{-6} \text{ (A)} \qquad (4\text{-}16)$$

三相電容器之額定電流：

$$I = \frac{Q_c}{\sqrt{3}V} \times 10^3 = \frac{1}{\sqrt{3}} 2\pi f C V \times 10^{-6} \text{ (A)} \qquad (4\text{-}17)$$

（4-16）～（4-17）式中 I 之單位為安培，Q_c 為 KVAR，
f 為額定頻率（HZ），C 為 μF（微法拉），V 為額定電壓（伏特）。

【例七】　某工廠之負載為 500 KW，功率因數為 0·8，若改善功率因數
　　　　　至 0·95 應裝置電容器之 KVAR 及 μF 各為若干？（頻率
　　　　　60 Hz，額定電壓 220^V）

【解】　由（4-14）式

$$CKVAR = KW(\tan\theta_1 - \tan\theta_2)$$

$$\because \cos\theta_1 = 0·8 \quad \therefore \theta_1 = \cos^{-1}0·8 = 36·87°$$

$$\cos\theta_2 = 0·95, \quad \theta_2 = \cos^{-1}0·95 = 18·2°$$

$$CKVAR = 500 \times (\tan 36·87° - \tan 18·2°)$$

$$= 210·6 (KVAR)$$

由（4-15）式

$$C = \frac{210·6}{2 \times 3·14 \times 60 \times 220^2} \times 10^9 = 11540·9 (\mu F)$$

【例八】　某工廠之負載為 400 KVA，功率因數為 0·8，若改善功率因
　　　　　數至 0·95 應裝置電容器之 KVAR 及 μF 各為若干？（頻率
　　　　　60 Hz，額定電壓 220^V）

【解】　負載之視在功率為 400 KVA，功率因數為 0·8，則有效功率
　　　　為：

$$P = 400 \times 0·8 = 320 \text{ KW}$$

代入（4-14）式，得：

$$CKVAR = 320 [\tan(\cos^{-1}0·8) - \tan(\cos^{-1}0·95)]$$

$$= 134·8 (KVAR)$$

由表（4-10）可得 60 Hz，220^V 時 1 KVAR = 54·80 μF

則　$C = 54·80 \times 134·8 = 7387·04 (\mu F)$

4-6　電容器組之接線

　　三相電容器組之接線有Ｙ型及△型兩種，但Ｙ型接線又分爲中性點接地及中性點不接地兩種；若配電系統爲△型接法時，電容器組應採用△型接法；若配電系統爲Ｙ型接法時，則電容器組可採用Ｙ型或△型接法。茲分別說明如下：

1. △型連接

　　其接線如圖4－6所示，其優點爲電容器組中若一具故障時之故障電流較大，保護用之熔絲的額定範圍廣；電容器組啓斷時回復電壓較小；高次諧波對大地無回路不致干擾通訊系統。其缺點爲電容器之故障電流大，有時需以限流型熔絲保護；線路一線或二線開路時會由電容器反饋而引起異常電壓；電容器之絕緣基準需與系統者相同。

2. Ｙ型連接，中性點不接地

　　其接法如圖4－7所示，其優點爲若一相電容器故障時之故障電流最

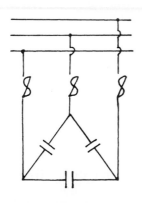

圖4-6　電容器組△接線

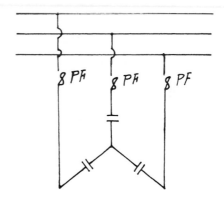

圖4-7　電容器組之Ｙ型連接中性點不接地

多爲正常線路電流之三倍，此因受其餘二相正常之電容器的阻抗限制；高諧波電流無低阻抗接地回路，故不會有干擾通訊之問題。其缺點爲電源側若有一相或二相開路，但電流亦可經電容器回饋，而使供電開路之各相負載發生高壓或相位相反之現象；因故障電流受抑制，熔絲之選擇範圍狹窄，選擇不易；每相電容器之絕緣基準需與系統每相者相同。圖4－8爲中

性點不接地Y型接綫供電開路之相負載發生高壓之電流囘路。

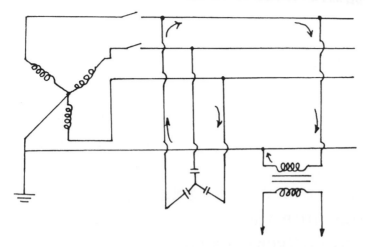

圖4-8　中性點不接地Y型接綫供電開路之相負載發生高壓之電流回路

3.　Y 型連接，中性點接地

　　如圖4－9所示，其優點為故障電流大，選用保護熔絲無困難；暫態突波及雷擊之接地囘路阻抗小；發生單相開路時不會囘饋；開關設備啓斷時囘復電壓小。其缺點為配電綫路需為三相四綫制；故障電流大，需用價格昂貴的限流型熔絲保護；中性點接地，高諧波有通路而引起電訊干擾；

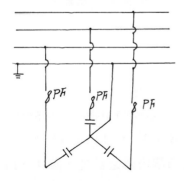

圖4-9　中性點接地之Y接綫

可能引起接地電驛或接地檢示器之誤動作；電容器外殼、鐵架等與其中性點共同接地時，若接地電阻大時可能有電壓而引起桿上工作人員觸電的危險。

4-7 電容器組之開關及保護

低壓電容器組通常以無熔線斷路器（NFB）或閘刀開關附栓形熔絲加以保護，或將電容器裝置在電磁開關之負載側，利用電磁開關之過載保護加以保護。高壓電容器之保護方式隨電容器組之容量而異，可分為三類：

1. 第一類

電容器組之容量在300 KVAR 以下者以電力熔絲（P.F）做故障保護，前段以油斷路器（OCB）操作，如圖 4-10所示。
(註：OCB現已被淘汰，皆以VCB或GCB代替)

2. 第二類

電容器組之容量在150 KVAR－600 KVAR等容量較大或需經常開閉操作者，以電力熔絲（P.F）做故障保護，而以油開關（OS）做過電流保護及操作。如圖 4-10所示。

3. 第三類

電容器組之容量在500 KVAR 以上之大容量者，以油斷路器（OCB）做過電流、故障保護及操作，而過電流電驛（OCR）需附裝瞬時跳脫元件。如圖 4-10 所示。

4-8 電容器之裝置地點及配線設計

電容器之裝置地點可在 69 KV 、 22.8 KV 、 11.4 KV、3.3 KV 及低壓側，但位置愈接近負載則愈能發揮電容器之功能，圖 4-11為配電系統之用電設備單線圖，電容器之裝置地點可裝在 C_1 、 C_2 、 C_3 、 C_4 、 C_5 、 C_6 、 C_7 等不同地點，但費用及效果均有異，茲說明如下：

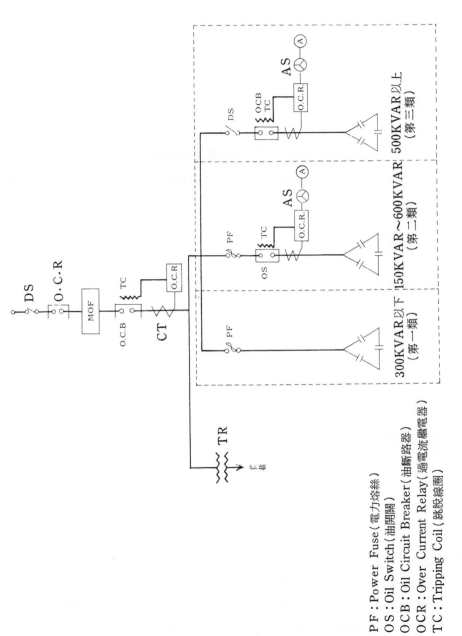

PF：Power Fuse（電力熔絲）
OS：Oil Switch（油開關）
OCB：Oil Circuit Breaker（油斷路器）
OCR：Over Current Relay（過電流繼電器）
TC：Tripping Coil（跳脫線圈）

圖4-10　高壓電容器組之保護方式

1. 裝在特高壓側

電容器裝於特高壓側因距負載最遠，變壓器以下之無效電力難補償，效率最差且保護及操作電容器（如ＯＣＢ等）之開關設備昂貴，故較少裝置。此種裝置如圖4－11之C_7。

2. 裝在高壓側

此種裝置不能補償低壓側之功率因數，僅補償電源側及特高壓變壓器之無效電力，但裝置費用較低，故工廠一般皆裝於高壓側，如圖4－11之C_6所示。

3. 裝在高壓電動機側

通常高壓電動機皆採用3.3ＫＶ，補償高壓電動機之無效電力可裝在$11.4^{KV}/3.3^{KV}$之變壓器的二次側或與電動機並聯，效果佳，若與電動機一起操作，可節省電容器之開關設備，且功因可經常保持在設計時之95％，故補償高壓電動機之無效電力常採用此方式。如圖4－11之C_5。

4. 裝在低壓側

愈接近負載則補償無效電力之效果愈佳，低壓電容器之價格高，裝置工資較多，但低壓開關較便宜，就補償無效電力之效果而言，應加以推廣。如圖4－11之C_1，C_2，C_3，C_4。

個別裝置電容器需依下列原則裝置：

(1) **電容器之容量**（ＫＶＡＲ）不得大於用電設備之容量（ＨＰ 或 ＫＷ），但如電焊機等功率因數在70％以下者不受此限。電動機個別裝設電容器時，其容量以能提高電動機之無負載功率因數達於100％為最大值，開放型電動機可照表4－11查出其應裝之容量。

(2) 電動機以外之負載如個別裝設電容器時，其容量應以負載之大小及其實際功率因數若干決定之，其改善後之功率因數以不超過95％為原

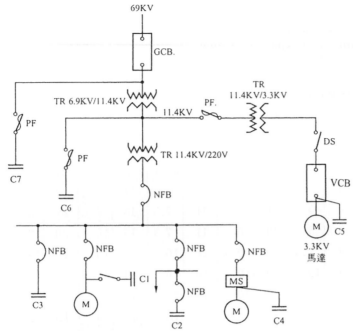

圖 4 - 11　電容器之裝置地點

則。

(3) 電容器若裝於電動機過載保護設備之負載側，則不需要再裝開關及過載保護設備。

(4) 電動機分路如串接電流計時，該電流計以裝置在電容器分路之分歧點與電動機間之線路上。

共同裝置電容器需依下列原則裝置：

(1) 共同裝置電容器於既設用電設備時，應先求所有用電設備之平均功率因數及平均負載，再按 4 - 5 節之方法加以計算，提高功因在 95 ～ 100％爲原則；平均負載以一個月之用電度數（仟瓦小時）除以實際用電時間（小時）而得。平均功率因數可依最近三個月之瓦時計及乏時計之度數，代入（ 4 - 10 ）式計算而得。

(2) 新設用戶可先求出綜合功因及總負載之有效功率，提高功因至 95％爲原則代入（ 4 - 14 ）式而得電容器之容量。

(3) 共同裝置電容器時，電氣負責人需隨時管理電容器，在輕載時，電容

表4-11　三相60週波開放型感應電動機與電容器之容量關係表

電動機 HP	3,600 rpm		1,800 rpm		1,200 rpm		900 rpm		700 rpm		600 rpm	
	電容器最大額定 kva	線路電流之降低值 %	電容器最大額定 kva	線路電流之降低值 %	電容器最大額定 kva	線路電流之降低值 %	電容器最大額定 kva	線路電流之降低值 %	電路電流大降定值 kva	電容器最大額定 %	電容器最大額定 kva	線路電流之降低值 %
10	2.5	9	4	11	4	12	5	17	5	23	7.5	28
15	2.5	9	5	11	5	11	7.5	16	7	21	10	26
20	5	9	5	10	5	11	7.5	15	10	20	12.5	24
25	5	9	7.5	10	9.5	10	10	14	10	19	15	22
30	7.5	9	10	9	10	10	10	13	12.5	18	15	21
40	10	9	10	9	10	10	12.5	12	15	16	17.5	19
50	12.5	9	12.5	9	12.5	9	15	12	20	15	22.5	17
60	15	9	15	8	15	9	17.5	11	22.5	14	25	16
75	17.5	9	17	8	17.5	8	20	11	27.5	13	30	15
100	22.5	9	22.5	8	22.5	8	25	10	35	12	37.5	14
125	25	9	27.5	8	27.5	8	30	9	40	11	47.5	13
150	32.5	9	35	8	35	8	37.5	9	47.5	11	55	13
200	42.5	9	42.5	8	42.5	8	45	9	60	10	67.5	12

器容量過大時，會使線路電流較電壓之相角越前，引起過電壓現象，應將部份電容器啓斷，若工廠休假停工時應將所有電容器啓斷，以免因無效電流存在而增加線路損失。

電容器之配線設計原則：電容器之配線，其容量不得低於電容器額定電流之1·35倍，因電容器剛開始充電時充電電流很大之故。若個別配裝在電動機線路時，其容量不得低於電動機分路容量之三分之一；若電容器為三相時，可參考表4-12而得電容器之分路導線。

電容器之分段設備及過電流保護之原則：各共同裝置電容器之非接地導線皆應有個別的分段設備及過電流保護，以利隨負載之變化而將電容器切離，並可保護電容器及其分路導線。低壓電容器之分段設備及過電流保

表 4-12　三相電容器之容量與配綫關係

電容器額定電壓（V）		導　　綫	電容器額定電壓（V）		導　　綫
3300	220		3300	200	
三相電容器額定容量KVAR		綫　　徑	三相電容器額定容量KVAR		綫　　徑
—	5 以下	2.0 mm	350 以下	25 以下	30 Sqmm
150 以下	10 以下	3.2 mm	500 以下	35 以下	50 Sqmm
250 以下	15 以下	22sq. mm	750 以下	50 以上	80 Sqmm以上

護設備可採用無熔線斷路器或閘刀開關附裝熔絲；分段設備無需同時啓斷各非接地導線，且連續負載容量不得低於電容器額定電流之1.35倍。高壓電容器之分段設備及過電流保護需按4-7節裝置。

4-9　功率因數改善之設計例

【例九】　某工廠之負載爲：三相220 V 電動機7.5 HP 2台、10 HP 3台，15 HP 2台，5 HP 4 台，功因皆爲0.8，按硬質PVC管配綫，擬將功因提高至0.95 ，並採用共同裝置電容器，試求：(1)應裝低壓電容器之容量爲若干KVAR？ (2)電容器之容量爲若干微法拉（μF ）?(3)電容器分路之綫徑。(4)電容器分路之分段設備及過電流保護之規格。（ 頻率60Hz ）

【解】　(1)　電容器之容量（ KVAR ）：

電動機群之總有效功率　$P = 0.746（7.5×2＋10×3$
$＋15×2＋5×4）＝70.87$ KW

由（ 4-14 ）式可得：

$CKVAR = 70.87 ×〔 \tan（\cos^{-1}0.8）－$
$\tan（\cos^{-1} 0.95 ）〕$

$= 70.87 × 0.421$

$$= 29 \cdot 84 \text{（KVAR）}$$

(2) 電容器之容量（μF）：

由表（4-10）可查出

　　1 KVAR ＝ 54 · 80 μF（ 220 V時）

∴　C ＝ 54 · 80 × 29 · 84 ＝ 1635 · 2 μF

故應選擇三相220V　500 μF三具，150 μF一具

(3) 電容器之分路線徑：

電容器之額定電流由表（4-8）(B)可查出三相220V

500 μF一具之額定電流為 23 · 98 A，　150 μF為

7 · 17 A，所以全組電容器之電流為：

I$_c$ ＝ 23 · 98 × 3 ＋ 7 · 17 × 1 ＝ 79 · 11 A

電容器分路配線之安全電流：

1 · 35 × 79 · 11 ＝ 106 · 8 A

故分路導線由表（3-3）可查出需使用60 平方公厘之

導線。

(4) 分段設備及過電流保護：

採用無熔線斷路器（NFB）作電容器分路之分段設備及過

電流保護，其規格為 3 P 225 AF 125 AT，IC（NFB

之啓斷容量）視系統大小而定。

【例十】　某工廠裝設三相220V電動機 3 HP 5 台， 5 HP 4 台，10HP

2 台，15HP 1 台，20 HP 1 台，功因皆為 0 · 8；另裝設單

相220 V電焊機 25 KVA 1 台，功因為 0 · 55，按厚金屬管（

GIP），擬提高功因至 0 · 95，並採用共同電容器，試求：

(1)電容器之KVAR 及 μF各為若干？(2)電容器分路之配線線

徑。(3)電容器分路之分段設備及過電流保護設備之規格？

【解】　(1)　電容器之KVAR 及 μF：

電動機群之總有效功率：

P$_M$ ＝ 0 · 746（3×5＋5×4＋10×2＋15×1＋20×1）

$$= 67 \cdot 14 \text{（KW）}$$

由（4 - 14）式可得：

$$Q_M = 67 \cdot 14 \times [\tan(\cos^{-1} 0.8) - \tan(\cos^{-1} 0.95)]$$

$$= 67 \cdot 14 \times 0 \cdot 421$$

$$= 28 \cdot 27 \text{（KVAR）}$$

電焊機之有效功率：

$$P_w = 25 \times 0 \cdot 55 = 13 \cdot 75 \text{ KW}$$

電焊機所需裝設之電容器KVAR為：

$$Q_w = 13 \cdot 75 [\tan(\cos^{-1} 0.55) - \tan(\cos^{-1} 0.95)]$$

$$= 13 \cdot 75 \times 1 \cdot 19$$

$$= 16 \cdot 36 \text{（KVAR）}$$

全系統應裝設電容器之容量為：

$$Q = Q_M + Q_w = 44 \cdot 63 \text{ KVAR}$$

由表（4 - 10）可查出　1KVAR 在 220V 時等於 54·80 μF（60Hz）

$$C = 54 \cdot 8 \times 44 \cdot 63 = 2445 \cdot 7 \text{（}\mu\text{F）}$$

故應選擇三相 220V 500 μF 五具

(2)　電容器之分路線徑：

電容器之額定電流由表（4 - 8）(B)可查出三相 500 μF 一具之額定電流為 23·98 A，故全組電容器之電流為：

$$I_c = 23 \cdot 98 \times 5 = 119 \cdot 9 \text{ A}$$

電容器分路配線之安全電流：

$$1 \cdot 35 \times 119 \cdot 9 = 161 \cdot 87 \text{（A）}$$

故分路導線由表3 - 2可查出需使用100　平方公厘之導線。

(3)　分段設備及過電流保護：

採用無熔線斷路器（NFB）作電容器之分段設備及過電流保護，其規格為 3P 225AF 175AT IC（NFB 之啓斷容量）視系統大小而定。

【例十一】　某用戶設有三相380V馬達負載1HP3台，3HP5台，5HP2台，10HP4台，平均功因為0.82，馬達效率τ＝0.85，擬提高功因至0.95，並採用共同電容器，試求：(1)電容器之KVAR及μF各為若干？(2)電容器分路之配線線徑。(3)電容器之分段設備及過電流保護設備之規格？（頻率60Hz，硬質PVC管配線）。

【解】　例題9、10將電動機之效率不計，此題需考慮效率，因電動機之馬力數為其輸出功率，則輸入功率乘以效率後才是輸出功率；

(1)　電容器之KVAR及μF：

電動機群之總輸入功率：

$$P_M = \frac{0.746（1 \times 3 + 3 \times 5 + 5 \times 2 + 10 \times 4）}{0.85}$$

$$= 59.68（KW）$$

由（4-14）式可得：

$$Q_M = 59.68〔\tan(\cos^{-1}0.82) - \tan(\cos^{-1}0.95)〕$$

$$= 59.68 \times 0.37$$

$$= 22.08（KVAR）$$

由表（4-10）可查出380V時1KVAR＝18.4μF

$$C = 18.4 \times 22.08 = 406.27（\mu F）$$

故應選擇三相380V　200μF二具。

(2)　電容器之分路線徑：

電容器之額定電流由（4-17）式可得：

$$I = \frac{1}{\sqrt{3}} \times 2 \times 3.14 \times 60 \times（200 \times 2）\times 380 \times 10^{-6}$$

$$= 33.07 （A）$$

電容器分路配線之安全電流：

$$1.35 \times 33.07 = 44.6 （A）$$

故分路導線由表3－3可查出需使用14平方公厘之導線。

(3)　分段設備及過電流保護：

採用無熔線斷路器電容器之分段設備及過電流保護，其規格為3P50AF50AT　IC視系統大小而定。

【例十二】某工廠之動力負載150 KW，功因0.8，負載因數0.8，電灯負載20 KW，功因0.9，負載因數（L.F）0.9，電源爲三相220 V，厚金屬管配綫，採共同裝置電容器，試求：(1)電容器之KVAR 及 μF 各爲若干？(2)電容器分路之配綫綫徑。(3)電容器之分段設備及過電流保護之規格？（頻率60 Hz，擬提高功因至0.95）。

【解】　(1)　電容器之KVAR 及 μF：

$Q_M = 150 [\tan(\cos^{-1} 0.8) - \tan(\cos^{-1} 0.95)] \times 0.8$

　　$= 150 \times 0.421 \times 0.8 = 50.52$（KVAR）

$Q_L = 20 [\tan(\cos^{-1} 0.9) - \tan(\cos^{-1} 0.95)] \times 0.9$

　　$= 2.8$（KVAR）

$Q = Q_M + Q_L$

　　$= 53.32$（KVAR）

由表（4－10）可查出在220 V時

　　1 KVAR = 54.80 μF

C = 54.80 × 53.32

　　= 2921.9（μF）

裝置3∮220 V　500 μF 六具。

(2)　電容器分路之配綫綫徑

由（4－17）式可得

$I = \dfrac{1}{\sqrt{3}} \times 2 \times 3.14 \times 60 \times (500 \times 6) \times 220 \times 10^{-6}$

　　$= 143.6$ (A)

電容器分路配線之安全電流：

$1 \cdot 35 \times 143 \cdot 6 = 193 \cdot 86$ (A)

由表（ 3－2 ）可查出需使用 125 平方公厘之導線。

(3) 分段設備及過電流保護：

採用無熔線斷路器電容器之分段設備及過電流保護，其規格為3P225AF200AT IC視系統而定。

習題四

1. 改善功率因數之利益？

2. 試分析電容器組之三種接線法的優劣點？

3. 試述電容器組之開關及保護設備裝置之原則？

4. 試分析電容器組裝置於低壓側，高壓側及特高側之改善功因的效果有何區別。

5. 電容器之額定電壓為220V，1500 μF，其容量若干KVAR ？

6. 某工廠之負載為950 KVA，功因為0·8，擬提高功因至0·95 需裝電容器之KVAR 及 μF 各為若干？

7. 某工廠之電源為三相220 V 60 Hz，電動負載500 HP，效率0·85，負載因數0·75，採共同裝置電容器，試求需裝電容器組之KVAR 及μF 各為若干？（ 擬提高功因至0·95 ）

8. 某用戶有動力30 KW，功因0·75；電灯15 KW，功因0·9，採共同裝置電容器，提高功因至0·95，試求：(1)應裝置電容器之KVAR及 μF ？(2) 電容器之分路線徑？(3)電容器分路之分段設備及過電流保護設備之規格？

5

照度計算

5-1 照明術語

照度計算時需瞭解照明用之專有名詞之意義及單位，茲說明如下：

1. 光通量或光束（Luminous Flux：F）

光通量係從某一光源所發出來的光線數量。在討論某一光源每單位時間所發出的光線數量時，係假想光是由一束一束的發射出來，因此光通量又稱爲光束，在中華民國國家標準（CNS）對一般光源製造廠之規格目錄中採用的名詞亦爲「光束」。光通量或光束之單位爲流明（Lumen）簡寫爲Lm；流明之定義爲：自光度爲1燭光（Candle，簡寫爲Cd）的點光源在單位立體角內所發出的光束稱爲一流明，利用此單位可以比較各種光源之發光量的大小。

2. 光度（Luminous Intensityz I）

光通量並無限定其放出光綫的方向。光源向任一方向在單位立體角內所發出的光束，稱爲此一光源在此方向的光度；光度的單位爲燭（candele，簡寫爲Cd），例如某一光源向甲的方向每單位立體角內發出一流明之光束，此時之光度叫一燭或 1 Cd。 一球體周圍的全立體角爲 4π，白熾灯泡略呈球形，故以灯泡之光度乘以 4π（ 4×3·14＝12·56 ）可得全光束之概值。

3. 輝度（ Brightness：B ）

光源向某一方向的光度除以其方向的光源投影面積所得的商，稱爲輝度；若光源爲球體，則其投影面積爲 πr^2（ r 爲半徑 ），由此可知：光源的輝度與其光度成正比，與其發光面積成反比。因此形體大的光源其投影面積大，輝度小，較不刺激眼睛；輝度大則表示光度係集中自小面積發出的，較刺眼。輝度之單位爲Stilb，簡稱Sb，卽 1 Sb＝ 1 cd／cm²（ 每平方公分燭光數 ）。例如中午陽光下之輝度爲 165000 Sb ；100W 磨砂灯泡之輝度爲 32 Sb ；40W 日光灯（ 晝光色 ）之輝度爲 0.65 Sb ；40W水銀灯爲 140 Sb。

4. 照度（ Illumination：E ）

被光源照射的某一面上，其單位面積所接受的光通量，稱爲照度。照度之單位爲勒克司或米燭光（ Lux，簡寫爲 lx ）；若某光源之光束F（ Lm ），均勻垂直的照射在面積爲A（ m² ）之平面上，則此平面上之照度（ E ）爲：

$$E = \frac{F}{A}（ \ell x ）\qquad\qquad (5\text{-}1)$$

例如光源爲白熾灯泡，其外形略呈圓球狀，且球體周圍之立體角爲 4π，故白熾灯泡之全光束約爲白熾灯泡的光度乘 4π；球體表面積爲 4πr²（ r 爲球體之半徑 ），故白熾灯泡之照度爲：

$$E = \frac{F}{A} = \frac{4\pi I}{4\pi r^2} = \frac{I}{r^2} \qquad (5\text{-}2)$$

（5-2）式中 I 為光度（Cd），r 為光源與被照面間之距離（m）即球體之半徑。（5-1）、（5-2）式僅適用於光源與被照面互相垂直時；若光源與被照面之夾角為 θ，如圖5-1所示，則 A′ 平面上之照度 E′ 為：

$$A = A'\cos\theta \qquad \therefore A' = \frac{A}{\cos\theta}$$

$$E' = \frac{F}{A'} = \frac{4\pi I}{A/\cos\theta} = \frac{4\pi I \cos\theta}{4\pi r^2} = \frac{I\cos\theta}{r^2} \qquad (5\text{-}3)$$

由上式可知若光源之體積小時，則在其照度下各部份之照度與被照面至光源間之距離的平方成反比。

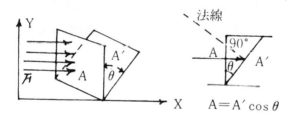

圖5-1　光源與被照面之夾角為 θ 時之狀況

5. 亮度（Luminous Radiance：L）

光源所發出的光束照射在被照物之表面時，被照物面之單位面積所反射出來的光束稱為亮度又稱光束發散度；例如放在同一處、同一照度下的白紙比黑紙看起來明亮，此因白紙較黑紙反射更多的光線所致，因此白紙之亮度較黑紙為高。亮度之單位為 radlux 簡寫為 rlx，1 rlx＝1Lm/m²，亮度是被照面照度與其反射因數的乘積，即：

$$L = \rho E \qquad (5\text{-}4)$$

（5-4）式中 L 爲亮度，ρ 爲反射因數，E 爲照度。設計者必需針對房內對象物體之反射率高低，而選擇適當的照度，才能獲得適當之亮度。例如長時間之精細工作（如製圖、檢驗等）其亮度約爲 2000 rlx ；粗工作（如粗機械工作、表廊等）其亮度約爲 35 rlx。

6. 反射因數（Reflection Factor）

在某平面上之反射光束 F_r（L_m）與入射光束 F_i（L_m）之比值稱爲反射因數或反射率，以 ρ 表示反射因數，卽：

$$\rho = \frac{F_r}{F_i} \qquad (5-5)$$

如反射面爲一光滑之平面（如鏡子等）其反射光只有一方向，稱爲正反射；反射面若爲一粗糙面，其反射光之方向不一致，稱爲漫反射。測量反射因數時可利用呎燭光或勒克斯表先在欲測量之平面上測出其入射光束，然後在將該表反轉而使感光電池面距離欲測量之平面約 5～8 公分，卽可量出此平面之反射光束。

7. 透過因數（Transmission Factor）

在某平面上之透過光束 F_t 與入射光束 F_i 之比值稱爲透過因數或透過率，以 τ 表示透過因數，卽：

$$\tau = \frac{F_t}{F_i} \qquad (5-6)$$

透過與反射一樣，亦分正透過（例如照射面爲透明玻璃）及漫透過（例如壓克力板）。

8. 吸收因數（Absorbent Factor）

入射光束 F_i 照射在平面上時，有部份光束反射出來（F_r），部份光束透過平面（F_t），其餘之光束爲被該物所吸收而使被照物之溫度上升，則被該物吸收之光束與入射光束之比值，稱爲吸收因數或吸收率，以 α 表示吸收因數，即：

$$\alpha = \frac{F_i - F_r - F_t}{F_i} \qquad (5\text{-}6)$$

各種材料之反射因數（反射率）、透過因數（透過率）、吸收因數（吸收率）如表5－1所示。

表5－1 各種材料之反射率、透過率、吸收率之概略數值（％）

材料		反射率		透過率		吸收率
		正	漫射	正	漫射	
玻璃	無色透明（2～5mm厚）	8～10		80～90		5～10
	磨砂 {光滑面入射	4～5	5～10		70～85	5～15
	（2～5mm厚） {粗面入射		8～12		72～87	5～15
	淡乳白色 {光滑面入射	4～5	10～20	5～20	50～55	8～12
	{粗面入射		10～20	5～20	50～55	10～15
	濃乳白色	4～55	40～70		10～45	10～20
	透明光面合成樹脂板	20～85		80～90		
	透明粗面合成樹脂板				60～80	
	白色粗面合成樹脂板	20～85		3～60		
正反射面	銀	92				8
	鉻	65				35
	普通鋁	60～75				25～40
	電解磨光鋁	75～84	62～70			
	鎳	55				45
	錫	63				37
	鋼、不銹鋼	55～60				40～45
	玻璃鏡	82～88				12～18
漫射面	油煙		4			96
	石膏		87			13
	磨砂鋁		62			38
	銀漆		35～40			60～65
	木材		40～60			40～60
	瓷漆	4～5	60～70			25～35

9. 色溫度（ Color Temperature ）

能將所有射入的能量完全吸收既不反射亦不透過之假想物體，稱爲黑體。某溫度所放射的熱光顏色，若以放射相同顏色之黑體溫度而表示其顏色，則此溫度稱爲色溫度，其單位以絕對溫度 °K 表示（ °K ＝ ℃ ＋ 273 °），例如畫光色日光灯之顏色與 6500 °K 之黑體顏色相似，則畫光色日光灯之色溫度即爲 6500 °K。

10. 配光曲線（ Light Distribution ）

灯具之構造不同時，由一個光源在周圍產生之光度，依其方向而異，各方向上光度的空間分布稱之爲配光，在某平面上之配光以曲線表示時，稱爲配光曲線；設光源之軸排成垂直時，截光源之水平面上的配光稱爲水平配光曲線；截光源之垂直平面上之配光，稱爲垂直配光曲線。但在光軸周圍 360 °之很多垂直平面上，取其平均值而稱之爲平均垂直配光曲線。通常水平配光曲線近似圓形，而一般所指之配光曲線皆爲平均垂直配光曲線。配光曲線如圖 5 - 2 所示。

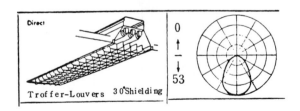

圖 5 - 2 　日光灯之配光曲線

5-2　光源

凡能穩定地發出光線之物體，皆稱爲光源，例如太陽、月亮、電灯泡等皆爲光源，茲將常用之以電能轉變爲光能之電光源說明如下：

1. 白熾灯

　　白熾灯之發光原理係使電流通過一串金屬灯絲時，灯絲發熱到1500°K以上之白熾化時，溫度輻射而發光。灯絲需放在一個玻璃泡內，將泡內之空氣抽出，灌入氮氣及氬氣，以防止灯絲氧化燒斷，增長灯泡之壽命及減少熱損失。

　　燈絲之材質必須滿足下列條件：

(1)　熔點高，可長時間在高溫下點灯。

(2)　電阻高。

(3)　在高溫下之蒸發小。

(4)　加工容易，價格經濟。

電灯泡之優點為：

(1)　能立卽點亮。

(2)　光色略帶紅黃色，富溫暖感。

(3)　光源體積小，光綫容易集中於一處。

(4)　富於互換性，大小灯泡皆可互換使用，只要灯帽及額定電壓相同皆可互換使用，但需考慮電灯泡之電源導綫之安全電流是否足夠。

(5)　灯具等照明設備費用低。

(6)　裝拆、移動方便，易於臨時增設。

(7)　不受周圍溫度之影響。

(8)　功率因數高（ 100 ％ ），綫路損失減少。

(9)　發光與頻率無關，卽交直流皆可使用。

(10)　使用普遍，購置容易。

(11)　光束衰減較日光灯為低，且演色性較佳。

電灯泡之缺點為：

(1)　壽命短。

(2)　效率低。

(3)　光色與太陽光相差較大。

(4)　光源輝度高，不能露出使用。

(5)　紅外綫發散量大，熱量高，旣不舒服又易使眼睛疲勞。

(6) 電力消耗高，彩色灯泡之效率特低。

表5－2爲鎢絲灯之全光束（ Lm ）

表5－2　鎢絲燈之全光束（ 流明 ）

容量（瓦）	流　　　明	容量（瓦）	流　　　明	容量（瓦）	流　　　　明
10	72	100	1,390	1,000	19,500
20	166	200	3,240	1,500	30,750
25	210	300	5,200	20,000	41,000
40	410	500	9,300	—	—

註：本表之數據係以中國電器公司之東亞牌製品爲準。

2．日光灯

日光灯係由低壓水銀灯演進而成，有冷陰式與熱陰式兩種，而以熱陰式爲普遍，圖5－3爲日光灯管之結構，分爲玻璃管、灯帽與電極三大部份；日光灯之發光原理與電灯泡完全不同，日光灯之發光是借放電作用與螢光體變換作用，其過程爲：

(1) 由灯絲放出電子（ 放電現象 ）：在常溫與低壓下放電作用不易發生，爲使日光灯放電須先將灯絲加熱，同時兩極間給予短暫的衝擊電壓，此乃日光灯需啓動器及安定器（ 限流器 ）之原因之一。

(2) 水銀分子產生 $2537 \overset{\circ}{A}$ 之紫外線：由灯絲射出之電子受電場之影響而運動，獲得電能，當高速運動中的電子與管內水銀分子衝擊時，使水銀分子激發；激發狀態的水銀分子於恢復常態時放出紫外線，其中約 90% 以上是 $2537 \overset{\circ}{A}$ 之紫外線，此波長之紫外線正有效的激發螢光體。

(3) 螢光體將紫外線轉換爲可視光： $2537 \overset{\circ}{A}$ 紫外線激發螢光體，螢光體結晶一度將其能量蓄存後又瞬間放出，同時放出波長較長的可視光（ 可視光之波長爲 $3800 \overset{\circ}{A}$ ～ $7600 \overset{\circ}{A}$ ）。

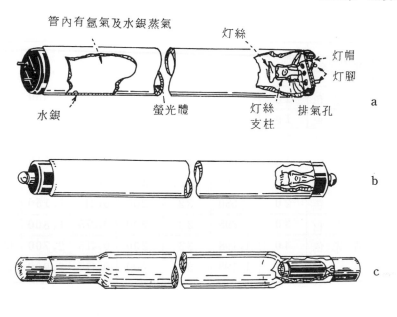

管內有氬氣及水銀蒸氣　灯絲　灯帽　灯腳

水銀　螢光體　灯絲支柱　排氣孔　a

b

c

圖5-3　口光灯管之結構

日光灯之種類如下：

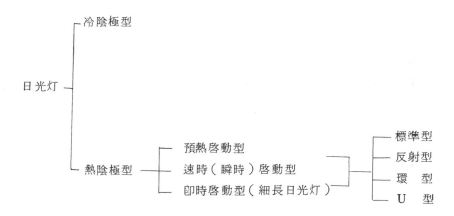

冷陰極型

日光灯

熱陰極型　預熱啓動型　速時（瞬時）啓動型　即時啓動型（細長日光灯）　標準型　反射型　環　型　U　型

　各種日光灯之規格如表5－3、5－4、5－5、5－6、5－7、5－8所示。

　日光灯之光色特徵及其使用場所如表5－9所示。

表5-3 東亞日光灯規格

項目 種類	光色	消耗電力 W	燈管長度 mm	燈管直徑 mm	規定電壓 V	燈管電流 A	最初光束 Lm	燈管效率 Lm／w
FL-10D	畫光色	10	330	25	100	0.23	450	45
FL-10W	白色	10	330	25	100	0.23	470	47
FL-15SD	畫光色	15	436	25	100	0.30	710	47
FL-15SD	白色	15	436	25	100	0.30	810	54
FL-20SD	畫光色	20	580	32	100	0.34	1,050	52.5
FL-20SW	白色	20	580	32	200	0.34	1,150	57.5
FL-30D-B	畫光色	30	895	32	200	0.375	1,800	60
FL-40SD	畫光色	40	1,198	32	200	0.415	2,700	67.5
FL-40SW	白色	40	1,198	32	200	0.415	2,900	72.5

表5-4 東亞環型日光灯規格

項目 種類	光色	消耗電力 W	燈管長度 mm	燈管直徑 mm	規定電壓 V	燈管電流 A	最初光束 Lm	燈管效率 Lm／w
FCL-30D	畫光色	30	—	36以下	100	0.62	1,400	47
FCL-30W	白色	30	—	36以下	100	0.62	1,450	49
FCL-32D	畫光色	32	—	36以下	147	0.435	1,600	50

表5-5 東亞豪華日光灯規格

項目 種類	光色	消耗電力 W	燈管長度 mm	燈管直徑 mm	規定電壓 V	燈管電流 A	最初光束 Lm	燈管效率 Lm／w
FL-10D-DL	天然畫光色	10	330	25	100	0.23	400	40
FL-20SD-DL	〃	20	580	32	100	0.34	960	48
FL-40SD-DL	〃	40	1,198	32	200	0.415	2,300	56

表5-6　東亞瞬時點灯日光灯規格

種類 \ 項目	光　　　色	消耗電力	燈管長度	燈管直徑	規定電壓	燈管電流	最初光束	燈管效率
		W	mm	mm	V	A	Lm	Lm/w
FLR-20SD	晝光色	20	580	32	100	0.34	1,050	52.5
FLR-40SD	晝光色	40	1,198	32	200	0.415	2,700	67.5
FLR-60H/A	晝光色	60	1,198	38	200	0.8	3,700	

表5-7　東亞反射型日光灯規格

種類 \ 項目	光　　　色	消耗電力	燈管長度	燈管直徑	規定電壓	燈管電流	最初光束	燈管效率
		W	mm	mm	V	A	Lm	Lm/w
FL-20SRD	晝光色	20	580	32	100	0.34	950	47.5
FL-30SRD	晝光色	30	895	32	200	0.375	1,750	58.3
FL-40SRD	晝光色	40	1,198	32	200	0.415	2,450	61.3

表5-8　東亞彩色日光灯規格

種類 \ 項目	光　　　色	消耗電力	燈管長度	燈管直徑	規定電壓	燈管電流	最初光束	燈管效率
FL-10PK.B.G	粉紅、藍、綠	10	330	25	100	0.23		
FL-15PK.B.G	粉紅、藍、綠	15	436	25	100	0.30		
FL-20SPK.B.G	粉紅、藍、綠	20	580	32	100	0.34		
FL-40SPK.B.G	粉紅、藍、綠	40	1,198	32	200	0.415		

表 5-9 日光灯之光色特徵及其使用場所

色 別 （記 號）	色溫度	特 徵	用 途
晝 光 色 （ D ）	6500°K	明亮而涼爽	需要涼爽感與高照度的場所如辦公廳、工廠
白 色 （ W ）	4500°K	明亮而略帶溫和感	需要稍微溫暖的氣氛與高照度的場所如辦公廳、工廠
溫 白 色 （ WW ）	3500°K	明亮而暖和	需要暖和穩重的氣氛與高照度的場所如家庭、旅舘
逼 眞 天然晝光色 （ SDL ）	6500°K	演色性好而又涼爽	需要正確的演色性與涼爽感的場所如百貨店、商店、畫廊
天然白色 （ WDL ）	4500°K	演色好，略帶暖和感	需要稍爲溫暖與正確辨色的場所如家庭、餐廳、商店

日光灯之優點：

(1) 壽命長，約爲白熾灯之 7 倍以上。

(2) 發光效率高，電能消耗少，發光效率約爲白熾灯泡之 3 倍以上。

(3) 具有冷光性，不放熱。

(4) 光色接近太陽光色。

(5) 易製各種光色的光源且效率極高。

(6) 輝度小，可提高照度且不刺眼。

(7) 綫光源，光綫柔和，且形體優美。

日光灯之缺點：

(1) 需要啓動器、限流器（安定器）等配件故裝置費較大。

(2) 體積較大不適宜裝於小房間（但可用環型灯）。

(3) 功率因數低，綫路損失大（但可採用高功因型）。

(4) 起動時間較長（但可採用瞬時啓動型）。

(5) 電壓太低時卽不啓動。

(6) 有閃爍現象（可採用無閃爍安定器）。

(7) 多爲10W至40W小容量；無特大光束（最近生產110W瞬時高輸出）。

3.　水銀灯

水銀灯又叫高壓水銀灯，在正常點灯狀態下管內水銀蒸氣壓高達1～2.5氣壓左右，日光灯內水銀蒸深壓只有數 μHg。圖5－4爲水銀灯之構造，水銀灯具有內管與外管雙重構造；內管爲發光管，兩端有主電極，另有一補助極靠近主電極之一，管內依發光管的體積滲入精確份量的水銀；另加少許氬氣，以利起動；主電極上亦塗有放電物質。

水銀灯之發光首先在主電極與補助電極之間開始作局部放電，而後漸漸移至主電極間之主放電；放電初期水銀蒸氣壓還很低，當溫度慢慢升高水銀逐漸蒸發，放電的光色漸漸接近白色，至穩定後，管內水銀全部蒸發成氣體而放電電弧也集中在管中心，此時管電壓降低，效率亦上昇，自起

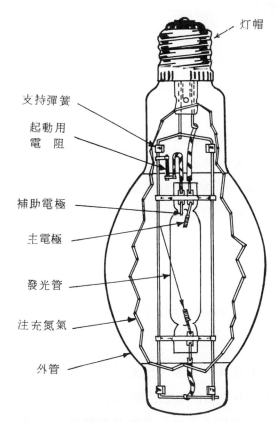

灯帽

支持彈簧

起動用
電　阻

補助電極

主電極

發光管

注充氮氣

外管

圖5-4　水銀灯之構造

動到水銀蒸發至設計氣壓時，約需 5 ~ 10 分鐘。爲保持高水銀蒸氣壓，發光管溫度需保持高溫，因此內管需用耐高溫之石英管製成；高壓水銀灯發光時除可視光線外同時放射紫外綫，這些紫外綫需以外管遮住，外管以硬質矽酸玻璃製成，亦可維持內管溫度。

水銀灯之光綫偏於短波長，演色性不佳，爲改善水銀灯之顏色性，外管內壁可塗一層螢光膜；水銀灯亦爲放電灯，故需安定器，但因水銀灯內已藏有起動補助極，不需啓動器。水銀灯之規格如表 5 - 10 及 表 5 - 11 所示。

水銀灯之優點爲：

(1) 單灯光度強，可減少灯數，節省設備費。

(2) 效率高，約爲白熾灯之 3 倍。

(3) 壽命長。

(4) 光譜接近單波長（螢光水銀灯除外）可仔細看清細小物體。

(5) 光色富於清綠色，照明綠葉特別鮮艷，故適宜庭院、公園等之照明。

水銀灯之缺點：

(1) 點灯後需 5 ~ 10 分鐘始能有充足的光度。

(2) 功率因數低（可裝電容器或配裝高功因安定器予以提高）。

(3) 熄灯後再點灯亦需 5 ~ 8 分鐘，不適宜點滅頻繁之場所。

(4) 青綠色以外之被照物皆失去光彩（但螢光水銀灯情況好些）。

(5) 價格較高。

水銀灯之光色特徵及其適用場所如表 5 - 12 所示。

5-3 灯具

白熾灯、日光灯、水銀灯皆需灯具，灯泡、日光灯等只是光源；光源配上灯具才能達到照明之目的，灯具之目的在於控制光線並調配光線的方向，故灯具之好壞影響照明及建築之美觀；因此灯具應具備的條件如下：

表5-10　反射型水銀燈泡規格

型式		尺　寸				初					特			性		
型	式	燈泡電力 (W)	燈泡型式	長度 (m)	燈頭	額定電壓 (V)	起動電壓 (V)	燈泡電流 起動時 (A)	燈泡電流 安定時 (A)	燈泡電壓 (V)	起動時間 (分)	再起動時間 (分)	光柱光束 (Lm)	軸光度 (Cd)	光柱展開度 (°)	平均壽命 (小時)
反射型螢光色水銀燈泡 (HRF-PD)	HRF200-PD	200	R165	305	E-39	200	180以下	3.0	1.9	120	8以下	10以下	0～65° 5,800 / 0～90° 6,800	1,660	130	12,000
	HRF300-PD	300	〃	〃	〃	〃	〃	4.3	2.5	130	〃	〃	0～65°10,000 / 0～90°11,200	2,900	〃	〃
	HRF400-PD	400	R180	315	〃	〃	〃	5.7	3.3	〃	〃	〃	0～65°14,000 / 0～90°15,500	4,000	〃	〃
	HRF700-PD	700	R280	410	〃	〃	〃	10	5.9	〃	〃	〃	0～65°27,000 / 0～90°31,000	8,500	〃	〃
	HRF1000-PD	1000	R280	410	〃	200	〃	13.7	8.3	130	〃	〃	0～65°38,000 / 0～90°46,000	11,000	〃	〃
反射型水銀燈泡 (散光型) (HR-W)	HR 200-W	200	R165	305	〃	200	180以下	3.0	1.9	120	〃	〃	0～65° 5,400 / 0～90° 6200	1,600	〃	〃
	HR 300-W	300	〃	〃	〃	〃	〃	4.3	2.5	130	〃	〃	0～65° 8,400 / 0～90°19,700	2,300	〃	〃
	HR 400-W	400	R180	315	〃	〃	〃	5.7	3.3	〃	〃	〃	0～65°12,000 / 0～90°13,500	3,300	〃	〃
反射型水銀燈泡 (集光型) (HR-N)	HR 300-N	300	R200	310	〃	〃	〃	4.3	2.5	〃	〃	〃	0～15° 3,500 / 0～90°10,000	71,000	〃	〃
	HR 400-N	400	〃	〃	〃	〃	〃	5.7	3.3	〃	〃	〃	0～15° 5,300 / 0～90°13,500	90,000	〃	〃

瓦	型	式	電源電壓 V	電源頻率 Hz	功率因數 %	輸入電流 起動 A	輸入電流 穩定 A	功率損失 W	二次無載電壓 V	二次短路電壓 V	管電流（二次短路電流）A	尺寸 A (m/m)	尺寸 B (m/m)	尺寸 C (m/m)	尺寸 D (m/m)	尺寸 E (m/m)	重量 KG	使用燈數
40W	NB41-M-16	普通型	110	60	44	1.3	1	13	200	0.75	0.53	141	159	175	41	66	1.5	1
	NB41-M-26	普通型	220	60	40	0.68	0.53	10	—	0.80	0.53	108	124	140	55	78	1.3	1
100W	NB101-M-16	普通型	110	60	46	3.3	2.2	16	220	1.5	1.0	170	213	241	90	80	3.5	1
	NB101-MH-16	高功率型	110	60	90	2.0	1.2	20	220	1.5	1.0	240	283	311	90	80	3.8	1
	NB101-M-26	普通型	220	60	51	1.5	1	12	—	1.5	1.0	135	178	206	90	80	3.0	1
	NB101-MH-26	高功率型	220	60	90	0.9	0.56	12	—	1.5	1.0	205	248	276	90	80	3.3	1
200W	NB201-M-16	普通型	110	60	53	6.0	4	25	220	3.0	1.9	170	213	241	90	80	4.0	1
	NB201-MH-16	高功率型	110	60	90	3.5	2.5	30	220	3.0	1.9	240	283	311	90	80	4.3	1
	NB201-M-26	普通型	220	60	50	3.0	1.9	20	—	3.0	1.9	135	178	206	90	80	3.5	1
	NB201-MH-26	高功率型	220	60	90	1.9	1.05	20	—	3.0	1.9	205	248	276	90	80	3.8	1
300W	NB301-M-16	普通型	110	60	58	8.5	5	38	220	4.1	2.5	280	323	351	90	80	7.0	1
	NB301-MH-16	高功率型	110	60	90	6.0	3.2	40	220	4.1	2.5	362	405	433	90	80	7.5	1
	NB301-M-26	普通型	220	60	58	4.1	2.5	25	—	4.1	2.5	180	223	251	90	80	4.7	1
	NB301-MH-26	高功率型	220	60	90	2.9	1.5	25	—	4.1	2.5	262	305	333	90	80	4.4	1
400W	NB401-M-16	普通型	110	60	60	12.0	6.8	45	220	5.2	3.3	280	323	351	90	80	8.0	1
	NB401-MH-16	高功率型	110	60	90	7.0	4.1	43	220	5.2	3.3	362	405	433	90	80	8.5	1
	NB401-M-26	普通型	220	60	57	5.2	3.3	28	—	5.2	3.3	180	223	251	90	80	4.6	1
	NB401-MH-26	高功率型	220	60	90	3.8	2.1	28	210	5.2	3.3	262	305	333	90	80	4.9	1
	NB401-MC-26	定電力型	220	60	95	0.5	2	45	220	5.2	3.3	304	360	390	126	113	8.0	1
	NB402-MF-26	不閃爍型	220	60	95	2.1	3.9	55	220	9.2 ³⁄₂%	3.3	392	440	470	128	110	11	2
700W	NB701-MH-26	高功率型	220	60	95	5.4	3.5	45	220	9.2	5.9	304	360	390	126	113	10	1
	NB702-MF-26	不閃爍型	220	60	95	4.0	7.5	80	220	9.2	5.9	465	590	640	133	127	21	2
1000W	NB1001-MH-26	高功率型	220	60	90	8.0	5	50	220	1.2	8.3	304	360	390	133	127	12	1

水銀燈安定器尺寸圖

表 5 — 12 水銀灯之光色特徵及其適用場所

種　　　　類	特　徵　及　其　適　用　場　所
普通型水銀燈　清光	光色富於青綠色，如照明樹木、花草綠葉，特別顯得鮮麗，故很適合庭院、公園、高爾夫球場等的照明。其次，燈泡的發光面積小，接近點光源，如與投光器併用，可獲得狹角度的照明，故亦很適合棒球場、滑雪場等需較遠投光照明的場所。
螢光水銀燈　銀白色	是水銀燈中最爲明亮者，適合體育舘、高天花板工廠及需要高照度之道路等場所的照明。
螢光水銀燈　天然色	有獨特的濾光玻璃殼，在所有水銀燈中，對演色性之改善效果最大。適合辦公廳、商店、拱街等需正確辨　色之場所的照明。
螢光水銀燈　黃色	使用黃色的濾光玻璃殼，適合於斑馬道、公共汽車、停車站、交通標誌燈、壁面照明、廣告燈等場所（因人的眼睛對黃色的感度最大）。
反射型水銀燈	內藏反射鏡與高天花板用Hood併用，適合於工廠、體育舘等的照明；如與投光器併用，亦可做爲屋外投光照明。
安定器內藏水銀燈	無需安定器，經直接與電源連接，就能使水銀燈明亮。適合於廣場的裝飾、展覽會、攤販商店等之照明。亦適合於裝設安定器較爲困難之場所。

1. 配光及效率要佳

灯具之目的既在使光綫有效利用，配光及效率的良好乃是最基本的條件；若灯具之效率高，但配光不佳，則稱不上是好灯具，必須同時考慮效率及配光均佳，才是良好的灯具。

2. 灯具應與建築物配合

照明設備為建築物之附屬設施,選擇灯具需與建築物配合,不宜過份顯明,應以灯具為配角,建築物為主角才是。

3. 燈灯具應容易保養

灯具亦需保養,若太久不保養,灰塵聚集,不但妨礙美觀又降低灯具效率;更換灯管及啓動器等應簡便,避免裝置過於特殊之灯具,使日後保養更換配件容易。

4. 灯具壽命要長

壽命長包括機械構造、光學機能、電氣機能皆需耐久。光學機能如反射面塗漆、鍍鋁皆需耐久不退色(變黃)、不脫落。電氣機能如灯具內配綫、點灯補助設備、絕緣處理,材質等皆需耐久。

5. 灯具外形須具美感

不要複雜古怪,看上去舒服美觀,配件更換及修理時應容易。

灯具之分類依向上光束及向下光束所佔比率,灯具可分成(1)直接照明灯具,(2)半直接照明灯具,(3)全般漫射灯具,(4)半間接照明灯具,(5)間接照明灯具五種。

灯具之常用材料為玻璃、合成樹脂及金屬材料。

灯具效率:在灯具內部的光源所發出的光綫並不能全部透出灯具外,部分的光束將被灯具吸收而損失,因此透過灯具的光束與光源光束之比值稱為灯具效率。

5-4 良好照明之必備條件

良好照明需具備下列條件:

1. 照度需恰當

照度之高低視經濟情況而定,目前中華民國國家標準(CNS)尚未訂定,各國之照度標準亦不相同,但宜使眼睛不易疲勞為原則,且對被照物應能迅速的分辨其顏色及細部,茲將各種用電場所所需之照度標準列於表5－13～表5－21所示,作為設計參考。

2. 照度要均勻

照度愈均勻表示明暗之差別愈小,亦即須有均勻的亮度分佈,故設計時需先瞭解環境與被照面之反射率,室內裝飾及各種不透明材料之反射因數如表5－22所示。照度愈均勻眼睛愈不易疲勞;但有時為求氣氛之轉變或強調特定物品時,需有強烈的明暗差,例如商店之照明特別強調陳列櫥(樣本櫥)。

3. 不要刺眼

刺眼即是眩光,刺眼的原因一種是直接刺眼,乃由光源所引起,視界內若有高輝度之光源存在時即有刺眼的感覺,通常以降低光源之輝度(利用加上漫射灯罩)、遮光(利用柵格子罩)、研究灯具裝置之方向等處着手改善。另一種刺眼係來自反射,屬間接刺眼,例如玻璃、有光澤之金屬面等,受到光線照射後成為正反射,使某一方向的亮度特高而形成刺眼,避免反射刺眼應儘量使正反射光不在視界之內。

4. 光綫之方向需適當,陰影要柔合

光綫的方向與陰影的生成有密切的關係;強烈的影子令人不舒服,但沒有影子亦顯得單調,故還是需要柔和的影子加以陪襯。

5. 光色需良好,散熱少

光色及散熱特性,日光灯優於白熾灯;實用上皆選用畫光色、白色的

表5－13　商店照度基準

照　　度 (ℓx)	衣 類 品 （服裝、衣料、 帽子）	傘類、鞋類、體育 用具	食品類	文具 書籍 玩具	相機、鐘錶、 眼鏡、電器、 銀飾、樂器。	醫藥品 化粧品
1500-700	○樣品櫥內的重 點陳列	○樣品櫥內的重點 陳列			○樣品櫥內的 重點陳列	○重點 陳列
700-300	○店內重點陳列 樣品櫥全般	○店內重點陳列	○重點 陳列 　一般 　陳列		○一般陳列櫥 樣品櫥全般	○樣品櫥 一般陳 列
300-150	店內一般陳列	樣品櫥全般 店內一般陳列	一般 陳列 店內 全般	一般陳列店內 全般		店內全般
150-70	店內全般	店內全般	店內 全般			店內全般

	傢俱、五金、陶 瓷、雜貨	百　貨　店	餐　　廳			
1500-700		商品櫥 ○重要樣品櫥				
700-300	○重點的陳列	一般陳列 ○一般櫥	○樣品櫥			
300-150	店內全般	以氣氛爲主的陳列 部	○帳房○餐桌 ○出納、烹調 室、出入口			
150-70			客室、廁所			

表5－14　廣告照明照度（ ℓx ）

廣 告 板 、 煙 窗 、 水 槽 等 外 表 狀 態	周　圍　亮　度	
	明　亮	暗　淡
明　　　　　　　　　　　　　　　亮	500	200
暗　　　　　　　　　　　　　　　淡	1,000	500

表 5-15　住宅照度基準

照度（ℓx）	場　　　　　　　　　　　　　　　所	工　作　種　別
700-1500		○裁縫（暗材料）
300-700		○讀書 　（長時間或細字） ○裁縫
150-300		○讀書　○化粧 ○洗衣　○吃飯 ○烹飪　○娛樂
70-150	居房、讀書房、客廳、餐室、厨房、浴室、家事室、工作室	
30- 70	玄關、倉庫、走廊、樓梯、厠所	
15- 30	臥室	

表 5-16　辦公室照度基準

照度（ℓx）	場　　　　　　　　　　　　　　　所	工　作　種　類　別
700-1500		○設計　○打字 ○製圖　○計算機
700-300	一般辦公室、製圖室、控制室、印刷室、電話室	○文書閱覽 ○機電房配電盤、計算盤等
150-300	經理室、會議室、會客室、餐廳、厨房、書庫、保險櫃室、走廊、訊問處、守衛室、電梯、電梯廳、大廳、厠所、銀行顧客休息室	
150- 70	值日室、浴室、機電房、更衣室、倉庫、車庫、樓梯	
70- 30	太平梯	

表 5 － 17 （ A ） 工廠照明推薦照度表

照度（ℓx）	食 品 工 業						纖維工業
	糖果廠	麵 包 廠	罐 頭 廠	釀 造	製粉	乳 業	紡 織
1500-700							
700-300		○裝飾 （手工）	○選別 ○檢查	○檢查			○檢查(暗色) ○自動織布機
300-150	裝飾 選別 包裝	計量 裝飾 （機械加工）	原料驗收 準備工作 製罐工作	裝瓶		原料驗收 調合 配合 加工 瓶裝 試驗室	精紡 檢查(明色) 補修
150-70	烹調 混合 壓模	原料混合 成形 焙燒 包裝	包裝	釀造場壓榨 過濾 洗瓶 包裝	粉碎 漂白 裝袋	洗瓶 包裝	原毛處理 粗紡 加工 裝貨
70-30		醱酵室		裝料		冷凍室	

表 5－17（B）　工廠照明推薦照度表

照度（ℓx）	機器工業				汽車工業	木工業
	焊接工作	塗裝工作	裝配工作	電氣工作		
1500-700	○焊接工作（電晶體等）		○超精密工作（電晶體、鐘錶、照相機等）			
700-300	○精密工作（眞空管電極等）	○精密塗裝 ○檢查 ○配色	○精密工作（收音機、電話機、打字機等）	○捲線 ○粗線 ○檢查	○引擎組配 ○車體噴漆 ○裝配線 ○檢查	○精鋸 ○檢查
300-150	一般工作	一般塗裝	一般工作	配綫	車架裝配 車體裝配 引擎噴漆	鋸木 木模加工 粘膠工作 塗裝 工具修理
150-70	組工作	塗裝前處理	粗工作	絕緣處理		製材 裝配
70-30		乾燥 焙燒				乾燥 裝貨

表 5－17（Ｃ） 工廠照明推薦照度表

照度（ℓx）	纖維工業		印刷工業		化　學　工　業			洗衣業
	成衣工廠	紙業	印刷	製版	一般	製藥	油脂肥皂	
1500-700	○裁縫（暗色） ○刺繡		○改版 ○檢查	○修正				
700-300	○裁縫（中） ○熨斗(暗色) ○檢查	○檢查 ○試驗	○檢字 ○校正	○校正	○檢查 ○試驗	○檢查 ○試驗	○檢查 ○試驗	○檢查 ○去漬 ○補修 ○熨衣 （手工）
300-150	裁縫（明色） 熨衣（明色） 編織	印刷 裁紙 裝箱 裝袋	鑄造 印刷 鉛台加工	攝影（ 周圍照 度）反 轉（周 圍照度）	計測 計量	製品工程 製品處理	自動充填 肥皂裁斷 精製	熨衣 （機械） 物類 水洗 乾洗 記帳
150-70	裁剪	包裝 瓦紙	解版	洗相（ 周圍照 度）	壓縮工 程 過濾 結晶 抽出	洗瓶 培養 包裝	原料處理 榨油 包裝	
70-30		原料處理			炉工作 冷却 乾燥 蒸餾 電解	原料室 反應室		

表5－17（D）　工廠照明推薦照度表

照度(ℓx)	玻璃工業	水泥廠	陶瓷器工業	金屬工業		機器工業	
				金屬加工	鑄　　造	機械工作	板　金
1500-700						○超精密加工 ○精密檢查	
700-300	○磨光 ○修整 ○檢查		○上藥 ○印刷 ○檢查	○檢查	○檢查	○精密加工 ○檢查	○檢查
300-150	鍍銀		成型 印花 印線 鋼模修整 鍍金	表面處理 分析室 控制室	木模場 鑄模廠	一般加工	冲製 裁切
150-70	粗磨 切裁 包裝	水泥加工 品製造	原料調整 匣鉢工作 素燒 本燒 磨邊 裝貨	熱處理 壓延 鍛造 熔排 切斷 軋工	模型倉庫 修邊 去砂 裝貨	粗工作	壓型 彎曲加工 滾邊
70-30	調合 炉室 冲製 吹製	水泥製造	原料粉碎 製土		電炉 鑄造場 回火炉		
30-15			原料倉庫		材料堆置場		

表 5 - 18 學校照度標準

照度（ℓx）	場　　　　　　　　　　　　　　所	工　作　種　別
700～1500		精密製圖或實驗 針車實習
300～700	製圖室 　黑板面	讀書閱覽（高中以上） 裁　縫 美術工藝品製作 精密工作
150～300	一般教室、特別教室、研究室實驗室、圖書閱覽室、書庫保健室、事務室、教員休息室、會議室、屋內運動場	讀書（中小學生） 圖畫、手工勞作
70～150	管理室 昇降口、走廊、樓梯 厠　所 禮　堂	
30～70	太平梯	

表5-19　運動場所照度基準

照度(ℓx)	桌球	籃球 排球	屋外 溜冰	保齡球 pin	保齡球 lane	撞球	羽球	拳擊 角力
1500-700	正式比賽	—	—	—		—	正式比賽	正式比賽
700-300	一般比賽	正式比賽	正式比賽	正式比賽	—	正式比賽	一般比賽	一般比賽
300-150	遊戲	一般比賽	一般比賽	遊戲	正式比賽	—	遊戲	—
150-70	—	遊戲	遊戲		遊戲	—	—	遊戲
70-30	看臺	—	—			—	觀衆席	看臺
30-15	—	看臺	看臺	觀衆席	觀衆席	—	—

照度(ℓx)	柔道比劍	體操	棒球 內外野	網球	橄欖球	壘球 內外野	田徑	游泳
1500-700	—	—	正式比賽	正式比賽	—	—	—	—
700-300	正式比賽	正式比賽	一般比賽	一般比賽	正式比賽		正式比賽	正式比賽
300-150	一般比賽	一般比賽	—	遊戲	一般比賽	一般比賽	一般比賽	正式比賽
150-70	遊戲	遊戲	—	—	—	遊戲	—	遊戲
70-30	—	—	看臺	看臺	—	—	—	—
30-15	看臺	看臺	—	看臺	看臺	看臺	看臺	看臺

表 5 － 2 0 　 屋外工作場照度基準

照度（ ℓ x ）	場　　　　　　　　　　　　　　　　　　　　　所
70 ～ 30	碼頭（ 全般 ）、化學工場、重工場外面施設、造船所內（ 一般 ）、建設現場粗工作
30 ～ 15	工作、金屬工業、陶瓷工業的材料貯藏所、建設現場的保防
15 ～ 7	貯木場
7 ～ 3	廢料堆置場
3 ～ 1.5	儲　煤

表 5 － 2 1 　 停車場、汽車站照度基準

照度（ ℓ x ）	場　　　　　　　　　　　　　　　　　　　　　所
50 ～ 20	商業中心
10 20 20	商業區內 　self parking 　attended parking 　sheltered
15 ～ 30	駕駛練習場（ 路線上 ）
30 ～ 70	駕駛練習場（ 上下車處附近 ）
30	公共汽車站（ 上下 6 處以上 ）

表 5－2 2　　不透明材料之反射因數

材　料　名　稱		反射率（％）	材　料　名　稱		反射率（％）
磨光金屬面或鏡面	銀	92	建築材料及室內裝飾	白　　灰	60～80
	鋁	60～75		白　　壁	60～95
	銅	75		淡 奶 油 色	50～60
	鉻	65		深色牆壁	10～30
	鎳	55			40～60
	鋼　　鐵	55～60			30～50
	玻 璃 鏡 面	82～88		紅　　磚	15
地表面	道　　路	10～20		黑　　瓦	10
	雪　　地	95		灰 色 浪 板	30
	砂　　埔	20～30		灰 色 蔗 板	40
塗漆面	白　珐　瑯	75		水　　泥	25
	粗 面 白 珐 瑯	60		白 磁 磚	60
	鋁 粉 刷	55		草　　蓆	40
	白　　漆	60～80		油　　氈	15
	淡 色 漆	35～55		家　　具	25～40
	深 色 漆	10～30		書　　面	50～70
	黑 色 漆	5		白　　膏	87

日光灯；演色性爲重之場所以天然畫光色、天然白色的日光灯爲佳。但因日光灯之發熱量低，因此使紅色成份少而使紅色失去艷澤；庭院富綠色以水銀灯照明最適宜；商品櫥若使用白熾灯則可使商品凸出；故光源的選擇需配合照明的環境及目的而定。

6.　能造成良好的氣氛

氣氛乃是心理的感覺，氣氛好壞與光線方向、反射率、地板顏色、頂棚、四周牆壁等有關；辦公室需明亮開濶的氣氛，家庭需有安適溫暖的氣氛；氣氛之造成除視照明計算及灯具的選擇外，尚需與建築設計作完美的協調。

7. 需符合經濟原則

合乎經濟原則不但需考慮初裝費用，亦需考慮效率及日後的維護及消耗電力費用等；經濟並非便宜，而是綜合物品或設備之品質水準、壽命、效能……等因素而定；符合經濟原則有賴設計者之經驗及選擇。

5-5 照明方式之決定

照明方式的選擇需考慮自灯具輻射的光線是否平均分配於室內各角落或集中某特定區域？是否設法將光線直接照射於室內或先投射在頂棚然後以其反射光照射室內？茲說明照明方式如下：

1. 全般照明

室內各部份之照度皆相同，此時灯具的配置無需考慮室內傢俱的佈置，此方式之照明具明朗的氣氛，眼睛不易疲勞，是良好的照明方式；但若房間太大、太高時工作面又需相當的照度，則灯具數要很多，初裝費較高。

2. 局部照明

僅工作範圍內照明，所需灯數最少，耗電最省，但局部照明必須顧慮工作面的配置、灯具安裝及配線較全般照明困難，且工作範圍的亮度與周圍相差太大，眼睛很容易疲勞。

3. 全般局部照明併用

此種方式之工作面採局部照明，其餘以全般照明方式照明室內各部份，可降低工作面與周圍明暗比，使眼睛不易疲勞。

4. 局部的全般照明

如在大會議室之會議桌、餐廳內之餐桌等處不必使房間全部達到同一照度，而在房間內之特定部份施以全般照明。

表 5-23 一般照明負載計算

建築物種類	每平方公尺單位負載（伏安）
走廊、樓梯、廁所、倉庫、貯藏室	5
工廠、寺院、教會、劇場、電影院、舞廳、農家、禮堂、觀眾席	10
住宅(含商店、理髮店等之居住部分)、公寓、宿舍、旅館、大飯店、俱樂部、醫院、學校、銀行、飯館	20
商店、理髮店、辦公廳	30

5-6 照明計算

1. 密度法

直接由用電場所之面積，按用電性質可由表 5-23 查出每平方公尺之負載，以計算電燈負載的方法；計算面積時應將各樓面積皆計入，但不包括露台、住宅之附屬車庫、住宅內之未完工空地及未使用之空地，由表 5-23 查出者係屬最小負載之估計，如實際使用之負載大於此表列單位負載所計之值時，應以實際使用值為準，利用此法之優點為在計劃設計時，不需明確瞭解屋內的設備即可估計出電燈負載之功率。

2. 光束計算法

利用此計算法之前需先瞭解下列名詞：

(1) 房間比率及其指標（Room Ratio And Room Index）： 房間之高低及大小對於灯具之照明效率有影響，一般而言，房間大者比小而高者更經濟有效，此因牆壁會吸收部份光綫，而大房間之牆壁面積對地板面積之比較少。房間比率（R.R）可由下列二式計算而得：

① 灯具爲直接照明、半直接照明及一般漫射型者：

$$房間比率（R.R）= \frac{寬 \times 長}{（架設高度）\times（寬 + 長）} \quad (5-7)$$

$$= \frac{XY}{Z(X+Y)}$$

② 灯具爲間接照明及半間接照明者：

$$房間比率（R.R）= \frac{3（寬 \times 長）}{2 \times 天花板高 \times（寬 + 長）}$$

$$= \frac{3XY}{2 \times Z(X+Y)} \quad (5-8)$$

（5-7）式中之架設高度爲室高，若將室高考慮爲灯具至工作面之距離時，以H代替Z，則稱爲房間指標（Room Index），即：

$$房間指標（K_r）= \frac{XY}{H(X+Y)} \quad (5-9)$$

表5-24爲房間指標（Kr）之分類表。

表5-24　房間指標（K_r）之分類表

代　　號	A	B	C	D	E	F	G	H	I	J
房 間 指 標	5	4	3	2.5	2	1.5	1.25	1	0.8	0.6
範　　圍	4.5 以上	4.5〜3.5	3.5〜2.75	2.75〜2.25	2.25〜1.75	1.75〜1.38	1.38〜1.12	1.12〜0.9	0.9〜0.7	0.7 以下

(2)　照明率（或稱效用係數）：其代字爲U，照明率係指到達工作面的流明數與光源所發出之全光束之比值，卽：

$$U = \frac{到達工作面之光束}{光源發出之全光束} \qquad (5\text{-}10)$$

影響照明率之因數有：灯具效率、頂棚及牆壁之反射率、照明方式及房間之形狀有關。

(3)　維護係數（Maintenance Factor）：代字爲M，欲求照度保持某水準以上，因電灯發光的效率及灯具、天花板及牆壁等之反射能力逐漸降低，故於設計之初需預留裕度；維護係數之大小視灯具之型式及使用地點是否有煙塵而定，實際應用上將使用地點之環境分爲三等，極好（Good）、中（Med）及壞（Poor）。維護係數之倒數稱爲減光補償率，以D代字，卽：

$$D = \frac{1}{M} \qquad (5\text{-}11)$$

(4)　計算總光束及灯具數：

$$NF = \frac{EA}{UM} = \frac{EAD}{U} \qquad (5\text{-}12)$$

上式中：N爲所需灯數（盞）

F爲每灯所發出之光束（Lm）

E爲設計之基準照度（ℓx）

A爲房間之面積（m²）

U爲照明率

M爲維護係數

D爲減光補償率

若使用光源及其瓦特數已決定，參考照度基準表，卽可算出灯具數，卽：

$$N = \frac{EA}{UMF} = \frac{EAD}{UF} \qquad (5\text{-}13)$$

各種用電場所之房間指標速算表如表5－25及表5－26所示。各

表 5-25　房間指標速求表

寬 Room Width (Feet)	Room Length (Feet)	天花板高 CEILING HEIGHT-FEET（呎） For Semi-Indirect and Indirect Lighting											
		9	10½	12	13½	15	16½	18	21	24	27	33	39
		安裝高 MOUNTING HEIGHT ABOVE FLOOR-FEET For Direct, Semi-Direct, Direct-Indirect and General Diffuse											
		7	8	9	10	11	12	13	15	17	19	23	27
10	10	G	H	I	J	J	J	J					
	12	G	H	I	I	J	J	J					
	14	F	H	H	J	J	J	J	J				
	16	F	G	H	I	J	J	J	J				
	18	F	G	H	I	J	J	J	J				
	20	F	G	H	I	J	J	J	J	J			
	24	F	G	H	H	J	I	J	J	J			
	30	E	F	G	H	J	I	J	J	J			
	35	E	F	G	H	H	I	I	J	J	J		
	40	E	F	F	G	H	H	I	J	J	J	J	
12	12	G	G	H	I	I	J	J	J				
	14	F	G	H	I	I	J	J	J				
	16	F	G	H	I	I	I	J	J				
	18	F	G	G	H	I	I	J	J	J			
	20	F	F	G	G	H	I	I	J	J	J		
	24	E	F	G	H	H	I	I	J	J	J		
	30	E	F	F	C	H	I	I	J	J	J		
	35	E	E	F	F	G	H	H	I	J	J	J	
	40	E	E	F	G	H	H	I	J	J	J	J	
	50	E	E	F	F	G	H	H	I	J	J	J	J
	60	E	E	F	F	G	G	H	I	I	J	J	J
	70	E	E	F	F	G	G	H	I	I	J	J	J
14	14	F	F	G	H	I	I	J	J	J			
	16	E	F	G	H	H	I	I	J	J			
	18	E	F	G	G	H	H	I	I	J	J		
	20	E	F	G	G	H	H	I	I	J	J		
	25	E	F	F	G	H	H	I	I	J	J		
	30	E	E	F	G	G	H	H	I	J	J		
	30	D	E	F	F	G	H	H	I	J	J	J	
	40	D	E	F	F	G	H	H	I	J	J	J	
	50	D	D	E	F	G	G	H	I	J	J	J	J
	60	D	E	E	F	F	G	H	H	I	I	J	J
	70	D	E	E	F	F	G	C	H	H	I	J	J
	80	D	E	E	F	F	G	G	H	I	I	J	J
	100	D	E	E	F	F	F	F	G	I	I	J	J
16	20	E	F	F	G	H	H	I	I	J	J		
	24	D	E	F	G	G	H	I	I	J	J		
	30	D	E	E	F	G	H	H	I	J	J		
	35	D	E	F	F	G	G	H	I	I	J	J	
	40	D	E	E	E	F	G	G	H	I	I	J	J
	50	D	E	E	E	F	F	G	G	I	I	J	J
	60	D	E	E	E	F	F	G	G	H	I	I	J
	70	D	E	E	E	F	F	G	H	H	I	I	J
	80	D	E	E	E	E	F	G	G	H	I	J	J
	100	D	E	E	E	E	F	F	G	H	I	H	J
20	24	D	E	F	F	G	H	H	I	J	J		
	30	D	E	F	G	G	H	H	I	I	J		
	35	C	D	E	F	F	G	H	H	I	J	J	
	40	C	D	E	E	F	G	H	H	I	J	J	J
	50	C	D	E	E	F	G	G	H	I	I	J	J
	60	C	D	E	E	E	F	G	H	H	I	J	J
	70	C	D	E	E	E	F	G	G	H	I	J	J
	80	C	D	E	E	E	F	F	G	H	I	J	J
	100	C	D	E	E	E	F	F	G	H	H	I	J

表 5 - 26　　房間指標速求表（續）

寬 (Feet)	長 (Feet)	天花板高 CEILING HEIGHT-FEET — For Semi-Indirect and Indirect Lighting											
		9	10½	12	13½	15	16½	18	21	24	33	39	48
		掛燈高 MOUNTING HEIGHT ABOVE FLOOR-FEET — For Direct, Semi-Direct, Direct-Indirect and General Diffuse											
		7	8	9	10	11	12	13	15	17	19	23	27
20	30	C	D	E	F	F	G	G	H	I	J	J	
	35	C	D	E	F	F	G	G	H	I	I	J	J
	40	C	D	E	E	F	G	H	H	I	J	J	J
	50	C	D	E	E	F	F	G	H	I	J	J	J
	60	C	D	D	E	E	F	F	G	H	I	J	J
	70	C	D	D	E	E	F	F	G	H	I	J	J
	80	C	D	D	E	E	E	F	G	H	I	J	J
	100	C	D	D	E	E	E	F	F	G	H	I	J
24	35	C	D	E	E	F	F	G	G	H	I	I	J
	40	C	C	D	E	F	F	F	G	H	I	I	J
	50	C	C	D	E	E	F	F	G	H	H	I	J
	60	C	C	D	E	E	E	F	F	G	H	I	J
	70	C	C	D	D	E	E	F	F	G	H	I	J
	80	C	C	D	D	E	E	E	F	G	H		J
	100	C	C	D	D	E	E	E	F	G	H		J
30	30	B	C	D	E	E	F	F	G	H	H	I	J
	35	B	C	D	E	E	F	F	G	G	H	I	J
	40	B	C	D	D	E	E	F	F	G	H	I	J
	50	B	C	C	D	D	E	E	F	F	G	H	J
	60	B	C	C	C	D	D	E	E	F	F	G	I
	70	B	C	C	C	D	D	E	E	F	G	H	I
	80	B	C	C	C	D	D	E	E	F	G	H	I
	100	R	C	C	C	D	D	E	E	F	F	H	I
35	35	B	C	C	D	D	E	F	F	G	H	I	J
	40	A	B	C	C	D	E	E	F	G	G	I	J
	50	A	B	C	C	D	E	E	F	G	G	I	J
	60	A	B	C	C	D	D	E	F	F	G	I	J
	70	A	B	C	C	C	D	E	E	F	F	H	I
	80	A	B	C	C	C	D	D	E	F	F	G	I
	100	A	B	C	C	C	D	D	E	E	G	H	I
	120	A	B	C	C	C	D	D	E	E		H	I
40	40	A	B	B	C	D	E	E	F	F	G	H	J
	50	A	B	B	C	C	D	E	E	F	G	I	I
	60	A	B	B	C	C	D	D	E	F	F	H	I
	70	A	B	B	C	C	D	D	E	F	F	G	I
	80	A	B	B	C	C	D	D	E	E	F	G	H
	100	A	B	B	C	C	C	D	D	E	F	G	H
	120	A	B	B	C	C	C	C	D	E	E	F	H
	140	A	B	B	C	C	C	D	D		F	G	H
50	70	A	A	B	B	C	C	C	D	E	F	F	G	H
	80	A	A	B	B	C	C	C	C	D	E	E	F	H
	100	A	A	B	B	C	C	C	C	D	E	E	F	H
	120	A	A	B	B	C	C	C	C	D	D	E	F	G
	140	A	A	A	B	C	C	C	C	D	D	E	F	G
	170	A	A	A	B	C	C	C	C	D	D	E	F	G
	200	A	A	B	B	C	C	C	D	D	E	E	F	G
60	100	A	A	A	A	B	B	C	C	D	E	E	F	G
	120	A	A	A	A	B	B	C	C	D	E	E	F	G
	140	A	A	A	A	B	B	C	C	D	D	E	E	C	F
	170	A	A	A	A	B	B	C	C	C	D	E	E	C
	200	A	A	A	A	B	B	C	C	C	D	E	E	F
80	80	A	A	A	A	A	B	B	C	C	D	E	F	G
	140	A	A	A	A	A	A	B	C	C	D	E	E	F
	200	A	A	A	A	A	A	B	B	C	C	D	E	E

表5-27（A）　各型燈具之照明率

燈具 LUMINAIRE	燭光分配線 DISTRIBUTION	維護係數	天花板 / 牆 指數 照明率 Coefficients of Utilization

照明率 Coefficients of Utilization

天花板（ceiling）: 75%　50%　30%
牆（wall）: 各欄下 50% 30% 10%（30%天花板欄為 30% 10%）

第一燈具 Direct — Troffer — Ribbed Glass　維護係數 Good .70　Med. .60　Poor .50

指數	75%-50%	75%-30%	75%-10%	50%-50%	50%-30%	50%-10%	30%-30%	30%-10%
J	.28	.27	.26	.28	.27	.26	.28	.26
I	.34	.33	.32	.34	.32	.32	.33	.31
H	.36	.36	.36	.36	.36	.35	.35	.35
G	.39	.39	.38	.38	.38	.37	.37	.36
F	.4	.40	.39	.42	.40	.38	.41	.38
E	.43	.42	.40	.42	.42	.40	.42	.40
D	.46	.44	.42	.44	.43	.42	.44	.43
C	.46	.45	.43	.46	.44	.43	.44	.43
B	.47	.45	.44	.46	.44	.44	.45	.44
A	.47	.46	.45	.46	.45	.44	.45	.44

第二燈具 Direct — Troffer — Ribbed Glass　維護係數 Good .70　Med. .60　Poor .50

指數	75%-50%	75%-30%	75%-10%	50%-50%	50%-30%	50%-10%	30%-30%	30%-10%
J	.27	.25	.24	.26	.25	.24	.26	.24
I	.32	.31	.30	.31	.30	.30	.30	.29
H	.34	.34	.33	.34	.33	.33	.33	.32
G	.36	.35	.35	.36	.35	.35	.35	.34
F	.40	.39	.37	.37	.37	.36	.39	.38
E	.40	.40	.38	.39	.39	.38	.40	.39
D	.41	.41	.40	.41	.40	.39	.40	.40
C	.43	.42	.41	.42	.41	.40	.40	.40
B	.44	.42	.42	.43	.42	.41	.42	.41
A	.45	.44	.43	.43	.42	.42	.42	.41

第三燈具 Direct — Troffer — Louvers 30° Shielding　維護係數 Good .70　Med. .60　Poor .55

指數	75%-50%	75%-30%	75%-10%	50%-50%	50%-30%	50%-10%	30%-30%	30%-10%
J	.33	.31	.30	.33	.31	.30	.30	.29
I	.40	.38	.37	.39	.38	.37	.38	.36
H	.43	.42	.41	.42	.41	.41	.41	.40
G	.46	.45	.44	.46	.44	.43	.44	.43
F	.49	.47	.46	.47	.46	.45	.45	.45
E	.51	.50	.49	.50	.49	.48	.49	.47
D	.55	.52	.50	.53	.52	.50	.51	.50
C	.55	.54	.52	.54	.53	.52	.52	.51
B	.56	.56	.54	.55	.55	.53	.54	.52
A	.57	.56	.55	.56	.55	.53	.54	.53

表5－27（B）　各型燈具之照明率

LUMINAIRE	DISTRIBUTION	Maintenance Factor	Room Index	Ceiling 75% — Walls 50%	30%	10%	Ceiling 50% — Walls 50%	30%	10%	Ceiling 30% — Walls 30%	10%
Direct		All Conditions .75	J	.52	.49	.47	.51	.49	.47	.48	.47
			I	.55	.53	.51	.54	.52	.51	.51	.50
			H	.57	.55	.53	.56	.54	.53	.53	.53
			G	.58	.57	.55	.57	.56	.55	.55	.54
			F	.59	.58	.57	.58	.57	.56	.56	.56
			E	.61	.60	.59	.60	.59	.58	.58	.57
			D	.63	.62	.61	.61	.61	.60	.60	.59
			C	.64	.64	.63	.63	.63	.62	.63	.61
			B	.65	.65	.64	.64	.64	.63	.63	.62
			A	.66	.66	.65	.65	.65	.64	.64	.63
Direct		Good .65 Med. .55 Poor .45	J	.38	.32	.28	.37	.32	.28	.31	.28
			I	.47	.42	.39	.46	.41	.38	.40	.37
			H	.51	.47	.44	.50	.47	.43	.46	.43
			G	.55	.51	.48	.54	.51	.47	.50	.47
			F	.58	.54	.51	.57	.53	.51	.52	.50
			E	.63	.60	.57	.62	.59	.56	.58	.55
			D	.68	.64	.61	.66	.64	.61	.63	.60
			C	.70	.67	.63	.68	.65	.62	.64	.62
			B	.73	.70	.68	.71	.68	.67	.67	.66
			A	.74	.72	.70	.72	.70	.68	.69	.67
Direct		Good .65 Med. .55 Poor .45	J	.34	.29	.25	.33	.29	.25	.28	.25
			I	.42	.38	.35	.41	.37	.34	.37	.34
			H	.46	.42	.39	.44	.42	.39	.41	.39
			G	.50	.46	.43	.48	.45	.41	.44	.41
			F	.53	.49	.46	.52	.47	.44	.47	.44
			E	.57	.54	.51	.56	.52	.50	.52	.50
			D	.61	.58	.55	.59	.56	.54	.56	.54
			C	.64	.60	.57	.64	.58	.56	.58	.56
			B	.66	.64	.61	.66	.60	.59	.60	.59
			A	.67	.65	.62	.67	.62	.61	.62	.60

Coefficients of Utilization

表 5 - 27 (F)　各型燈具之照明率

LUMINAIRE	DISTRIBUTION	Maintenance Factor	Walls Room Index	Ceiling 80%			Ceiling 70%			Ceiling 70%		
				50%	30%	10%	50%	30%	10%	50%	30%	10%
				Coefficients of Utilization								
(1 lamp, surface mounted)		Good .70 Med. .65 Poor .60	J	.28	.24	.22	.28	.24	.22	.28	.24	.21
			I	.34	.30	.27	.33	.32	.29	.36	.31	.28
			H	.38	.34	.31	.37	.37	.33	.42	.37	.34
			G	.41	.37	.35	.41	.40	.40	.48	.43	.40
			F	.44	.40	.38	.44	.45	.45	.52	.48	.44
			E	.47	.44	.42	.47	.50	.51	.58	.54	.51
			D	.50	.47	.44	.49	.50	.57	.62	.58	.55
			C	.51	.49	.46	.50	.52	.61	.65	.62	.59
			B	.53	.51	.49	.50	.54	.67	.69	.66	.63
			A	.55	.53	.51	.53	.56	.70	.71	.69	.67
(2 lamp, 40 w & 1-lamp 40 w, surface mounted)		Good 0.70 Med. .65 Poor .60	J	.27	.23	.30	.24	.22	.21	.28	.24	.21
			I	.33	.29	.26	.32	.29	.28	.35	.31	.28
			H	.37	.33	.29	.38	.35	.34	.41	.37	.34
			G	.41	.36	.33	.44	.40	.40	.47	.42	.39
			F	.44	.40	.36	.49	.45	.45	.52	.47	.43
			E	.48	.44	.41	.55	.49	.51	.56	.52	.49
			D	.51	.47	.44	.59	.50	.56	.60	.56	.53
			C	.53	.50	.47	.62	.52	.59	.62	.59	.56
			B	.56	.53	.50	.66	.54	.64	.63	.63	.61
			A	.57	.55	.52	.69	.56	.67	.67	.65	.63
General Diffuse (2 lamp, 40 w)		Good .70 Med. .65 Poor .60	J	.24	.19	.16	.21	.17	.24	.22	.20	.17
			I	.32	.26	.22	.30	.24	.26	.34	.28	.24
			H	.38	.32	.28	.35	.31	.32	.40	.34	.30
			G	.44	.38	.33	.42	.36	.38	.46	.40	.36
			F	.49	.42	.38	.47	.41	.42	.51	.44	.40
			E	.56	.49	.45	.53	.49	.52	.57	.52	.47
			D	.60	.54	.51	.60	.55	.54	.62	.57	.52
			C	.64	.58	.54	.63	.59	.58	.65	.61	.56
			B	.68	.64	.59	.69	.65	.64	.69	.65	.62
			A	.71	.67	.63	.74	.70	.67	.73	.69	.67

表5－27（D）　各型燈具之照明率

Coefficients of Utilization

Luminaire 1 — Maintenance Factor: Good .70, Med. .60, Poor .50

Ceiling	80%			70%			50%		
Walls	50%	30%	10%	50%	30%	10%	50%	30%	10%
Room Index									
J	.30	.24	.21	.29	.24	.21	.28	.24	.21
I	.38	.33	.29	.37	.32	.28	.36	.31	.28
H	.45	.39	.35	.44	.38	.35	.42	.37	.34
G	.52	.45	.41	.50	.45	.41	.48	.43	.40
F	.57	.50	.46	.55	.50	.45	.52	.48	.44
E	.64	.58	.53	.62	.57	.53	.58	.54	.51
D	.68	.63	.58	.66	.61	.57	.62	.58	.55
C	.71	.67	.63	.69	.65	.61	.65	.62	.59
B	.76	.72	.68	.73	.70	.67	.69	.66	.63
A	.78	.75	.72	.76	.73	.70	.71	.69	.67

Luminaire 2 — Maintenance Factor: Good .70, Med. .60, Poor .50

Ceiling	80%			70%			50%		
Walls	50%	30%	10%	50%	30%	10%	50%	30%	10%
Room Index									
J	.29	.24	.22	.29	.24	.22	.28	.24	.21
I	.38	.33	.29	.37	.32	.29	.35	.31	.28
H	.44	.39	.35	.43	.38	.35	.41	.37	.34
G	.50	.45	.41	.49	.44	.40	.47	.42	.39
F	.55	.49	.45	.53	.49	.44	.51	.47	.43
E	.61	.56	.52	.60	.55	.51	.56	.52	.49
D	.67	.60	.57	.66	.59	.55	.60	.56	.53
C	.69	.64	.60	.66	.62	.59	.62	.59	.56
B	.72	.69	.65	.70	.66	.64	.65	.63	.61
A	.74	.71	.68	.72	.69	.67	.67	.65	.63

Luminaire 3 — Maintenance Factor: Good .75, Med. .65, Poor .55

Ceiling	80%			70%			50%		
Walls	50%	30%	10%	50%	30%	10%	50%	30%	10%
Room Index									
J	.27	.21	.17	.27	.21	.17	.22	.20	.17
I	.35	.30	.24	.35	.30	.24	.34	.28	.24
H	.43	.36	.30	.41	.35	.30	.40	.34	.30
G	.49	.42	.37	.49	.42	.36	.46	.40	.36
F	.55	.47	.42	.53	.47	.41	.50	.44	.40
E	.62	.55	.49	.60	.53	.49	.57	.52	.44
D	.67	.61	.56	.66	.60	.53	.62	.57	.47
C	.71	.65	.60	.70	.63	.59	.65	.61	.56
B	.76	.71	.66	.74	.69	.65	.69	.65	.61
A	.81	.76	.71	.73	.74	.70	.73	.69	.67

表 5 - 27 （H） 各型燈具之照明率

4 lamp 40 W & Slimline 43" Louvers, Suspended — Plastic Sides

	J	I	H	G	F	E	D	C	B	A
	.15	.17	.21	.16	.18	.23	.16	.19	.24
	.19	.22	.26	.20	.24	.29	.21	.25	.30
	.23	.26	.30	.25	.29	.34	.26	.30	.36
	.27	.30	.34	.30	.33	.39	.31	.35	.41
	.30	.33	.38	.33	.38	.40	.35	.40	.46
	.34	.38	.42	.39	.43	.52	.42	.46	.52
	.38	.41	.44	.44	.48	.59	.47	.51	.57
	.41	.43	.47	.47	.56	.61	.50	.55	.60
	.45	.47	.49	.52	.58		.56	.60	.64
	.47	.49	.51	.56			.60	.63	.67

Good .70 　Med. .65 　Poor .60

4 lamp 40 A & Slimline, Suspended — Plastic Sides & Bottom

	J	I	H	G	F	E	D	C	B	A
	.06	.08	.12	.06	.10	.15	.07	.11	.16
	.08	.12	.16	.12	.15	.19	.12	.15	.21
	.12	.15	.19	.15	.19	.23	.16	.20	.26
	.15	.18	.23	.19	.23	.28	.20	.25	.32
	.18	.21	.25	.22	.26	.33	.24	.30	.36
	.22	.25	.32	.27	.33	.38	.31	.36	.42
	.25	.29	.34	.33	.36	.41	.36	.40	.46
	.28	.31	.37	.36	.40	.44	.40	.44	.50
	.32	.34	.39	.41	.44	.48	.45	.50	.54
	.34	.36		.44	.48	.51	.50	.53	.57

Good .70 　Med. .60 　Poor .50

Concentric Ring With Screwed Reflector

300-750W 　Good .70 　Med. .60 　Poor .55

	J	I	H	G	F	E	D	C	B	A
	.03	.06	.10	.04	.07	.12	.04	.07	.13
	.05	.08	.13	.06	.10	.16	.07	.11	.18
	.07	.11	.16	.09	.14	.20	.10	.15	.23
	.10	.14	.19	.13	.18	.25	.15	.20	.28
	.12	.16	.22	.17	.22	.29	.19	.25	.33
	.16	.20	.26	.23	.28	.35	.26	.32	.40
	.20	.24	.29	.28	.33	.39	.32	.38	.45
	.23	.26	.31	.32	.37	.43	.36	.42	.49
	.28	.31	.34	.38	.43	.47	.43	.50	.54
	.30	.33	.36	.43	.46	.50	.48	.53	.58

Cove Without Reflector

	J	I	H	G	F	E	D	C	B	A
	.04	.05	.07	.06	.07	.09	.06	.09	.11
	.06	.07	.09	.08	.09	.13	.10	.12	.15
	.07	.09	.10	.10	.10	.16	.12	.15	.18
	.10	.11	.13	.14	.13	.20	.16	.18	.22
	.11	.13	.15	.17	.16	.21	.20	.21	.25
	.14	.17	.20	.24	.22	.25	.22	.26	.29
	.17	.19	.21	.26	.26	.28	.28	.30	.33
	.19	.20	.22	.30	.28	.31	.32	.32	.35
	.20	.23	.24	.34	.30	.32	.36	.34	.36
	.23			.32	.34	.35	.36	.38	.39

Good .60 　Med. .50 　Poor .40

種灯具之配光曲綫（燭光分配曲綫）、照明率、維護係數如表5－27所示。

5-7　照明設計實例

【例一】　某辦公室長20ｍ寬30ｍ，天花板高4ｍ，天花板及牆壁皆塗白漆，試設計其照明灯具之盞數（採用表5－27(A)之3所示之灯具）？

【解】　㈠光束計算法：

(1)　房間狀況：長20ｍ，寬30ｍ，天花板高4ｍ，塗白漆，反射率由表5－22查出爲70％，牆壁反射率爲50％，地板反射率10％；面積20×30＝600ｍ²。

(2)　照度標準：由表5－16可查出一般辦公室之標準照度爲700～300 ℓ_x 選擇照度600ℓ_x 爲設計照度。

(3)　灯具之選定：選擇表5－27(A)之3雙管40Ｗ晝光色灯。

(4)　照明方式：全般照明。

(5)　光源距離工作面之高度（Ｈ）：工作面離地面80cm，則Ｈ＝4－0.8＝3.2m。

(6)　房間指標（Ｋr）：$K_r = \dfrac{30 \times 20}{3.2(30+20)} = 3.75$，由表5-24查出其代號爲Ｂ。

(7)　照明率及維護係數：由表5－27(A)之3可查出Ｕ＝0.55，Ｍ＝0.70。

(8)　每盞雙管40Ｗ晝光色日光灯發出之光束：由表5－7查出40Ｗ單管之最初光束爲2450 Lm。

(9)　所需之灯具數：由（5－13）式得：

$$N = \frac{EA}{UMF} = \frac{600 \times 600}{0.55 \times 0.7 \times 2450 \times 2}$$

$$= 191 \text{ （盞）}$$

採用雙灯管約需192盞，較易配置。

2.密度法

由表5－23可查出辦公室之每平方公尺單位負載為50VA，每灯管之負載為100 V A，則灯具數

$$N = \frac{50 \times 600}{2 \times 100} = 150 \text{ （盞）}$$

【例二】 某纖維工廠長30m，寬40m，天花板高4.5m，白灰，牆壁塗深色漆，灯具採用表5－27(D)之1雙管40W晝光色日光灯，試設計其照明灯具之盞數？（本廠為編織部）

【解】 1. 光束計算法

(1) 房間狀況：長30m，寬40m，天花板高4.5m白灰，反射率由表5－22查出為70％，牆壁反射率為30％，面積30×40＝1200 m²。

(2) 照度標準：由表5－17(C)可查出纖維工業之編織部照度為150～300 ℓx，選擇照度為200 ℓx。

(3) 灯具之選定：選擇表5－27(D)之1雙管40 W晝光色日光灯。

(4) 照明方式：全般照明。

(5) 光源距離工作面之高度（H）：工作面離地面80 cm，則H＝4.5－0.8＝3.7m。

(6) 房間指標（ K_r ）： $K_r = \frac{30 \times 40}{3.7 \text{ （ }30+40\text{ ）}} = 4.63$ ，由表5－24查出其代號為A。

(7) 照明率及維護係數：由表5－27(D)之1可查出U＝0.73，M＝0.70。

(8) 每盞雙管40 W晝光色日光灯發出之光束：由表5－7查出單管40 W晝光色之最初光束為2450 Lm，故雙管

爲單管之二倍，即 4900 Lm 。

(9)　所需之灯具數：由（ 5 - 13 ）式得：

$$N = \frac{E A}{U MF} = \frac{200 \times 1200}{0 \cdot 73 \times 0 \cdot 7 \times 4900}$$

$$= 96 （盞）$$

2.　密度法

由表 5 - 23 可查出工場之每平方公尺單位負載爲 10 VA ，每盞（ 雙管 ）之負載爲 2 × 100 V A ＝ 200 V A ，則灯具數 $N = \dfrac{10 \times 1200}{200} = 60$ （ 盞 ）

3.　比較光束計算法及密度法可知，若照度取高標準則與密度法所計算之結果相差很大，須知密度法所計算者爲最起碼之值。

習題五

1.　試述光源之種類？

2.　試述日光灯之發光原理及其優劣點？

3.　試述水銀灯之發光原理及其優劣點？

4.　試述照明方式之種類？

5.　某國中之圖書閱覽室長 15 m 寬 25 m，天花板高 4 m，天花板爲白色，牆壁爲淡色漆，使用日光灯，灯具自行選擇，試設計其照明（ 採全般照明方式 ）。

6.　某辦公室長 15 m 寬 12 m，天花板高 4.5 m，天花板及牆壁皆爲白色，使用日光灯，採全般照明方式，使用日光灯，試設計其照明。

7.　某水泥加工廠長 40 m 寬 25 m，天花板高 6 m，天花板爲石棉板，反射率 30 ％，牆壁爲白色，採全般照明，使用水銀灯，試設計其照明。

6

電灯分路設計

6-1 電灯分路之種類

電燈分路有下列三種：

(1) 電燈及電具分路：供應一般照明電燈或電具（或同時供應電燈及電具）且所設之出線頭數在二個以上之分路。（但不包括專用插座分路）

(2) 專用插座分路：在住宅處所爲供應住宅之廚房、洗衣房及餐室等小型電具之用電，此種分路不得與電燈共用，其分路額定電流皆爲 20 安培，導線採用 5.5 mm² 爲宜。

(3) 特殊分路：專供如冷（暖）氣機、電灶等大容量之電器使用之分路，且每分路皆以裝置一具負載爲原則。

上列分路之設計必須符合表 6-1 之要求。

165

表 6-1　分路之設置

分路額定 (A)	15	20	30	40	50
最小線徑 分路導線	2.0mm 或 3.5mm^2	5.5mm^2	8mm^2	14mm^2	14mm^2
燈具以外之引出導線	2.0mm	2.0mm	-	-	-
燈具引接線	1.0mm^2	1.0mm^2	-	-	-
過電流保護(A)	15	20	30	40	50
最大裝接負載(A)	15	20	30	40	50
出線口器具 燈座型式 插座額定(A)	一般型式 最大 15	一般型式 15 或 20	重責務型 30	重責務型 40 或 50	重責務型 50

註：本表適用於金屬導線管配線

6-2　分路許可之裝接負載

(1)　15及20安培分路：供應普通電燈及小型電具（如電扇、吹風機……等）為限，移動電具（位置無固定，經常變更位置之電具）最大不得超過分路額定之80 ％；若同時供應電燈及電具之分路，其中固定裝置電具之容量總和不得超過分路額定之50 ％ 。

(2)　30安培分路以供應住宅以外之重責務型固定電燈或任何處所之大型電器，如僅供移動電器，其容量最大不得超過分路額定之百分之八十。

(3)　40及50安培分路：此種分路以供應住宅以外之重責務型固定電燈及紅外線電燈或任何處所之固定烹飪器，普通電燈不得併用 。

6-3　分路出線口數之決定

　　每一分路應按其預定負載（如表 6 - 1 所示）裝設適量之出線口，但無限制其最高出線口數（每分路負載之總電流不得高於分路之額定電流），至於電燈分路或電燈與電具併用之分路應裝之分路出線口數應依下列規定裝置：

(1)　住宅處所之臥房、書房、客廳、餐廳、浴室、廚房、走廊、樓梯或旅館之客房等每室至少應裝設一個燈具出線口。

(2)　住宅處所之臥房、書房、客廳、餐廳、廚房及其他類似房間或旅館之客房等每室至少應裝設一個插座出線口。

(3)　農村等可視實際需要裝設燈具或插座出線口。

6 - 4　電灯分路之負載計算

(1)　一般電燈負載：一般照明用電燈之負載所需之容量皆需按第五章第 5 - 6 節之方法計算出所需燈具數，以光束計算法所得之照度，較密度法所得者爲佳；若使用密度法計算時，每單位面積應估計之日光燈負載不得小於表 5 - 23 所示之值（表 5 - 23 所示之單位面積所需日光燈之 VA 值係以低功因日光燈爲準，40W 低功因日光燈一盞所耗之視在功率爲 100 VA，高功因者僅爲 60 VA，但光束相同，故採用高功因日光燈時表 5 - 23 之每平方公尺單位負載僅需低功因日光燈者之 60% 即可得到相同之照度）；若電燈在一般情況下係長時間繼續使用者（如商店、百貨公司等場所），其分路之負載估計應按表 5 - 23 所示者增加 25%；若使用白熾燈之場所欲與日光燈獲得相同之照度時，每平方公尺之單位負載遠比日光燈者爲高，故估計負載值時應以實際使用值爲準。日光燈、水銀燈等放電燈需以輸入功率之伏安（VA）計算。

(2)　其他負載：電燈分路內若有小型電動機者，其應估計之負載電流爲該電動機額定電流之 1.25 倍；未指定用途之插座每一出線口以 180 伏安（VA）計算，但在住宅及旅館之客房中，此種插座可視爲包括在一般電燈負載之內，不必另計，此乃一般旅館客房及住宅之場所電燈設備不會同時使用之故。供重責務型燈座之出線口依每一出線口以600伏安（VA）計算。

6-5 供電電壓之選擇

　　一般住宅照明用電燈之標準電壓皆使用110伏特或220伏特之單相二線式供電；但工廠、辦公室、機關、學校、百貨公司及公寓群等大型建築物之電燈用電量大，若電燈及電具之用電容量在100瓩以下者幹線可按單相三線式110V／220V供電；若容量在100瓩以上者，幹線可按三相四線式220V／380V供電供電電壓參考3-4節；低壓用戶設計幹線電壓時必須按用電地址附近之台電低壓配電線路之供電方式及電壓加以設計；若容量在100瓩以上之用戶則需以高壓或特高壓供電，由用戶自備變壓器將高壓或特高壓降低至所需之電壓，故此種用戶之電燈供電方式及電壓皆可隨設計者自行決定不受台電線路之影響，但為使線路經常保持平衡起見，電燈用之變壓器宜選用三相變壓器較佳。若用戶同時有日光燈及水銀燈等負載時，可採用單相三線制110V/220V，將日光燈接於110V之線路，水銀燈接於220V之線路，但亦可採用額定電220V之日光燈，直接跨接在220V之線路上。

　　家庭使用之小型電具（如電扇、音響、電視……等）皆採用單相二線式110V供電，冷凍噸位較小之窗型冷氣機亦採用單相110V供電，但冷噸位較大之冷暖氣機皆採用單相220V或三相220V供電；電灶容量較大者皆使用單相三線式110V／220V供電；電焊機、點焊機等常使用單相二線式220V，若容量大者亦有採用單相440V供電。茲將一般低壓配線之幹線與分路之供電方式於表6-2所示。

表 6-2　一般低壓配線之幹線與分路之供電方式

幹 線	分 路
1 ϕ 2 W 110 V	1 ϕ 2 W 110 V
1 ϕ 3 W 110 V / 220 V	① 1 ϕ 2 W 110 V ② 1 ϕ 3 W 110 V / 220 V ③ 1 ϕ 2 W 220 V
3 ϕ 3 W 220 V	① 3 ϕ 3 W 220 V ② 1 ϕ 2 W 220 V
3 ϕ 4 W 110 V / 190 V	① 1 ϕ 2 W 110 V ② 3 ϕ 3 W 190 V
3 ϕ 4 W 120 V / 208 V	① 1 ϕ 2 W 120 V ② 3 ϕ 3 W 208 V
3 ϕ 4 W 220 V / 380 V	① 1 ϕ 2 W 220 V ② 3 ϕ 3 W 380 V

註：ϕ 代表相，W 代表線

例如：3 ϕ 4 W 120 V / 208 V 即表示三相四線制 120 V / 208 V。

6-6　電灯分路數之決定

　　各建築物所需之負載已如 6-4 節所述之原則估計之，且選擇適當之供電方式及電壓，分路數之決定方法如下：

【例1】　某住宅用戶面積 120 m² 試求其分路數？

【解】　㈠電燈及電具分路：此種分路乃爲照明用電（包含小型電具用之插座）依照表 5-23 查出住宅一般照明標準爲每平方公尺 20 W，故電燈及電具分路之總負載容量＝ 120 m² × 20 W /m² ＝ 2400 W。

　　　　⒜採用 15 A 分路 110 V 供電，則

$$分路數 = \frac{2400}{110 \times 15} = 1.45$$

　　　　則需 2 分路供電（取整數，小數點以下者皆再增 1 分路）

　　　　⒝採用 20 A 分路 110 V 供電，則

$$分路數 = \frac{2400}{110 \times 20} = 1.09$$

　　　　亦需採用 2 分路

註：電燈分路宜採用 15A 分路，小型電具用插座宜採用 20A 分路較佳。

㈡ 專用插座分路：此種分路裝設於廚房等，每一住宅宜裝設 20A 一分路，導線採用 5.5mm² 為宜。

【例2】 某辦公室面積 100m²，裝置 1φ 220V 1 馬力冷氣機二台，試求其分路數？

【解】 ㈠ 電燈及電具分路：由表 5-23 查出辦公室一般照明標準為 30W/m²，故電燈及電具分路之總負載容量＝100m² × 30W/m² ＝ 3000W。

(a) 採用 15A 分路 110V 供電，則

$$分路數 = \frac{3000}{110 \times 15} = 1.8$$

採用 15A 分路共需 2 分路。

(b) 採用 20A 分路 110V 供電，則

$$分路數 = \frac{3000}{110 \times 20} = 1.36$$

採用 20A 分路共需 2 分路。

㈡ 特殊分路：此種分路專供大型電具使用，每分路以裝置一具負載為原則，現有 1 馬力冷氣二台，每台之滿載電流為 7.5A，每分路之額定電流依屋內線路裝置規則第 297 條規定需為馬達滿載電流之 1.5 倍，則 7.5A × 1.5 ＝ 11.25A，需採用 220V 15A 分路共需 2 分路。

6-7 分路導線之選擇

電燈分路之導線的最小線徑需按表 6-1 選定外尚需考慮分路壓降是否合乎規定（低壓幹線及其分路之電壓降均不得超過標稱電壓百分之三，兩者合計不得超過百分之五），若壓降超過規定時則導線應選用較大一級

或二級以上，直到壓降在規定值以下才算標準，壓降計算方式視供電方式而異，請參考第三章壓降計算公式。註：導線線徑最小使用 2.0mm，導線管徑若埋設於鋼筋混凝土內最小管徑為1/2"ϕ。

6-8 電灯幹線負載之計算

依屋內線路裝置規則規定分路之額定容量應大於分路所裝接之負載，但幹線之額定容量可小於其各分路所裝接負載之總和，此因各分路之負載不太可能全部同時使用之故，幹線負載之估計按所裝接之負載而異，玆說明各類用電性質，以採用適宜之需量率（最大需量與設備容量之比值，此值小於1）：

(1) 一般用電燈：此種用電按表6-3 所查出之需量率以降低幹線之負載，但不得用作決定一般照明用之分路數。

表 6-3 照明負載需量因數

處所別	適用需量因數之照明負載部分 (W)	幹線需量因數 (%)
住宅	3000 以下部分 3001 至 120,000 部分 超過 120,000 部分	100 35 25
醫院[註]	50,000 以下部分 超過 50,000 部分	40 20
飯店、旅館及汽車旅館，包括不提供房客烹飪用電器具之公寓式房屋[註]	20,000 以下部分 自 20,001 至 100,000 部分 超過 100,000 部分	50 40 30
大賣場（倉儲）	12,500 以下部分 超過 12,500 部分	100 50
其他	總伏安	100

註：供電給醫院、飯店、旅館及汽車旅館區域之幹線或受電設施之計算負載，其照明整體可能同時使用者(如於手術室、舞廳或飯廳)，不得適用本表之需量因數

(2) 櫥窗電燈：櫥窗電燈應以每30公分水平距離不小於200瓦特，作為負載之計算。

(3) 固定電氣暖室器：若各負載不同時使用或不連續使用者，幹線容量可小於所連接之總負載，但若同時使用者，則幹線容量不得小於所連接之負載總容量。

(4) 不同時使用之負載：二個不同時使用之負載（如暖室器及冷氣，若開冷氣則不可能同時開暖氣），則較小之負載在估計幹線負載時可不計。

(5) 不屬於住宅處所之小電具：此為電具用電所設之插座分路，如每一出線口之容許負載未超過1.5A，則該小容量電具分路由計算而得之負載，可併入一般負載內而適用表（6-3）之需量率。

(6) 住宅用小電具：此為供應單獨住宅及集合住宅當中之食堂、洗衣房及廚房中之小容量電具（20A額定容量之插座引出之攜帶型電具，此種分路為專用插座分路不得與電燈合併使用），此種分路之用電應計算不小於1500瓦特之幹線負載，此項負載得併入一般電燈負載並得適用表6-3之需量率。

(7) 電灶：家庭用電灶及其他烹飪用電具如其個別額定大於 1 ¾ KW，則其幹線負載得依照表（6-4）計算之，若考慮將來有設置更大額定容量之電灶的可能性，如其現裝電灶或壁爐及櫃枱形烹飪器容量在8 ¾ KW以下時，用戶用電設備裝置規則建議其幹線容量以不小於表（6-4）A行所列之最大需量值為宜；如多數單相電灶由三相思線制幹線供電時，其負載電流之計算應以任何二相線間所接最大電灶數之兩倍之需量率為基礎。

(8) 固定電具（電灶、調氣設備或暖室器以外之電具）：其在單獨或集體住宅裝置四個以上之固定電具（電灶、調氣設備或暖室器以外之電具），對此等固定電具得採用75％之需量率，但對衣服乾燥器則應依表（6-5）所示之需量率辦理。

(9) 中性幹線負載：中性線負載應為依上列方法所決定之最大不平衡負載（所謂最大不平衡負載為中性線與任一非接地導線間之最大裝接負載，但對供應家庭用電灶、壁灶及烹飪器之幹線，其最大不平衡負載為依表（6-4）所規定之非接地導線上之負載再乘以70％ ）；若交流單相三線及三相四線制，其不平衡負載超過 200 A 以上之部份，除所接負載爲日光燈等放電管燈者外（因中性線在放電管燈之負載有第三諧波之電流通行），在計算上得用 70 ％之需量率

表 6-4　額定超過 1.75kW 之電爐、壁爐及其他烹飪用電器具之需量負載表

器具之數量	最大需量 A 行 (額定超過 8kW 而不超過 12kW 者)	需　量　因　數	
		B 行 (額定低於 3.5kW 者)	C 行 (額定在 3.5kW 至 8.75kW 者)
1	8 kW	80%	80%
2	11 kW	75%	65%
3	14 kW	70%	55%
4	17 kW	66%	50%
5	20 kW	62%	45%
6	21 kW	59%	43%
7	22 kW	56%	40%
8	23 kW	53%	36%
9	24 kW	51%	35%
10	25 kW	49%	34%
11	26 kW	47%	32%
12	27 kW	45%	32%
13	28 kW	43%	32%
14	29 kW	41%	32%
15	30 kW	40%	32%
16	31 kW	39%	28%
17	32 kW	38%	28%
18	33 kW	37%	28%
19	34 kW	36%	28%
20	35 kW	35%	28%
21	36 kW	34%	26%
22	37 kW	33%	26%
23	38 kW	32%	26%
24	39 kW	31%	26%
25	44 kW	30%	26%
26-30	15 kW+電爐數	30%	24%
31-40	×1 kW	30%	22%
41-50	25 kW+電爐數	30%	20%
51-60	×0.75 kW	30%	18%
61 以上		30%	16%

註：
1. 超過 12 kW 但小於 27 kW，且額定相同之電爐：對於電爐其個別額定超過 12 kW 小於 27 kW 者，其最大需量計算，應將超過 12 kW 部份每超過 1 kW，A 行之最大需量應加 5%。

表 6-5 住宅用衣服乾燥器需量因數

衣服乾燥器數量	需量因數(%)	衣服乾燥器數量	需量因數(%)
1	100	11~13	45
2	100	14~19	40
3	100	20~24	35
4	100	25~29	32.5
5	80	30~34	30
6	70	35~39	27.5
7	65	40	25
8	60		
9	55		
10	50		

6-9 導線管與導線之關係

　　每一導線管所裝幹線或分路導線以 10 根爲限，但控制線及訊號線不在此限；導線管內導線之總截面積（包括導線之包皮部份）佔導線管之截面積（以導線管之實際內徑計算）之百分比不超過表6-5 之規定爲原則

表 6-5 導線佔導線管截面積之百分比

導線根數 / 導線種類	1	2	3	4以上
橡皮線%	53	32	42	40
P.V.C.線%	42	26	34	32

表6-6A　薄導線管、EMT管之選定

線　　徑		導　　　　線　　　　數									
單　線 （mm）	絞　線 （mm²）	1	2	3	4	5	6	7	8	9	10
		導　線　管　最　小　管　徑 （mm）									
1.6		15	15	15	25	25	25	25	31	31	31
2.0	3.5	15	19	19	25	25	25	31	31	31	31
2.6	5.5	15	25	25	25	31	31	31	31	39	39
	8	15	25	25	31	31	39	39	39	51	51
	14	15	25	31	31	39	39	51	51	51	51
	22	19	31	31	39	51	51	51	51	63	63
	30	19	39	39	51	51	51	63	63	63	63
	38	25	39	39	51	51	63	63	63	63	75
	50	25	51	51	51	63	63	75	75	75	75
	60	25	51	51	63	63	75	75	75		
	80	31	51	51	63	75	75	75			
	100	31	63	63	75	75					
	125	39	63	63	75						
	150	39	63	75	75						
	200	51	75	75							
	250	51	75								
	325	51									
	400	51									
	500	63									

註：1. 導線 1 條適用於設備之接地線及直流電路。

　　2. 薄導線管之管徑 CNS 規定以外徑表示。

表 6-6 B　非金屬管管徑之選定（硬質 PVC 管）

線　　徑		導　　　　線　　　　數									
單　線（mm）	絞　線（mm²）	1	2	3	4	5	6	7	8	9	10
		非　金　屬　管　最　小　管　徑（mm）									
1.6		12	12	12	16	16	20	20	28	28	28
2.0	3.5	12	12	16	16	20	20	28	28	28	28
2.6	5.5	12	16	16	20	28	28	28	35	35	35
	8	12	20	20	28	28	35	35	35	41	41
	14	12	20	28	28	35	35	41	41	41	52
	22	16	28	35	35	41	41	52	52	52	65
	30	16	35	35	41	41	52	52	52	65	65
	38	16	35	35	41	52	52	52	65	65	65
	50	20	41	41	52	52	65	65	65	80	80
	60	20	41	52	52	65	65	65	80	80	80
	80	28	52	52	65	65	65	80	80		
	100	28	52	65	65	80	80				
	125	35	65	65	65	80					
	150	35	65	65	80						
	200	41	65	80	80						
	250	41	80	80							
	325	52									
	400	52									
	500	65									

註：管徑根據 CNS 規定以內徑表示。

表 6-6 C　厚導線管之選定

線　徑		導　　　線　　　數									
單　線	絞　線	1	2	3	4	5	6	7	8	9	10
（mm）	（mm²）	導　線　管　最　小　管　徑（mm）									
1.6		16	16	16	16	22	22	22	28	28	28
2.0	3.5	16	16	16	22	22	22	28	28	28	28
2.6	5.5	16	16	22	22	28	28	28	36	36	36
	8	16	22	22	28	28	36	36	36	36	42
	14	16	22	28	28	36	36	36	42	42	54
	22	16	28	28	36	42	42	54	54	54	54
	30	16	36	36	36	42	54	54	54	70	70
	38	22	36	36	42	54	54	54	70	70	70
	50	22	36	42	54	54	70	70	70	70	82
	60	22	42	42	54	70	70	70	70	82	82
	80	28	42	54	54	70	70	82	82	82	92
	100	28	54	54	70	70	82	82	92	92	104
	125	36	54	70	70	82	82	92	104	104	
	150	36	70	70	82	82	92	104	104		
	200	36	70	70	82	92	104				
	250	42	82	82	92	104					
	325	54	82	92	104						
	400	54	92	92							
	500	54	104	104							

註：1. 導線 1 條適用於設備之接地線及直流電路。

　　2. 厚導線管之管徑根據 CNS 規定以內徑表示。

，以表6-5之規定換算如表6-6A及6-6B、6-6C以利實際之應用。

6-10　電灯配線設計實例

【例3】　某住宅用戶其地面面積 100 m²，不包括不住人之地下室及未完成頂屋及露台，該戶設有 10 kw 電灶一台；以單相三線式 110 V / 220 V 供電按硬質塑膠管配線，試設計其屋內幹線及分路？

【解】　計算負載：（查表5-23）

　　　㈠　一般電燈負載：$20W/m^2 \times 100\,m^2 = 2000W$（含小型電具）電燈所需最少分路數 $= \dfrac{2000}{110 \times 15} = 1.21$，故採用單相二線制 110 V 15 A 二分路。

　　　㈡　專用插座分路採用單相二線制 110 V 20 A 一分路，其負載估計爲 1500 W。

計算幹線負載：

一般電燈負載……………………………………………… 2000 W

專用插座負載……………………………………………… 1500 W

小計（不包括電灶）……………………………………… 3500 W

3000 VA 按表6-3可查出需量率 100％………… 3000 W

3500 － 3000 ＝ 500 W 按 35％之需量率………… 175 W

淨計值（電灶不包括在內）……………………………… 3175 W

電灶負載（查表6-4）…………………………………… 8000 W

總　　計………………………………………………………11175 W

以單相三線制 110 V / 220 V 供電，其總負載 11175 / 220 = 50.8 A 故最小幹線應能承擔 51A 之電流，故非接地幹線應選用 22 mm² 之導線（由表3-3查出 22 mm² 三根之安全電流 60 A ＞ 51 A），中性線導線最小需承擔 $51 \times 0.7 =$

35.7 A ，故中性線最小14mm² 者(因諧波關係中性線線徑
與非接地導線相同為宜)。其單線圖如下:(無熔絲開關之 IC
（啓斷電流容量）參閱表1 - 1 ，其配電箱接線圖如圖6-1所
示。管徑由表6-6B可查出。（管徑之單位現已改為 mm 為
單位，請讀者將單線圖之英制單位與公制互換）

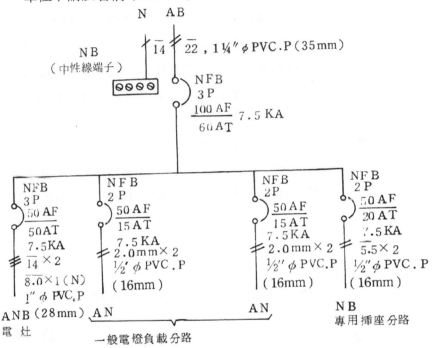

圖 6-1　例三之配電箱接線圖

【例4】 某住宅用戶其地面面積150m²，不包括不住人之地下室及露台
，該戶設有¾ 馬力之抽水機一台，12 kw電灶一個，若配線按
硬質塑膠管配線，供電方式為1ϕ 3W 110V/ 220V 供電，試
設計幹線及分路？

【解】 計算負載：（查表5 - 23）

一般電燈負載（含小型電具負載）：$20W/m^2 \times 150 =$

3000W供電電壓110V，故15A分路數為：$\dfrac{3000}{110 \times 15}$

　　　　＝1.82，採用二分路，最小導線採用 2.0mm 。

㈡　專用插座分路：住宅面積 150m² 超過 50m²，故應設一
　　個以上之 20 A 專用插座分路，負載以 1500 W 計算，故
　　應設 110 V 20 A 一分路，最小採用 5.5mm² 之導線，（
　　查表 3 - 3 ）。

㈢　¾馬力抽水機負載：若此抽水機係由單相二線制 110 V 單
　　相感應電動機帶動，則滿載電流爲 12 A（ 請參閱第七章 ）
　　，分路載流量宜大於馬達滿載電流之 1.5 倍，即分路額定
　　爲 12 × 1.5 ＝ 18 A，採用 1ϕ110 V 20 A 一分路，最小
　　導線選用 5.5mm²，而此馬達在幹線負載計算時應爲 110
　　× 12 × 1.5 ＝ 1980 W 。

㈣　電灶負載：此電灶應計算之負載爲 8 kw（ 由表 6 - 4 之 A
　　行 ），其額定負載爲 12 kw 以 110 V / 220 V 1ϕ3 W 供電，

　　則負載電流 ＝ $\dfrac{12 \times 10^3}{220}$ ＝ 54.54 A，故應以 1ϕ3W 60

　　A 一分路供電，非接地導線之最小承擔電流爲 54.54A，由
　　表 3 - 3 查出需使用 22mm² 之絞線，中性線電流爲非接地

　　線電流之 70 %，即 $\dfrac{8 \times 10^3 \times 0.7}{220}$ ＝ 25.45A，故中性

　　線最小使用 8.0mm² 。

㈤　幹線負載之計算：

　　1.　一般照明（ 含小型電具 ）負載……………………3000 W
　　2.　專用插座分路……………………………………………1500 W
　　　　小　計…………………………………………………………4500 W
　　　　3000 W 按表 6- 3 查出需量率 100% 即………3000 W
　　　　4500 － 3000 ＝1500，按 35 % 之需量率得…525 W
　　3.　¾馬力抽水機負載………………………………………1980 W
　　4.　電灶負載（ 查表 6 - 4 A行 ）………………………8000 W

總負載＝3000＋525＋1980＋8000＝13505VA

（六）非接地幹線之線徑：總負載 13505 W 以 100 V / 200 V 供電，則電流為 13505 / 220 ＝ 61.39A，故應選用 75 A 之過電流保護設備，最小線徑由表（3-3）查出應為 30 mm² 之絞線。

（七）中性幹線之線徑求法如下：

一般照明（含小型電具）及專用插座分路…3000 W＋
525 W

¾馬力抽水機負載……………………………1980 W

電灶負載按 70 ％計即（8000 × 0.7）得…5600 W

中性幹線之負載為 3000 ＋ 525 ＋ 1980 ＋ 5600　即

11105 W，以 1φ3 W　110V / 220V 供電，則中性線電

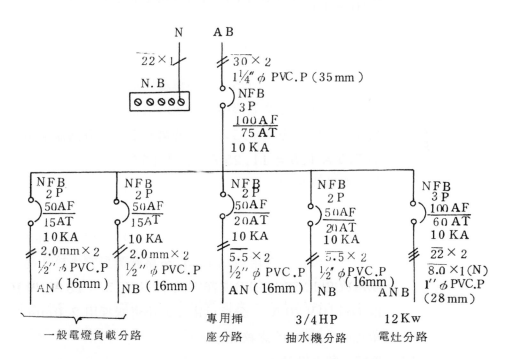

圖6-2　例四之配電箱接線圖

流 $= \dfrac{11105}{220} = 50.48$ A ，故中性幹線最小使用 22mm²
但因目前諧波較大，建議中性線採用與非接地導線相同為
宜，其配電箱接線圖如圖6-2所示。

【例5】 某商店之地面總面積 200m²，除照明用電外，尚有 1φ 220V
1 馬力冷氣機三台及 1φ110V ¾ 馬力之抽水機一台，若按金
屬管配線，供電方式為 1φ3W 110V/ 220V ，試設計其幹線
及分路

【 解 】 計算負載：（由表5-23）

　　　㈠　一般照明用負載（含小型電具）： 30W/m² × 200 =

　　　　　6000 W，供電電壓 1φ110V，故 15 A 分路數為：

　　　　　$\dfrac{6000}{110 \times 15} = 3.64$，採用四分路，最小導線採用 2.0

　　　　　mm；若採用 1φ110V 20 A 之分路數為： $\dfrac{6000}{110 \times 20} =$

　　　　　2.73 ，則採用 3 分路，最小導線採用 2.0mm 之單線。

　　　㈡　冷氣機負載：此冷氣機由 1φ220V單相感應電動機 1 馬力
　　　　　帶動，其滿載電流 7.5 A（參閱第七章），分路額定電流
　　　　　為 7.5 × 1.5 = 11.25 A，採用15A分路，每台冷氣機
　　　　　以一分路供電為原則，共三台冷氣機，故需 15A1φ220
　　　　　V 三分路供電，最小導線採用 2.0mm 。

　　　㈢　¾馬力抽水機負載：此抽水機由 1φ110V¾馬力單相感應
　　　　　電動機帶動，滿載電流為 12 A,分路載流量宜大於馬達滿
　　　　　載電流之 1.5 倍，即分路額定為 12 × 1.5 = 18A，故應
　　　　　以 1φ110V 20A 一分路供電，最小導線採用 2.0mm 之
　　　　　單線或 3.5mm² 之絞線。

　　　㈣　幹線負載之計算：

1.　一般照明（含小型電具）之負載……………6000 W

3000 W 按表 6-3 查出需量率 100 %，即…3000 W

6000 − 3000 = 3000 W，按 35 %之需量率，即

……1050 W

小計　　　　　　　　　　　　　4050 W

2.　冷氣機負載：（ 220 × 7.5 × 1.5 ）+（ 220 × 7.5

）× 2 ………………… 5775 W

3.　抽水機負載：12 × 1.5 × 110 ………1980 W

總淨負載為：（ 4050 + 5775 + 1980 ）= 11805W

㈤　非接地幹線之線徑：總負載 11805 W，以 1 φ 3 W 110 V

/ 220V 供電，則電流 = $\dfrac{11805}{220}$ = 53.66 A ，故應選

用 60 A 之過載保護器，最小使用 22 mm² 之絞線。

㈥　中性幹線之線徑：中性幹線負載為（ 3000 + 1050 + 1980

）= 6030VA，以 1 φ 3 W 110 V / 220V 供電，則中性線

電流為 $\dfrac{6030}{220}$ = 27.41A，但中性線之安全電流不得小於非

接地線之 70 %，故最小線徑採用 14 mm²之絞線其配電箱

接線圖如圖 6-3 所示。

註：若考慮將來負載增設，則幹線皆以全負載之電流來選用導

線之線徑，一般實際設計圖面皆不考慮需量率，以容許部

份增設負載而不必更換幹線之線徑。

單相三線制、三相四線制之中性線線徑，因目前及將來電

力諧波皆會增大，故建議中性線之線徑與線路之線徑相同

較佳。

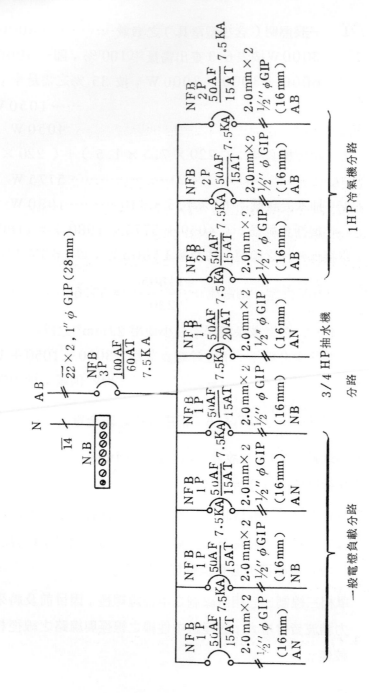

圖 6-3 例五之配電箱接線圖

習題六

1. 試說明電燈分路之種類？

2. 電燈之供電如何選擇？

3. 某住宅用戶（單獨住宅）面積 $80m^2$，$1\phi110V$ ¾HP抽水機一台1 HP冷氣機（ $1\phi220V$ ）一台，以 $1\phi3W110V/220V$ 供電，採硬質PVC管配線，試設計其幹線及分路？

4. 某辦公室面積 $300m^2$，以 $1\phi3W110V/220V$ 供電，金屬管配線試設計其幹線及分路？

5. 某工廠面積 $800m^2$，以 $3\phi4W120V/208V$ 供電按硬質PVC管，試設計其電燈幹線及分路？

7

電動機分路設計

7-1 感應電動機之種類

　　一般工業用電動機（馬達）大部份皆為感應電動機，此乃由於感應電動機具有結構簡單堅固、價格低廉、起動轉矩及特性佳（三相電動機），起動及控制設備簡單價廉，故廣為一般工廠所喜用，感應電動機分為單相及三相感應電動機。

　　三相感應電動機分為：普通鼠籠型感應電動機、1號特種鼠籠型感應電動機、2號特種鼠籠型感應電動機、線繞轉子型感應電動機。

　　單相感應電動機分為：剖相起動型電動機、電容起動型電動機、推斥啟動型電動機、罩極啟動型電動機。

　　感應電動機由外殼之結構可分為：裸裝型（開放型）、半封閉型、全封閉型、全封閉外扇型等。其額定電壓可分為低壓感應電動機及高壓感應電動機。

7 - 2　感應電動機之特性

　　台灣地區之電壓頻率皆為 60 Hz ，感應電動機之絕緣分為 A 類及 E 類；三相感應電動機之個性必須符合中華民國國家標準CNS-1056-C112，三相低壓感應電動機之特性如下：

(1)　額定電壓：常用之三相感應電動機之額定電壓有 220 V 、 380 V 、 440 V 等 ，但以 3φ 3W 220 V 最為普遍 。

(2)　額定輸出：電動機之額定輸出皆記載於銘牌上 ，通常以 KW 或 HP 表示 。

(3)　使用電壓變動率：一般電動機接線端之電壓若變動± 10％ 在實用上應無不良的影響 。

　　三相高壓感應電動機之特性如下：

(1)　轉矩：高壓特種鼠籠型感應電動機中之特種鼠籠型係為限制其啟動電流或增加其啟動轉矩而具有的特殊轉子結構 。1 號特種鼠籠型感應電動機之啟動轉矩須為全載轉矩之 100％以上 ， 2 號特種鼠籠型感應電動機之啟動轉矩須為全載轉矩之 150％以上 。

(2)　額定電壓：高壓三相感應電動機之額定電壓常用者為 60 Hz 3300 V ，若頻率 50 Hz 之地區則為 3000 V 。

(3)　額定輸出：額定輸出為在額定電壓及頻率下 ，電動機軸連續產生之輸出功率 ，通常以 kw 或 HP 表示 。

(4)　電壓變動率：供電電壓若有± 10％ 之變動情況內在實用上應無不良影響 。

　　單相感應電動機之特性：

(1)　額定電壓：單相感應電動機之額定電壓有 110 V ， 220 V 及 110 V／ 220 V 皆能使用 ，但以 110 V／ 220 V 二種電壓皆通用者較為普遍 。

(2)　額定輸出：台電規定單相電動機使用 110 V 者 ，馬達輸出不得超過 1.1 kw ，若超過 1.1 kw 者必須使用 220 V 供電 ，但單相 220 V 供電之電動機之輸出不得超過 2.2 kw 。

(3) 電壓變動率：單相電動機接線端之電壓若有 ± 10 % 之變動，在實用上應無不良影響。

茲將感應電動機之各種特性列於表 7-1～表 7-13 。

表 7-1　單相感應電動機

種類	額定輸出		極數	同步速率(R.P.M)		滿載特性			開動電流	參考值
	KW	HP(參考值)		50 c/s	60 c/s	效率 η(%)	功率因數Pf(%)	電流 I(A)	Ist(A)	無負載電流 Io(A)
分相開動型	0.1	1/8				45以上	50以上	3.7以下	25以下	3.3
	0.2	1/4				55以上	56以上	5.5以下	33以下	5.0
拒力開動型	0.1	1/8				45以上	50以上	3.7以下	15以下	3.3
	0.2	1/4				55以上	56以上	5.5以下	20以下	5.0
	0.4	1/2				62以上	62以上	8.6以下	30以下	7.3
電容器開動型	0.1	1/8	4	1,500	1,800	45以上	50以上	3.7以下	22以下	3.3
	0.2	1/4				55以上	56以上	5.5以下	30以下	5.0
	0.3	1/3				58以上	58以上	7.2以下	35以下	6.0
	0.4	1/2				62以上	62以上	8.6以下	40以下	7.3
	0.6	3/4				65以上	65以上	12以下	58以下	8.0
	0.75	1				68以上	68以上	15以下	72以下	9.4
	1.1	1 1/2				68.5以上	68.5以上	22以下	98以下	13
	1.5	2				69以上	69以上	28以下	134以下	18
	2.2	3				70以上	70以上	44以下	188以下	27
	3.7	5				70以上	70以上	70以下	280以下	44

註：上表滿載電流，開動電流，無負載電流係額定電壓為 110 V ，如額定電壓為 EV 時，其值應乘以 110／E 。

表 7-2 低壓普通鼠籠型電動機

裸裝型，半封閉型，全封閉型（註），全封閉外扇型

額定輸出		極數	同步速率(rpm)		滿載特性		開動電流 Ist（各相之平均值）(A)	參考值		
KW	HP（參考）值		50 c/s	60 c/s	效率η(%)	功率因數 Pf(%)		無負載電流 I₀（各相之平均值）(A)	滿載電流 I（各相之平均值）(A)	滿載轉差率 S(%)
0.2	¼	2	3000	3600	65.5以上	73.5以上	7以下	0.7	1.0	9.5
0.4	½				70.5〃	77.5〃	15〃	1.0	1.8	8.0
0.75	1				74.0〃	80.5〃	25〃	1.5	3.2	7.0
1	1.5				75.5〃	81.5〃	32〃	1.9	4.1	7.0
1.5	2				78.0〃	83.0〃	45〃	2.6	5.8	6.5
2.2	3				79.5〃	84.0〃	65〃	3.5	8.3	6.0
3.7	5				82.0〃	85.0〃	105〃	5.5	14	5.5
0.2	¼	4	1500	1800	67.0〃	60.0〃	6〃	0.9	1.3	10.0
0.4	½				71.5〃	66.5〃	12〃	1.5	2.1	8.5
0.75	1				75.0〃	73.0〃	21〃	2.3	3.5	7.5
1	1.5				76.5〃	74.5〃	27〃	2.8	4.5	7.5
1.5	2				78.5〃	77.0〃	38〃	3.7	6.2	7.0
2.2	3				80.5〃	79.0〃	55〃	4.9	8.6	6.5
3.7	5				82.5〃	80.0〃	88〃	7.4	14	6.0
0.4		6	1000	1200	70.5〃	59.0〃	13〃	2.0	2.4	9.5
0.75	1				74.0〃	66.5〃	22〃	2.9	3.8	8.0
1	1.5				75.5〃	68.5〃	28〃	3.5	4.8	8.0
1.5	2				78.0〃	71.5〃	40〃	4.7	6.7	7.5
2.2	3				79.5〃	73.5〃	59〃	6.2	9.1	6.5
3.7	5				82.0〃	75.5〃	95〃	9.0	15	6.0
0.75	1	8	750	900	71.5〃	61.5〃	25〃	3.2	4.3	9.0
1	1.5				73.5〃	64.5〃	31〃	3.8	5.3	8.0
1.5	2				76.0〃	68.0〃	43〃	5.1	7.3	7.5
2.2	3				78.0〃	71.0〃	59〃	6.5	10	7.0
3.7	5				80.0〃	74.5〃	91〃	9.5	16	6.5

註：全封閉型僅額定輸出為 0.4 KW以下者適用之。

表 7-3　低壓1號特種鼠籠型電動機

裸裝型，半封閉型

額定輸出		極數	同步速率(rpm)		滿載特性		開動電流 Ist（各相之平均值）(A)	參考值		
KW	HP（參考值）		50 c/s	60 c/s	效率η(%)	功率因數 Pf(%)		無負載電流I₀（各相之平均值）(A)	滿載電流I（各相之平均值）(A)	滿載轉差率 S(%)
5.5	7.5				83.0以上	83.0以上	140以下	7.6	20	5.5
7.5	10				84.0〃	84.0〃	185〃	10	26	5.5
11	15				85.0〃	85.0〃	270〃	14	38	5.0
15	20				86.0〃	85.5〃	355〃	18	51	5.0
(19)	(25)	2	3000	3600	86.5〃	86.0〃	435〃	22	65	5.0
22	30				87.0〃	86.5〃	520〃	26	73	4.5
30	40				87.5〃	87.0〃	690〃	34	98	4.5
37	50				88.0〃	87.5〃	845〃	41	120	4.5
5.5	7.5				84.0〃	81.5〃	120〃	10	20	5.5
7.5	10				84.5〃	82.5〃	155〃	13	27	5.5
11	15				85.5〃	83.0〃	225〃	18	39	5.5
15	20				86.0〃	83.5〃	300〃	23	52	5.0
(19)	(25)	4	1500	1800	86.5〃	84.0〃	370〃	28	65	5.0
22	30				87.0〃	84.5〃	435〃	32	75	5.0
30	40				87.5〃	85.0〃	580〃	42	101	5.0
37	50				88.0〃	85.5〃	715〃	49	123	5.0
5.5	7.5				83.0〃	77.0〃	120〃	12	22	5.5
7.5	10				84.0〃	78.0〃	160〃	15	28	5.5
11	15				85.0〃	79.5〃	230〃	21	41	5.5
15	20				85.5〃	80.5〃	305〃	26	55	5.5
(19)	(25)	6	1000	1200	86.0〃	81.5〃	375〃	31	68	5.0
22	30				86.5〃	82.0〃	440〃	36	77	5.0
30	40				87.0〃	82.5〃	590〃	45	105	5.0
37	50				87.5〃	83.0〃	730〃	55	125	5.0
5.5	7.5				82.5以上	74.5以上	125以下	13	23	6.0
7.5	10				83.5〃	75.5〃	170〃	16	30	5.5
11	15				84.5〃	77.0〃	240〃	22	42	5.5
15	20				85.0〃	78.0〃	325〃	27	56	5.5
(19)	(25)	8	750	900	85.5〃	79.0〃	395〃	33	70	5.5
32	30				86.0〃	79.5〃	465〃	37	80	5.0
30	40				87.0〃	80.0〃	620〃	47	105	5.0
37	50				87.5〃	80.5〃	765〃	58	130	5.0

表 7-4 低壓 1 號特種鼠籠型電動機

封閉外扇型

額定輸出		極數	同步速率(rpm)		滿載特性		開動電流 Ist（各相之平均值）(A)	參考值		
KW	HP（參考值）		50 c/s	60 c/s	效率η(%)	功率因數 Pf(%)		無負載電流 I。（各相之平均值）(A)	滿載電流 I（各相之平均值）(A)	滿載轉差率 S(%)
5.5	7.5				83.0以上	82.5以上	155以下	8	20	5.5
7.0	10				84.0〃	83.5〃	200〃	10	26	5.5
11	15				85.0〃	84.5〃	295〃	14	38	5.0
15	20				86.0〃	85.0〃	385〃	17	51	5.0
(19)	(25)	2	3000	3600	86.5〃	85.5〃	480〃	22	65	5.0
22	30				87.0〃	86.0〃	570〃	26	74	4.5
30	40				87.5〃	86.5〃	765〃	37	99	4.5
37	50				88.0〃	87.0〃	910〃	41	120	4.5
5.5	7.5				84.0〃	80.5〃	130〃	11	20	5.5
7.5	10				84.5〃	81.5〃	175〃	13	29	5.5
11	15				85.5〃	82.0〃	250〃	19	39	5.5
15	20				86.0〃	82.5〃	330〃	25	53	5.0
(19)	(25)	4	1500	1800	86.5〃	83.0〃	410〃	29	66	5.0
32	30				87.0〃	83.5〃	485〃	34	75	5.0
30	40				87.5〃	84.0〃	635〃	44	102	5.0
37	50				88.0〃	84.5〃	790〃	52	125	5.0
5.5	7.5				83.0〃	76.5〃	125〃	13	22	5.5
7.5	10				84.0〃	77.5〃	170〃	16	29	5.5
11	15				85.0〃	79.0〃	245〃	22	41	5.5
15	20				85.5〃	80.0〃	325〃	26	55	5.5
(19)	(25)	6	1000	1200	86.0〃	81.0〃	400〃	32	68	5.0
22	30				86.5〃	81.5〃	475〃	36	78	5.0
30	40				87.5〃	82.0〃	625〃	46	105	5.0
37	50				87.5〃	82.5〃	775〃	55	128	5.0
5.5	7.5				82.5〃	74.0〃	135〃	14	23	6.0
7.5	10				83.5〃	75.0〃	180〃	17	30	5.5
11	15				84.5〃	76.5〃	255〃	22	43	5.5
15	20				85.0〃	77.5〃	335〃	27	57	5.5
(19)	(25)	8	750	900	85.5〃	78.5〃	415〃	33	71	5.5
22	30				86.0〃	79.0〃	490〃	37	81	4.0
30	40				87.0〃	79.5〃	645〃	47	108	4.0
37	50				87.5〃	80.0〃	805〃	57	132	4.0

表 7-5　低壓 2 號特種鼠籠型電動機

裸型裝，半封閉型

額定輸出		極數	同步速率(rpm)		滿載特性		開動電流 Ist (各相之平均值)(A)	參考值		
KW	HP(參考值)		50 c/s	60 c/s	效率η(%)	功率因數 Pf(%)		無負載電流 I。(各相之平均值)(A)	滿載電流 I(各相之平均值)(A)	滿載轉差率 S(%)
5.5	7.5				82.5以上	79.5以上	135以下	11	21	5.5
7.5	10				83.5 〃	80.5 〃	175 〃	14	28	5.5
11	15				84.5 〃	81.5 〃	255 〃	20	40	5.5
15	20				85.5 〃	82.0 〃	335 〃	25	54	5.0
(19)	(25)	4	1500	1800	86.0 〃	82.5 〃	415 〃	30	67	5.0
22	30				86.5 〃	83.0 〃	490 〃	35	76	5.0
30	40				87.0 〃	83.5 〃	645 〃	45	103	5.0
37	50				87.5 〃	84.0 〃	795 〃	54	125	5.0
5.5	7.5				82.0 〃	74.5 〃	135 〃	14	23	5.5
7.5	10				83.0 〃	75.5 〃	170 〃	17	30	5.5
11	15				84.0 〃	77.0 〃	265 〃	23	43	5.5
15	20				85.0 〃	78.0 〃	345 〃	29	56	5.5
(19)	(25)	6	1000	1200	85.5 〃	78.5 〃	425 〃	34	71	5.0
22	30				86.0 〃	79.0 〃	505 〃	39	81	5.0
30	40				86.5 〃	80.0 〃	665 〃	49	108	5.0
37	50				87.0 〃	80.5 〃	820 〃	59	132	5.0
5.5	7.5				81.0 〃	72.0 〃	145 〃	15	24	6.0
7.5	10				82.0 〃	74.0 〃	190 〃	18	31	5.5
11	15				83.5 〃	75.5 〃	275 〃	24	44	5.5
15	20				84.0 〃	76.5 〃	370 〃	30	58	5.5
(19)	(25)	8	750	900	85.0 〃	77.0 〃	440 〃	35	73	5.5
22	30				85.5 〃	77.5 〃	525 〃	41	83	5.0
30	40				86.5 〃	78.5 〃	690 〃	51	110	5.0
37	50				87.0 〃	79.0 〃	855 〃	62	135	5.0

表 7-6　低壓 2 號特種鼠籠型電動機

全封閉外扇型

額定輸出		極	同步速率（rpm）		滿載特性		開動電流 Ist（各相之平均值）（A）	參考值		
KW	HP（參考值）	數	50 c/s	60 c/s	效率η（%）	功率因數 Pf（%）		無負載電流I。（各相之平均值）（A）	滿載電流 I（各相之平均值）（A）	滿載轉差率 S（%）
5.5	7.5				82.5 以上	78.5以上	150以下	12	21	5.5
7.0	10				83.5 〃	79.5 〃	190 〃	15	28	5.5
11	15				84.5 〃	80.5 〃	280 〃	21	40	5.5
15	20				85.5 〃	81.0 〃	370 〃	26	55	5.0
(19)	(25)	4	1500	1800	86.0 〃	81.5 〃	455 〃	32	68	5.0
22	30				86.5 〃	82.0 〃	540 〃	36	77	5.0
30	40				87.0 〃	82.5 〃	710 〃	47	105	5.0
37	50				87.5 〃	83.0 〃	875 〃	56	127	5.0
7.5	7.5				82.0 〃	73.5 〃	145 〃	14	23	5.5
7.5	10				83.0 〃	74.5 〃	190 〃	17	30	5.5
11	15				84.0 〃	76.0 〃	275 〃	24	43	5.5
15	20				85.0 〃	77.0 〃	370 〃	30	57	5.5
(19)	(25)	6	1000	1200	85.5 〃	78.0 〃	445 〃	35	71	5.0
22	30				86.0 〃	78.5 〃	525 〃	40	82	5.0
30	40				86.5 〃	79.5 〃	705 〃	51	109	5.0
37	50				87.0 〃	80.0 〃	865 〃	61	133	5.0
5.5	7.5				81.0 〃	72.0 〃	155 〃	15	24	6.0
7.5	10				82.0 〃	73.0 〃	200 〃	18	31	5.5
11	15				83.5 〃	74.5 〃	295 〃	25	45	5.5
15	20				84.0 〃	75.5 〃	385 〃	31	59	5.5
(19)	(25)	8	750	900	85.0 〃	76.5 〃	470 〃	36	73	5.5
22	30				85.5 〃	77.0 〃	550 〃	42	84	5.0
30	40				86.5 〃	78.0 〃	730 〃	52	111	5.0
37	50				87.0 〃	78.5 〃	900 〃	62	135	5.0

表7-7　低壓線繞轉子型電動機

裸裝型，半封閉型，全封閉外扇型

額定輸出		極數	同步速率（rpm）		滿載特性		開動電流 Ist（各相之平均值）（A）	參考值		
KW	HP（參考值）		50 c/s	60 c/s	效率η（%）	功率因數Pf(%)		無負載電流I。（各相之平均值）（A）	滿載電流I（各相之平均值）（A）	滿載轉差率S（%）
5.5	7.5				83.5以上	79.5以上	38	11	21	5.5
7.5	10				84.5〃	80.0〃	51	13	28	5.5
11	15				85.5〃	81.5〃	72	17	39	5.5
15	20				58.6〃	82.5〃	95	23	53	5.0
(19)	(25)	4	1500	1800	87.0〃	83.0〃	115	27	65	5.0
22	30				87.5〃	83.5〃	140	32	75	5.0
30	40				88.0〃	84.5〃	180	40	110	5.0
37	50				88.0〃	84.5〃	190	48	125	5.0
5.5	7.5				83.0〃	76.5〃	39	12	22	5.5
7.5	10				84.0〃	78.5〃	52	14	28	5.5
11	15				85.0〃	80.0〃	75	18	40	5.5
15	20				85.5〃	81.0〃	95	24	55	5.0
(19)	(25)	6	1000	1200	86.0〃	81.5〃	120	28	68	5.0
22	30				86.5〃	82.0〃	140	33	77	5.0
30	40				87.5〃	82.5〃	190	44	104	5.0
37	50				87.5〃	83.0〃	200	51	127	5.0
5.5	7.5				82.0〃	73.0〃	42	13	23	6.0
7.5	10				83.0〃	75.0〃	54	15	30	5.5
11	15				84.5〃	77.5〃	76	21	42	5.5
15	20				85.0〃	78.5〃	100	27	56	5.5
(19)	(25)	8	750	900	85.5〃	79.5〃	125	32	70	5.5
22	30				86.0〃	80.0〃	145	35	80	5.0
30	40				87.0〃	81.0〃	190	45	106	5.0
37	50				87.0〃	81.5〃	200	54	130	5.0
5.5	7.5				81.5〃	66.0〃	45	16	25	6.0
7.5	10				82.5〃	68.5〃	58	20	33	5.5
11	15				83.5〃	71.5〃	82	26	46	5.5
15	20				84.0〃	74.0〃	105	33	60	5.5
(19)	(25)	10	600	720	84.5〃	75.0〃	130	37	75	5.5
22	30				85.0〃	76.0〃	155	44	85	5.5
30	40				85.5〃	77.5〃	200	55	113	5.0
37	50				86.0〃	78.5〃	210	64	137	5.0
7.5	10				82.0〃	62.0〃	64	25	37	6.0
11	15				83.0〃	67.0〃	87	31	49	6.0
15	20				83.5〃	69.0〃	115	37	65	5.5
(19)	(25)	12	500	600	84.0〃	71.0〃	135	45	80	5.5
22	30				84.5〃	72.0〃	165	47	90	5.5
30	40				85.0〃	73.0〃	215	61	121	5.5
37	50				85.5〃	74.5〃	265	73	145	5.0

※號係指開動時之負載轉矩爲100%或以下時之開動電流⌊開動變阻器在第一缺口（Notch）處之時電流⌉之標準值。

表 7-8 高壓 1 號特種鼠籠型電動機裸裝型，封閉型

額定輸出（KW）	極數	同步速率（rpm）		滿載特性		開動電流 Ist（各相之平均值）（A）	參 考 值		
		50 c/s	60 c/s	效率 η（%）	功率因數 Pf(%)		無負載電流 I。（各相之平均值）（A）	滿載電流 I（各相之平均值）（A）	滿載轉差率 S（%）
(37)	4	1500	1800	87.5	84.0	47	4.1	9.7	4.5
40				88.0	84.5	49	4.2	10.3	4.5
50				89.0	85.5	60	4.9	12.6	4.0
(55)				89.5	86.0	66	5.2	13.3	4.0
60				89.5	86.0	71	5.6	15.0	4.0
75				90.0	86.5	88	6.6	18.5	4.0
100				90.5	87.5	115	8.1	24.3	3.5
(110)				90.5	87.5	125	8.7	26.7	3.5
125				91.0	88.0	145	9.6	30.0	3.5
150				91.5	88.5	170	10.9	35.6	3.2
200				92.0	89.0	225	13.5	47.0	3.2
(37)	6	1000	1200	87.0	82.5	47	4.4	9.9	4.5
40				87.5	83.0	50	4.6	10.6	4.5
50				88.5	84.5	61	5.3	12.9	4.5
(55)				89.0	85.0	67	5.7	14.0	4.5
60				89.0	85.0	73	6.0	15.3	4.5
75				89.5	85.5	·90	6.9	18.9	4.0
100				90.0	86.5	115	8.5	24.7	4.0
(110)				90.0	86.5	130	9.1	27.2	3.5
125				90.5	87.0	145	10.0	30.6	3.5
150				91.0	87.5	170	11.4	36.3	3.5
200				91.5	88.0	225	14.1	47.8	3.2
(37)	8	750	900	86.5	79.5	47	5.1	10.4	4.5
40				87.0	80.0	50	5.3	11.1	4.5
50				88.0	81.5	60	6.1	13.4	4.5
(55)				88.5	82.0	66	6.6	14.6	4.5
60				88.5	82.5	71	6.9	15.8	4.5
75				89.0	83.5	87	8.1	19.4	4.0
100				89.5	84.5	115	10.0	25.4	4.0
(110)				89.5	85.0	125	10.8	27.8	4.0
125				90.0	85.5	140	11.6	31.3	4.0
150				90.5	86.0	165	13.2	37.1	3.5
200				91.0	86.5	220	16.5	48.9	3.5
(37)	10	600	720	86.0	76.0	49	5.9	10.9	4.5
40				86.5	76.5	52	6.1	11.6	4.5
50				87.5	78.0	63	7.1	14.1	4.5
(55)				88.0	78.5	69	7.8	15.3	4.5
60				88.0	79.0	75	8.1	16.6	4.5
75				88.5	80.0	92	9.6	20.4	4.5
100				89.0	81.5	120	11.7	26.5	4.0
(110)				89.0	82.0	130	12.6	29.0	4.0
125				89.5	82.5	145	13.7	32.6	4.0

額定輸出	極數	50 c/s	60 c/s	效率η	功率因數Pf	開動電流Ist	無負載電流I₀	滿載電流I	滿載轉差率S
150				90.0	83.0	175	15.8	38.6	3.5
200				90.5	84.0	230	19.4	50.6	3.5
(37)				85.5	72.0	52	6.9	11.6	5.0
40				86.0	72.5	55	7.1	12.3	5.0
50				87.0	74.0	67	8.4	14.9	5.0
(55)				87.5	75.0	72	8.9	16.1	4.5
60				88.0	75.5	79	9.4	17.5	4.5
75	12	500	600	88.5	77.0	96	11.0	21.3	4.5
100				88.5	78.5	125	13.5	27.7	4.0
(110)				89.0	79.0	135	14.7	30.3	4.0
125				89.0	79.5	155	15.9	34.0	4.0
150				89.5	80.0	180	18.4	40.3	3.5
200				90.0	81.0	240	22.9	52.8	3.5

註：上表所列之開動電流，無負載電流及全負載電流，係額定電壓為 3000 之值，如額定電壓為 E（V）時，其值應乘以 $\dfrac{3000}{E}$ 。

表 7-9　高壓 1 號特種鼠籠型電動機全封閉外扇型

額定定輸出（KW）	極數	同步速率（rpm）		滿載特性		開動電流 Ist（各相之平均值）（A）	參考值		滿載轉差率 S（％）
		50 c/s	60 c/s	效率 η（％）	功率因數 Pf（％）		無負載電流 I₀（各相之平均值）（A）	滿載電流 I（各相之平均值）（A）	
(37)				87.5	83.0	49	4.3	9.8	4.0
40				88.0	83.5	53	4.4	10.5	4.0
50				89.0	84.5	64	5.1	12.8	3.5
(55)	4	1500	1800	89.5	85.0	70	5.6	13.9	3.5
60				89.5	85.0	76	5.9	15.2	3.5
75				90.0	85.5	94	7.1	18.8	3.5
(37)				87.0	81.5	50	4.6	10.0	4.0
40				87.5	82.0	54	4.8	10.7	4.0
50				88.5	83.5	65	5.5	13.0	4.0
(55)	6	1000	1200	89.0	84.0	71	6.0	14.2	4.0
60				89.0	84.0	77	6.3	15.4	4.0
75				89.5	84.5	96	7.3	19.1	3.5
(37)				86.5	78.5	50	5.3	10.5	4.0
40				87.0	79.5	53	5.5	11.2	4.0
50				88.0	80.5	65	6.4	13.6	4.0
(55)	8	750	900	88.5	81.0	70	6.9	14.8	4.0
60				88.5	81.5	76	7.2	16.0	4.0
75				89.0	82.5	94	8.5	19.7	3.5

註：上表所列之開動電流，無負載電流及全負載電流，係額定電壓為 3000 V 之值，如額定電壓為 E（V）時，其值應乘以 $\dfrac{3000}{E}$ 。

表7-10　高壓2號特種鼠籠型電動機裸裝型，封閉型

額定輸出 (KW)	極數	同步速率 (rpm)		滿載特性		開動電流 Ist（各相之平均值）（A）	參考值		
		50 c/s	60 c/s	效率η（%）	功率因數Pf（%）		無負載電流I。（各相之平均值）（A）	滿載電流I（各相之平均值）（A）	滿載轉差率S（%）
(37)	4	1500	1800	87.0	82.5	52	4.4	9.9	4.5
40				87.5	83.0	56	4.6	10.6	4.5
50				88.5	84.0	68	5.4	12.9	4.0
(55)				89.0	84.5	74	5.8	14.1	4.0
60				89.0	84.5	81	6.1	15.4	4.0
75				89.5	85.0	100	7.3	19.0	4.0
100				90.0	86.0	130	9.0	24.9	3.5
(110)				90.0	86.0	145	9.7	27.4	3.5
125				90.5	86.5	160	10.7	30.7	3.5
150				91.0	87.0	190	12.2	36.5	3.2
200				91.5	87.5	255	15.4	48.1	3.2
(37)	6	1000	1200	86.5	81.0	54	4.8	10.2	4.5
40				87.0	81.5	57	5.0	10.9	4.5
50				88.0	83.0	69	5.7	13.2	4.5
(55)				88.5	83.5	75	6.1	14.3	4.5
60				88.5	83.5	82	6.5	15.6	4.5
75				89.0	84.0	100	7.6	19.3	4.0
100				89.5	85.0	135	9.4	25.3	4.0
(110)				89.5	85.0	145	10.1	27.8	3.5
125				90.0	85.5	165	11.1	31.3	3.5
150				90.5	86.0	195	12.7	37.1	3.5
200				91.0	86.5	260	15.9	48.9	3.2
(37)	8	750	900	86.0	78.0	53	5.4	10.6	4.5
40				86.5	78.5	57	5.7	11.3	4.5
50				87.5	80.0	69	6.6	13.7	4.5
(50)				88.0	80.5	75	7.1	14.9	4.5
60				88.0	81.0	81	7.4	16.2	4.5
75				88.5	82.0	100	8.7	19.9	4.0
100				89.0	83.0	130	10.8	26.1	4.0
(110)				89.0	83.5	140	11.7	28.5	4.0
125				89.5	84.0	160	12.7	32.0	4.0
150				90.0	84.5	190	14.5	38.0	3.5
200				90.5	85.0	250	18.2	50.0	3.5
(37)	10	600	720	85.5	74.5	56	6.3	11.2	4.5
40				86.0	75.0	60	6.6	11.9	4.5
50				87.0	76.5	73	7.6	14.5	4.5
(55)				87.5	77.0	79	8.3	15.7	4.5
60				87.5	77.5	85	8.7	17.0	4.5
75				88.0	78.5	105	10.3	20.9	4.5
100				88.5	80.0	135	12.6	27.2	4.0
(110)				88.5	80.5	150	13.7	29.7	4.0
125				89.0	81.0	165	14.8	33.4	4.0
150				89.5	81.5	200	17.2	39.6	3.5
200				90.0	82.5	260	21.2	51.8	3.5

表 7-11　高壓 2 號特種鼠籠型電動機全封閉外扇型

額定輸出 (KW)	極數	同步速率 (rpm)		滿載特性		開動電流 Ist（各相之平均值）（A）	參考值		
		50 c/s	60 c/s	效率η (%)	平均因數 Pf(%)		無負載電流 I。（各相之平均值）（A）	滿載電流 I（各相之平均值）（A）	滿載轉差率 S（%）
(37)				87.0	81.5	55	4.6	10.0	4.0
40				87.5	82.0	59	4.8	10.7	4.0
50				88.5	83.0	72	5.6	13.1	3.5
(55)	4	1500	1800	89.0	83.5	78	6.1	14.2	3.5
60				89.0	83.5	85	6.5	15.5	3.5
75				89.5	84.0	105	7.8	19.2	3.5
(37)				86.5	80.0	57	5.0	10.3	4.0
40				87.0	80.5	61	5.2	11.0	4.0
50				88.0	82.0	73	6.0	13.3	4.0
(55)	6	1000	1200	88.5	82.5	80	6.5	14.5	4.0
60				88.5	82.5	87	6.9	15.8	4.0
75				89.0	83.0	105	8.0	15.9	3.5
(37)				86.0	77.0	57	5.7	10.8	4.0
40				86.5	77.5	60	5.9	11.5	4.0
50				87.5	79.0	73	6.8	13.9	4.0
(55)	8	750	900	88.0	79.5	79	7.5	15.1	4.0
60				88.0	80.0	86	7.8	16.4	4.0
75				88.5	81.0	105	9.1	20.1	3.5

註：上表所列之開動電流，無負載電流及全負載電流，係額定電壓爲 3000 V 之值，

如額定電壓爲 E（V）時，其值應乘以 $\dfrac{3000}{E}$ 。

表 7-12 高壓線繞轉子型電動機裸裝型，封閉型

額定輸出（KW）	極數	同步速率（rpm）50 c/s	60 c/s	滿載特性 效率η（%）	功率因數Pf(%)	※開動電流 Ist（各相之平均值）（A）	無負載電流 I。（各相之平均值）（A）	滿載電流 I（各相之平均值）（A）	滿載轉差率 S（%）
(37)				87.5	84.0	14.5	4.1	9.7	4.5
40				88.0	84.5	15.5	4.2	10.3	4.5
50				89.0	85.5	19.0	4.9	12.6	4.0
(55)				89.5	86.0	21.0	5.2	13.8	4.0
60				89.5	86.0	22.5	5.6	15.0	4.0
75	4	1500	1800	90.0	86.5	28.0	6.6	18.5	4.0
100				90.5	87.5	36.5	8.1	24.3	3.5
(110)				90.5	87.5	40.5	8.7	26.7	3.5
125				91.0	88.0	45.0	9.6	30.0	3.5
150				91.5	88.5	52.5	10.9	35.6	3.2
200				92.0	89.0	70.5	13.5	47.0	3.2
(37)				87.0	82.5	15.0	4.4	9.9	4.5
40				87.5	83.0	16.0	4.6	10.6	4.5
50				88.5	84.5	19.5	5.3	12.9	4.5
(55)				89.0	85.0	21.5	5.7	14.0	4.5
60				89.0	85.0	23.0	6.0	15.3	4.5
75	6	1000	1200	89.5	85.5	28.5	6.9	18.9	4.0
100				90.0	86.5	37.0	8.5	24.7	4.0
(110)				90.0	86.5	41.5	9.1	27.2	3.5
125				90.5	87.0	46.0	10.0	30.6	3.5
150				91.0	87.5	54.5	11.4	36.3	3.5
200				91.5	88.0	72.0	14.1	47.8	3.2
(37)				86.5	79.5	15.5	5.1	10.4	4.5
40				87.0	80.0	16.5	5.3	11.1	4.5
50				88.0	81.5	20.0	6.1	13.4	4.5
(55)				88.5	82.0	22.0	6.6	14.6	4.5
60				88.5	82.5	23.5	6.9	15.8	4.5
75	8	750	900	89.0	83.5	30.5	8.1	19.4	4.0
100				89.5	84.5	38.0	10.0	25.4	4.0
(110)				89.5	85.0	42.5	10.8	27.8	4.0
125				90.0	85.5	47.0	11.6	31.3	4.0
150				90.5	86.0	56.0	13.2	37.1	3.5
200				91.0	86.5	73.5	16.5	48.9	3.5
(37)				86.0	76.0	16.5	5.9	10.9	5.0
40				86.5	76.5	17.5	6.1	11.6	5.0
50				87.5	78.0	21.0	7.1	14.1	5.0
(55)				88.0	78.5	23.5	7.8	15.3	4.5
60				88.0	79.0	25.0	8.1	16.6	4.5
75	10	600	720	88.5	80.0	30.0	9.6	20.4	4.5
100				89.0	81.5	40.0	11.7	26.5	4.0
(110)				89.0	82.0	44.5	12.6	29.0	4.0

125				89.5	82.5	49.0	13.7	32.6	4.0
150				90.0	83.0	58.0	15.8	38.6	3.5
200				90.5	84.0	76.0	19.4	50.6	3.5
(37)				85.5	72.0	17.5	6.9	11.6	5.0
40				86.0	72.5	18.5	7.1	12.3	5.0
50				87.0	74.0	22.5	8.4	14.9	5.0
(55)				87.5	75.0	24.5	8.9	16.1	4.5
60				87.5	75.5	26.5	9.4	17.5	4.5
75	12	500	600	88.0	77.0	32.0	11.0	31.3	4.5
100				88.5	78.5	41.5	13.5	27.7	4.0
(110)				88.5	79.0	46.5	14.7	30.3	4.0
125				89.0	79.5	51.0	15.9	34.0	4.0
150				89.5	80.0	60.5	18.4	40.3	3.5
200				90.0	81.0	79.5	22.9	52.8	3.5

※ 號係指開動時之負載轉矩為100%或以下時之開動電流「開動變阻器在第一缺口（Notch）處時之電流」之標準值。

註：上表所列之開動電流，無負載電流及全負載電流，係額定電壓為3000 V之值，如額定電壓為 E（V）時，其值應乘以 $\dfrac{3000}{E}$ 。

7-3 感應電動機之選擇

選擇感應電動機須視使用場所之負載所需之轉矩、轉速及容量而定，兹將選擇方式說明如下：

(1) 依使用場所選用適宜的外殼結構：一般無危險、無塵埃處所可選用裸裝型、半封閉型等；有塵埃及潮濕處所應選用全封閉型或全封閉外扇型；有爆炸性處所採用防爆型電動機。

(2) 單相電動機之使用處所：通常小容量之馬達可選用 110 V 或 220 V 單相感應電動機，但若有三相電源之場所亦宜選用三相感應電動較適宜，因三相感應電動機之運轉特性較佳且價格較便宜。

(3) 選用適宜之電壓：三相感應電動機之容量若在50HP（37kw）以下時宜採用 220V 級之額定電壓；若有380V 或 440 V 三相電源者可選用 150～220kw 者，但通常若容量大於 50HP 者仍以 3.3KV 之電動機較佳。

表 7-13 高壓線繞轉子型電動機全封閉外扇型

額定輸出 (KW)	極數	同步速率 (rpm) 50 c/s	60 c/s	滿載特性 效率η (%)	功率因數 Pf(%)	*開動電流 Ist (各相之平均值) (A)	參考值 無負載電流 I。 (各項之平均值) (A)	滿載電流 I (各相之平均值) (A)	滿載轉差率 S (%)
(37)				87.5	83.0	15.0	4.3	9.8	4.0
40				88.0	83.5	15.5	4.4	10.5	4.0
50				89.0	84.5	19.0	5.1	12.8	3.5
(55)	4	1500	1800	89.5	85.0	21.5	5.6	13.9	3.5
60				89.5	85.0	23.0	5.9	15.2	3.5
70				90.0	85.5	28.0	7.1	18.8	3.5
(37)				87.0	81.5	15.0	4.6	10.0	4.0
40				87.5	82.0	16.0	4.8	10.7	4.0
50				88.5	83.5	19.5	5.5	13.0	4.0
(55)	6	1000	1200	89.0	84.0	21.5	6.0	14.2	4.0
60				89.0	84.0	23.0	6.3	15.4	4.0
75				89.5	84.5	28.5	7.3	19.1	3.5
(37)				86.5	78.5	16.0	5.3	10.5	4.0
40				87.0	79.5	17.0	5.5	11.2	4.0
50				88.0	80.5	20.5	6.4	13.6	4.0
(55)	8	750	900	88.5	81.0	22.5	6.9	14.8	4.0
60				88.5	81.5	24.0	7.2	16.0	4.0
75				89.0	82.5	29.5	8.5	19.7	3.5

* 號係指開動時之負載轉矩為100%或以下時之開動電流（開動變阻器在 第一缺口（ Notch）處時之電流）之標準值。

註：上表所列之開動電流無負載電流及全負載電流，係額定電壓為3000 V之值，如額定電壓為E（V）時其值應以 $\dfrac{3000}{E}$ 之乘。

(4) 選用適當容量之電動機：機械所需牽引力可用來決定電動機之容量，因電動機在輕載下運轉之效率及功率因數皆很低，故不宜採用容量過大之電動機。

(5) 運轉時間：若使用在短時間、間歇性或週期性（每次運轉時間在半小時以內者）之場所，可選用適宜之短時間額定的電動機，可使電動機之體積小型化；若須長時運轉之場所須使用連續時間額定之電動機。

(6) 啟動轉矩：若使用單相感應電動機應視被帶動機械之性能而選用適宜的啟動方式；若為三相感應電動機則需選擇適宜的轉子結構及啟動器

(7) 速度及轉向變化：若需調整速率之處所，可選用極數可變化之電動機或在繞線式電動機之轉子電路，電路中串聯可變電阻加以調整；若需變化轉向之場所需配合電磁開關隨意改變三相中之任何二條線即可改變旋轉磁場的方向而達到改變轉向之目的。

(8) 帶動方式：若以齒輪箱帶動或以皮帶帶動皆應考慮適當轉速的馬達才能使機械獲得適宜的轉速。

7-4 電動機之分路設備

標準電動機分路應包括下列各部份，如圖 7-1 所示

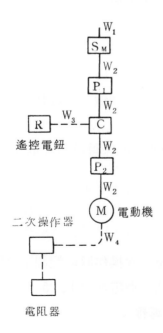

圖 7-1 電動機標準分路設備

(1) 幹線分歧線路（W_1）：自幹線分歧點至分路保護設備（或分路開關）若長度不超過8公尺者（但長度在3公尺以下，且不低於分路之安全電流者不受需達幹線安全電流之三分之一的限制），其安全電流量除不低於分路之安全電流外，並不得低於幹線安全電流量之三分之一。如長度超過8公尺則應與幹線具有同等的安全電流量。

(2) 分段設備（SM）（Disconnecting Means）：其主要用途係當電動機或操作器需加檢修時，用以切斷電路之用。

(3) 分路配線（W_2）：自分段設備（或分路保護器）至電動機其應有之安全電流應能充份通過電動機之額定電流之 1.25 倍，並不得小於 1.6mm為限。

(4) 分路過載保護設備（P_1）：保護分路配線，操作器及電動機之短路過載。

(5) 操作器（C）（Controller）：用以操作電動機之運轉，如操作電動機之啟動、停止、反向或變速等，操作器以裝於鄰近電動機之處，俾操作者能視及電動機運轉為原則。

(6) 電動機過載保護設備（P_2）：保護電動機，分路導線及過載保護設備本身，以免因電動機過載而將過載保護設備燒燬，通常P_2 與電磁接觸器組合（即電磁開關）。

(7) 遙控配線（W_3）：該控制線路應有適當過電流保護設備。但額定20安以下之分路，其控制線線徑在0.75平方公厘以上者，視為已受分路過電流保護器保護。額定超過20安之分路，其控制線在操作器內且其載流量在分路導線載流量四分之一以上者，或其控制線在操作器外且其載流量在分路導線載流量三分之一以上者，得免加裝過電流保護設備。

(8) 二次線（W_4）：繞線型電動機自轉子至二次操作器之配線，該導線如屬連續負載，其安全電流不得低於二次全載電流之 1.25 倍，若非連續，得以溫升限制為條件，選擇較小導線。

7-5　電動機用分段設備及操作器之選擇

　　裝置分段設備之目的係當電動機或操作器需加以檢修時，為便於隔離電源而設，故每一電動機以個別裝置一分段設備爲原則，但屬於下列情況者不受限制：

(1)　一部機器由數個電動機運轉者，僅在支幹線上裝置一只分段設備，其餘馬達分路皆可不必裝置分段設備。

(2)　容量在1馬力以下如每台之全載電流不超過6安之電動機得數具共用一分路。

分段設備有下列種類：

(1)　閘刀開關（有蓋開關）：此種開關以安培值爲其額定容量，選用閘刀開關作爲馬達之分段設備者依規定其額定值應爲電動機額定電流之兩倍以上。

(2)　馬達開關：此種開關係以馬力數爲其額定容量，通常附加熔絲作爲過載保護而裝置於電磁開關之電源側，馬達開關卽安全開關或配電函。

(3)　插座：適用於移動性之電動機且電動機本身附有操作器者方可使用。

(4)　斷路器：卽一般使用之無熔線斷路器（NFB），除可作爲電動機之分段設備外尚可作爲分路過載保護及電動機之操作器。

操作器乃用以操作電動機之啓動、停止、反向或變速之用，故原則上以每一電動機裝置一操作器爲原則。但屬於下列情形之一者，得數具電動機共用一操作器。

(1)　一部機器分由數具電動機運轉者，如車床、起重機、升降機等

(2)　容量在一馬力以下之電動機數具共用一分路者。

操作器有下列種類：

(1)　閘刀開關：僅適用於二馬力以下之固定裝置的電動機，但閘刀開關之安培額定值應大於電動機全載電流之二倍。

(2)　插接器（含插座及插頭）：僅適用於三分之一馬力以下之電動機。

(3)　電磁開關：電磁開關爲較普遍使用之操作器，當電路之電壓中斷時，能自動將馬達與電源隔離，故有欠電壓保護之優點。

(4)　斷路器：卽NFB，除可作操作器外亦可作過載保護設備。

7 - 6　電動機分路之種類

電動機原則以每具設置一分路為原則，其分路種類有下列三種：

(1) 分路自負載中心至各電動機之分路法：如圖 7-2 所示，此種分路法為各電動機皆由負載中心引出，可適用於任何情況，便於管理，但配線較複雜。

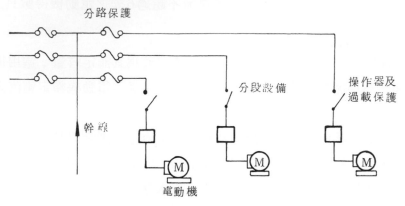

圖 7-2 分路自負載中心至各電動機之分路法

(2) 分路自次幹線至各電動機之分路法：如圖 7-3 所示，此種分路皆自幹線或次幹線分歧而出，亦即幹線或次幹線通過整個用電場所，最適宜負載分散及需量率低之場所，故幹線或次幹線之線徑可考慮參差因數而降低導線之線徑，故較經濟。但各分路之過載保護設備分散於各電動機附近，較不容易統一管理。

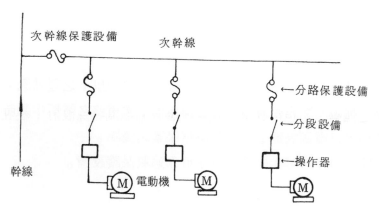

圖 7-3 分路自次幹線至各電動機之分路法

(3) 分路無需過載保護設備之分路法：此種分路方式各分歧線不裝過載保護設備，且各分歧線不可視爲分路，但電動機之過載保護設備、分歧導線及分路保護需與下列條件相符：

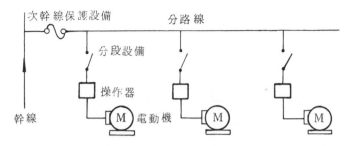

圖 7-4　數電動機共一分路之分路法

1. 額定不超過一馬力之低壓電動機如每台之全載額定電流不超過 6 安培，得數具電動機可共接一分路；但電壓在 600 伏特以下者，分路保護之額定以不超過 15 安培，電壓在 150 伏特以下，分路保護之額定以不超過 20 安爲條件。

2. 電動機個別裝有過載保護設備者，如滿足下列各條件則不論其額定爲若干，得數具共接於一分路：

(a) 各電動機必須有符合規定之操作器。

(b) 分路必須以保險絲或斷路器保護之，且保險絲或斷路器之額定須能負擔分路中各電動機之最大負載電流及部份啟動電流，如各電動機不同時啟動時，其電流額定應爲各分路中最大額定之電動機的全載電流 1.5 倍再與其他各電動機額定之和。

(c) 分路保險絲額定不得超過同分路中容量最小之電動機之全載額定電流之四倍。（但電動機之過載保護設備如屬特殊設計，經在銘板上標明應裝之分路許可最大保險額定者不在此限）

(d) 自幹線至電動機過載保護設備之分歧線之線徑不得小於幹線的三分之一，長度不得超過 8 公尺。若長度超過八公尺則各電動機所用之導線應與分路導線有相等之安全電流值。

【例 1】 某三相 220 V 分路，電動機個別裝有過載保護設備，其分路單線如圖 7 - 5 ，試問是否與分路無需過載保護設備之分路法相符合，原因何在？（註：按硬質 PVC 管配線 AB = AC = AD = 7 公尺）。

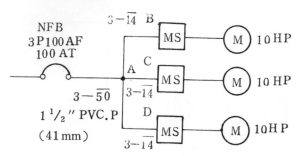

圖 7 - 5　數具電動機共用一分路

【 解 】 MS ：電磁開關，符合規定之操作器（附積熱電驛，卽裝有過載保護設備。

NFB ：無熔線斷路器，作爲分路保護器，10 HP 3ϕ 220 V 之電動機由表 1 - 7 可查出其全載電流爲 27 安培，27 A × 4 > 100 AT （符合分路保護器不得超過容量最小之電動機之全載電流之四倍的規定。

導線線徑： $\overline{14}$ 導線按硬質 PVC 管配線之安全電流爲 50 A （查表 3 - 3 ）， $\overline{50}$ 導線爲 100 A ，因分歧線長度僅 7 公尺 < 8 公尺，且 50 A > 100 A × $\frac{1}{3}$ ，故符合自幹線至電動機過載保護設備之分歧線之線徑不得小於幹線之三分之一的規定（若長度超過 8 公尺則電動機所使用之導線應與分路導線有相等之安全電流值，卽電動機之導線亦應使用 $\overline{50}$ 者 ）。

如上述分析可知例一皆能符合分路無需過載保護設備之分路法。

7 - 7　電動機保護器之設計

(1) 分路過電流保護器之設計：分路過電流保護器之額定應視電動機之啟動情形而定，通常以不超過電動機全載電流之 2.5 倍為原則；說明如下：

1. 僅一台電動機時：

$$I_B = C \times I_f \quad\cdots\cdots\cdots\cdots\cdots\cdots\cdots\cdots\cdots\cdots (7 - 1)$$

2. 電動機二台以上不同時啟動者：

$$I_B = (\sum I_f - I_{max}) \times 需量率 + C_{max} I_{f\ max} \quad\cdots (7 - 2)$$

3. 電動機二台以上且同時啟動者：

$$I_B = C_1 I_{f1} + C_2 I_{f2} + C_3 I_{f3} + \cdots\cdots + C_n I_{fn} \cdots (7 - 3)$$

註：上列各式中：

I_B：分路保護器（斷路器或熔絲）之額定電流（ A ）。

I_f：電動機之全載電流（ A ）。

C ：視電動機之啟動方法及啟動階級而決定之常數，稱為啟動電流乘率，一般取 1.5～2.5 倍。

$$需量率 = \frac{最大需量}{設備容量} \quad，若不能確定時以 1 表示。$$

【例 2 】 某 $3\phi 220 V$ 電動機 5 HP 一台，試問其分路保護器之額定為若干？

【 解 】 由表 1 - 7 可查出 $3\phi 220 V$ 5 HP 之電動機額定電流為 15 A，則分路保護器之額定電流為（ C 採用 2 倍）：

$$I_B = 2 \times 15 = 30 A，採用 3 P 30 AT 之斷路器$$

【例 3 】 某分路連接 5 HP 三台 $3\phi 220 V$ 電動機，試問若三台電動機不同時啟動時，需量率為 1，其分路保護器之額定為若干（設三台電動機共用一分路，C = 2 ）

【 解 】 由表 1 - 7 可查出 $3\phi 220 V$ 5 HP 之電動機額定電流為 15 A，且 C = 2，則：（由 7 - 2 式）

$$I_B = (15 + 15 + 15 - 15) \times 1 + 2 \times 15 = 60 (A)$$

則分路保護器採用 3 P 60 AT 之斷路器

【 例 4 】　如例三之分路，若三具電動機皆同時啟動時，則分路保護器之
額定應爲若干？

【 解 】　由（7-3）式：
$$I_B = 2 \times 15 + 2 \times 15 + 2 \times 15 = 90 \, (A)$$
則分路保護器採用 3P 90 AT 或 3P 100 AT

⑵　幹線過電流保護器：須能承擔各分路電流之最大負載電流及部份啟動
電流，如各電動機不同時啟動時，其電流額定應爲各分路中最大額定
之電動機之全載電流 1.5 倍再與其他各電動機額定電流之和。

⑶　主幹線之過電流保護器：其電流額定應爲最大幹線過電流保護器之電
流額定與其他各電動機所屬電動機額定電流之和（如有電燈及電熱負
載時，其負載電流亦應計入）。

7-8　電動機分路及幹線之線徑設計

電動機分路之線徑所應具有之最小電流值應爲電動機全載電流之 1.25
倍。

電動機幹線（分路以上之配線）之最小線徑之安全電流量須能通過此
線路中最大電動機額定電流之 1.25 倍及其他電動機額定電流之和。幹線
之最小安全電流值 I_f 爲：
$$I_f = 1.25 \times 最大電動機之額定電流 + 其餘電動機額定電流之和$$
$$\cdots\cdots\cdots\cdots\cdots\cdots\cdots\cdots\cdots (7-4)$$

7-9　電動機分路之壓降計算

電動機分路之壓降計算可參閱第三章之 3-7 節所述，但一般電動機
在 3ϕ 220V 電路中若 15 馬力以上之電動機通常爲降低啟動電流起見皆採
用 Y-△ 啟動方式，因 Y-△ 啟動之線路之導線電流爲額定電流之 $\dfrac{1}{\sqrt{3}}$

倍，但線路長度爲無 Y − △ 啓動時之 2 倍，故其壓降在啓動器至電動機間之壓降爲：

$$\triangle V = \sqrt{3} \cdot \frac{I}{\sqrt{3}} \cdot 2\ell \, (\,R\cos\theta + x\sin\theta\,)$$

$$= 2\,I\,\ell\,(R\cos\theta + x\sin\theta)\cdots\cdots(\,7-5\,)$$

　註：△V：啟動器至電動機間之壓降（V）

　　　I：電動機之全載電流（A）

　　　ℓ：由啟動器至電動機間之長度（公尺）

　　　R：每公尺導線之電阻（Ω）

　　　x：每公尺導線之電抗

　　　θ：功率因數角（度）

7 - 10　電動機線路設計實例

【例 5 】　某小型工廠擬裝設 3φ 220 V 2 HP 一台，3 HP 一台，5 HP 一台，10 HP 一台，各電動機不同時啟動，但同時使用，以硬質 PVC 管配線，試設計其幹線及分路？

【　解　】　由表 1 - 7 可查出電動機之全載電流：

　　　　　 2 HP：6.5 A，3 HP：9 A，5 HP：15 A，10 HP：27 A

(1)　分路配線及分路過載保護設備：

　　 1. 2 HP ：採全壓啟動，其分路導線最小載流量爲 6.5 × 1.25 ＝ 8.125 A，最小導線採用 1.6 mm，18 mm φ PVC 管，分路過載保護器之額定電流爲 6.5 × 2 ＝ 13 A，採用 3P15AT 之斷路器。

　　 2. 3 HP ：採全壓啟動，其分路導線最小載流量爲：9 × 1.25 ＝ 11.25 A，最小導線採用 1.6 mm，18 mm φ PVC 管，分路保護器之額定電流爲 9 × 2 ＝ 18 A，採 3 P 20 AT 之斷路器。

　　 3. 5 HP ：採全壓啟動，其分路導線最小載流量爲 15 × 1.25 ＝

18.75A，由表 3 - 3 可查出最小導線採用5.5mm²，18mmϕPVC管（由表 6 - 6 B 查出），分路保護器之額定電流爲 15 × 2 ＝ 30 A，採用 3 P 30 AT 之斷路器。

4. 10HP：探全壓啟動，其分路導線最小載流量爲 27 × 1.25 ＝ 33.75A，由表 3 - 3 可查出最小導線爲 14mm²，由表 6 - 6B 查出管徑爲 28mmϕ；分路保護器之額定電流爲 27 × 1.5 ＝ 40.5A，採用 3 P 50 AT 之斷路器。

(2) 操作器之選擇：採用附有積熱電驛作爲電動機過載保護之電磁開關，其規格如下：

1. 2 HP 電動機：3 P 220 V 2 HP 用。

2. 3 HP 電動機：3 P 220 V 3 HP 用。

3. 5 HP 電動機：3 P 220 V 5 HP 用。

4. 10HP 電動機：3 P 220 V 10 HP 用。

(3) 幹線線徑及幹線過載保護設備：

幹線之最小載流量由 7 - 4 式可得：

I_f ＝ 1.25 × 27 ＋ 15 ＋ 9 ＋ 6.5 ＝ 64.25A，故最小幹線線徑由表 3 - 3 可查得：採用 30 mm² 之絞線。由 7 - 7 節：幹線〔卽接戶點至總開關（接戶開關）負載側間之導線〕之過載保護設備（卽接戶開關或總開關）之額定以不超過諸分路中最大分路保護額定值與其他各分路所屬負載之全載電流之總和（但無適宜額定之保護器者可採用高一級之額定者），卽：50 ＋ 15 ＋ 9 ＋ 6.5 ＝ 80.5A

故幹線應使用 3 P 100 AT 之斷路器；幹線線徑最小線徑之載流量爲 27 × 1.25 ＋ 15 ＋ 9 ＋ 6.5 ＝ 64.25A，幹線採用 38mm²，35 mmϕ PVC 管，（註：幹線之過載保護設備的額定電流以不超過幹線安全電流量之 1.25 倍爲原則）。

(4) 分段設備：以斷路器作爲分路過載保護器兼分段設備。

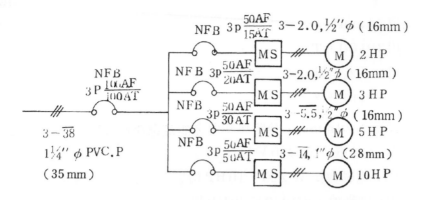

NFB 3p $\frac{50AF}{15AT}$ 3-2.0,½″ φ（16mm）
MS M 2HP

NFB 3p $\frac{50AF}{20AT}$ 3-2.0,½″φ（16mm）
MS M 3HP

NFB 3p $\frac{50AF}{30AT}$ 3-$\overline{5.5}$,½″φ（16mm）
MS M 5HP

NFB 3p $\frac{50AF}{50AT}$ 3-$\overline{14}$,1″φ（28mm）
MS M 10HP

NFB 3P $\frac{100AF}{100AT}$

3-$\overline{38}$
1¼″ φ PVC.P
（35mm）

圖 7-6 例五之單線圖

【例 6】 某紡織廠採用 3φ 220 V 供電，裝置電動機 3φ 220 V 1 馬力八
台，10馬力一台，20馬力一台，採金屬管配線，試設計其幹
線及分路？

【 解 】 由表 1-7可查出電動機之全載電流：
　　　　1 HP：3.5A，10HP：27A，20HP：52A

(1) 分路配線及分路過載保護設備：

　1. 1HP：探四台1HP電動機共用一分路之設計法，共需 3P 15AT
　　2分路，分路及電動機導線最小採用 2.0mm，16mmφ金屬管。

　2. 10HP：採全壓啟動，其分路導線最小載流量為27 × 1.25 ＝
　　33.75A，由表3-2可查出最小導線採用8.0mm²，22mmφ金屬
　　管（由表6-6C查出），分路保護器之額定電流為27 × 1.5 ＝
　　40.5A，採用 3P 50AT之斷路器。

　3. 20HP：採用 Y －△啟動，分路導線應有之載流量為52 × 1.25
　　＝65A，由表3-2可查出最小導線採用22mm²，28mmφ金屬管
　　，Y －△以下線路需使用6根導線，每根導線應有之載流量應為：

　　$\frac{52}{\sqrt{3}}$ × 1.25 ＝ 37.53A，故由3-2表查出應採用 8.0 mm² 以

上（每三根導線採用一根導線管，若6根導線置於同一管路內則需採用 $14\,mm^2$ ），分路過載保護器之額定電流為 $52 \times 1.5 = 78\,A$ 採用 3P100AT。（註：高壓用戶之電動機容量在15HP以上者宜採用 $Y-\triangle$ 啟動或其他型式之啟動方式，以降低啟動電流）。

(2) 操作器及分段設備之選用：

操作器採用電磁開關，其規格如下：

　1. 1HP電動機：3P220V1HP用。

　2. 10HP電動機：3P220V10HP用。

　3. 20HP電動機：3P220V20HP用。

分段設備：分路過載保護器兼作分段設備。

(3) 幹線線徑及過載保護設備：

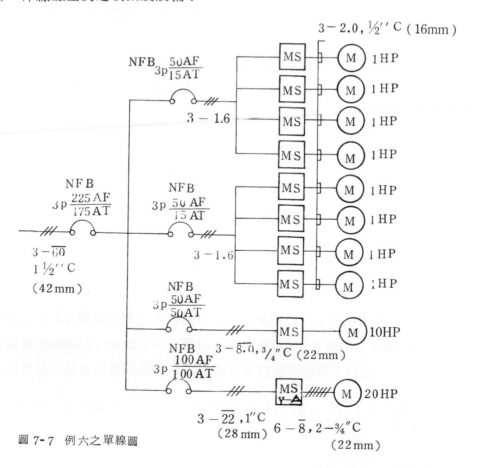

圖 7-7　例六之單線圖

幹線之最小載流量由 7 - 4 式可得：

$I_f = 1.25 \times 52 + 27 + 3.5 \times 8 = 120\,A$ ，故最小幹線線徑由表 3 - 2 可查得：採用 $60\,mm^2$ ，由表 6 - 6 C 可查出導線線管為 $42\,mm\,\phi$ 之金屬管；由 7 - 7 節：幹線之過載保護設備之額定以不超過諸分路中最大分路保護額定值與其他各分路所屬負載之全載電流之總和，即： $100 + 27 + 8 \times 3.5 = 155\,A$ 。

故幹線之過載保護器之額定為 $3P175AT$（ 幹線採用 $60\,mm^2$ 之安全電流為 $140\,A$ ，故 $1.25 \times 140 = 175\,A$ ，符合斷路器之額定以不超過導線安全電流之 1.25 倍為原則之規定 ）。

習題 七

1. 試述感應電動機之種類？
2. 如何視場所選擇適宜之感應電動機的型式？
3. 試繪出電動機之標準分路設備？
4. 試述電動機分路之種類？
5. 某化工廠採 $3\phi\,220\,V$ 供應，裝設有 $3\phi\,220\,V$ 電動機 $1\,HP$ 三台，5 HP 一台，$30\,HP$ 一台，採硬質 PVC 管配線，試設計其幹線及分路？
6. 某紡織工廠採用 $3\phi\,220V$ 供電，裝設有 $3\phi\,220\,V\,\frac{3}{4}\,HP$ 電動機 24 台，$20\,HP$ 2 台，採金屬管配線，試設計其幹線及分路？

8
電熱器分路設計

8-1 電熱器之種類

　　電熱器分爲工業用及非工業用兩種，工業用電熱工程指在生產場所內設施之電氣爐、電焊器、乾燥器等，電氣爐又分爲電阻爐、電弧爐及感應爐三種；非工業用電熱設施指烹飪、煮水、取暖、乾燥用電爐、浴室用電熱器、醫療用消毒器等。

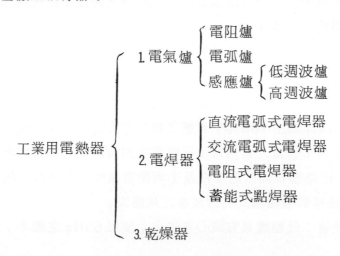

工業用電熱器
1. 電氣爐
- 電阻爐
- 電弧爐
- 感應爐
  - 低週波爐
  - 高週波爐

2. 電焊器
- 直流電弧式電焊器
- 交流電弧式電焊器
- 電阻式電焊器
- 蓄能式點焊器

3. 乾燥器

茲說明如下:

8-1-1 電氣爐

電氣爐依加熱方式而分爲電阻爐、電弧爐、感應爐。

1. 電阻爐:電阻爐分爲直接式電阻爐及間接式電阻爐兩種:
   (1)直接式電阻爐:乃利用被熱物之電阻直接通電,使被熱物發熱,如合金鐵爐等。爐內溫度係由供給其電能之電源變壓器之分接頭來控制的。
   (2)間接式電阻爐:係利用電熱絲或炭化矽等發熱體通電發熱,而使被熱體加熱者,爐內溫度的調整可改變通過發熱體之電流。

2. 電弧爐:分爲直接式及間接式電弧爐:
   (1)直接式電弧爐:係利用電極與被熱物之間所產生的電弧而加熱者,如煉鋼用電弧爐,由於被熱物本身之移動及因熱而逐漸熔化爲液體,其電流變化非常大,爲使被熱物繼續熔解,電極間之電壓須逐漸昇高。
   (2)間接式電弧爐:係利用電極間發生電弧而加熱被熱物者,可利用調節電極之位置以調整其通過的電流,來改變爐內之溫度。如表 8-1 所示爲煉鋼用電弧爐特性表。

   電弧爐因係利用電弧放電而生高溫以熔化物體之裝置,因此需加裝緩衝電抗器使電弧能安定的產生。

3. 感應爐:分爲高週波感應爐及低週波感應爐:
   (1)高週波感應爐:此種爐皆爲無鐵心,平常使用之頻率有 1000 Hz、3000 Hz 及 10,000 Hz 等,爐體之功率因數很低,通常附裝並聯電容器使功因提高至 100%,若爐之容量愈大者通常頻率較低,反之則頻率較高;容量大者通常使用電動發電機組,目前新式者有使用 SCR(矽控整流器)者;容量小者使用眞空管振盪器。如表 8-2 所示係電動發電機式高週波爐之規格表。
   (2)低週波感應爐:此種爐具有鐵心者居多,使用 60Hz 之頻率,通常以單相二線式 220 V ～ 440 V 供電，功率因數在 75 ％～ 85 ％間，溫度調整可調節電源變壓器之分接頭。尚有無鐵心者，但功率因數很低。表 8-3 爲鑄鐵用低週波無鐵心感應爐之規格表。

表 8-1　煉鋼用電弧爐特性表

爐容量（噸）	變壓器容量（KVA）	緩衝電抗器容量（KVA）	二次電壓（V）	短路比	額 定 電 流 及 功 率 下 之 情 況			
					電弧電流（KA）	所需功率（KW）	電弧功率（KW）	功因（%）
80	25000	—	450	2.6	32.1～54.3	23000-32300	21400-27900	92 - 76
			390	1.9	37.0～47.0	21500-24200	19400-20900	86 - 76
70	22500	—	425	2.7	30.5～53.0	20700-30400	18800-25000	92 - 78
			372	2.1	33.1～47.3	19800-23600	17600-19300	88 - 78
60	20000	—	400	2.7	28.8～50.0	18400-26400	17200-22600	92 - 75
			349	2.0	33.1～44.3	17400-20400	16800-17400	87 - 76
50	17500	—	375	2.7	27.0～48.0	16300-23800	15200-20300	93 - 77
			332	2.2	30.4～42.7	15600-18800	14200-16000	89 - 77
40	15000	—	350	2.8	24.8～45.0	14000-20900	13100-17800	93 - 77
			305	2.1	28.4～39.2	13200-15800	12000-13500	88 - 77
30	12500	—	325	2.9	22.1～41.0	11800-18200	11000-15600	94 - 78
			283	2.2	25.5～36.9	11100-13900	10100-11900	90 - 77
25	10000	—	300	3.1	19.2～39.2	9500-15700	8890-13200	95 - 77
			262	2.4	22.0～34.3	9100-12000	8400-10100	91 - 77
20	8000	800	275	2.7	16.8～30.3	7440-11000	7000-9500	93 - 76
			240	2.2	19.2～27.9	7200-8900	6500-7600	90 - 76
15	6000	900	250	2.8	13.8～26.6	5580-8700	5200-7100	93 - 76
			220	2.4	15.7～23.3	5400-7000	5000-6000	90 - 78
10	5000	1000	245	2.5	11.8～19.5	4600-6200	4400-5500	92 - 75
			215	2.1	13.4～18.5	4450-5300	4200-4800	89 - 76
8	4000	800	240	2.8	9.6～17.6	3720-5500	3540-4870	93 - 75
			205	2.3	11.3～17.1	3600-4550	3370-4050	90 - 75
5	3000	600	235	2.9	7.4～14.2	2820-4360	2680-3840	94 - 76
			205	2.5	8.5～14.0	2760-3750	2580-3240	92 - 76
3	2000	500	225	2.8	5.1～9.6	1840-2810	1760-2520	92 - 75
			190	2.1	6.1～8.6	1760-2120	1650-1910	88 - 75
2	1500	450	215	2.6	4.0～7.0	1380-1910	1320-1740	92 - 74
			182	2.2	4.8～7.0	1330-1640	1250-1480	89 - 75
1	1000	300	215	2.6	2.7～4.7	920-1280	890-1180	92 - 74
			182	2.4	3.2～5.0	910-1140	870-1140	91 - 74

表 8-2　電動發電機式高週波感應爐之規格表

額			定	特 殊 鋼 熔 解	
標稱頻率 （KHz）	輸　出 （KW）	電　　壓 （V）	爐　容　量 （kg）	熔解時間 （分）	原單位電力量 （KWh／t）
1	100	800	50	30	920
			100	60	950
			150	90	980
	150	800	150	45	800
			300	100	850
	300	800	300	45	720
			500	75	750
			1000	160	800
	600	800	1000	65	700
			1500	100	720
			2000	135	750
	900	800	1500	60	670
			2000	80	690
			3000	125	720
	1200	1600	2000	60	660
			3000	90	680
			5000	160	720
	1800	1600	3000	60	650
			5000	100	680
			8000	170	720
3	30	400	20	40	—
			30	60	—
	50	400/800	30	35	—
			50	60	—
			100	130	—
	100	800	50	25	860
			100	55	900
			150	85	940
10	15	200/400	5	20	—
			10	45	—
	30	400	20	40	—
			30	60	—

表 8-3　鑄鐵用低週波無鐵心感應爐之規格表

額		定	鑄 鐵 冷 材 熔 解		鑄 鐵 温 昇	
爐容量 （t）	電氣容量 （KW）	電源容量 （KVA）	原單位電力量 （KWh／t）	熔解效率 （t／W）	原單位電力量 （KWh／t）	温昇效率 （t／h）
30.0	3000	3300	520	5.80	76	40.0
	1500	1650	—	—	85	18.0
25.0	2700	3000	520	5.20	76	36.0
	1350	1500	—	—	85	16.0
20.0	2500	2750	520	4.80	76	33.0
	1350	1500	—	—	85	16.6
15.0	2000	2200	530	3.80	78	26.0
	1000	1150	—	—	85	12.0
12.0	1700	1900	530	3.20	78	22.0
	1000	1150	—	—	85	12.0
10.0	1500	1650	540	2.80	80	19.0
	1000	1150	—	—	85	12.0
8.0	1350	1500	540	2.50	80	17.0
	700	800	—	—	95	7.5
5.0	1000	1150	550	1.80	80	12.5
	550	650	—	—	92	6.0
3.0	700	800	570	1.20	85	8.2
	450	500	—	—	98	4.6
2.0	550	350	570	0.96	90	6.1
	350	450	—	—	116	3.0
2.5	450	550	600	0.75	100	4.5
1.0	350	450	640	0.55	100	3.2
0.75	250	300	660	0.38	130	1.9

8 - 1 - 2　電焊器

電焊器又稱爲電熔接器，分爲：

1. 直流電弧式電焊器：通常電源電壓使用 50 V～60 V 然後串聯一穩定
   用電阻，使電弧電壓約在 20 V～35 V 之間，電源大部份利用電動發
   電機組，利用感應電動機帶動直流發電機，輸出直流 50 V～60 V 之
   電壓，在焊接時電流突增其端電壓亦立卽下降，故發電機需經特殊設
   計；直流電弧較交流電弧穩定，對小電流之焊接較佳，但設備費較昂
   貴，全載效率在 60％ 左右，通常皆使用於特殊用途。

2. 交流電弧式電焊器：係利用高漏磁變壓器，亦有少數使用定電壓變壓
   器與電抗器串聯以穩定電弧；電弧電壓通常爲 20 V～25 V ，但二次
   側之電壓在無載時約 60 V～80 V ，功率因數通常在 50％ 以下，效
   率在 70％～80％ ，表 8 - 4 爲交流電弧式電焊器之規格表。

表 8- 4　交流電弧式電焊器之規格表

額定容量(A)	一 次 電 源 側			二 次 負 荷 側				
	電源電壓(V)	輸入功率		電流調整範圍(A)	無載電壓(V)	負載電壓(V)	使用焊條直徑(mm)	使用率(%)
		KVA	KW					
500	220	44	23	500～60	85	40	8～3.0	50
400	220	33	18	400～50	85	40	8～3.0	40
300	220	26	12	300～50	82	35	6～2.6	40
250	220	21	10	250～40	80	32	5～2.0	40
200	220	17	8	200～35	77	28	4～1.6	40
150	220	13	6	150～30	73	27	3～1.6	40
125	110/220	8	4.5	125～30	60	26	3～1.6	40

3. 電阻式電焊器：電阻式電焊器與電弧式電焊器之區別爲：前者係在金
   屬接觸部份通過大電流，利用接觸位置之電阻所生之熱來焊接金屬；
   後者係利用電弧所生的熱使金屬熔接。電阻式電焊器之電流容量較小
   者爲 500 A～8000 A ，亦有容量在 30,000 A 以上者，其電源變壓器

之二次側線圈通常僅一匝，（此因變壓器原理 $N_1 I_1 \fallingdotseq N_2 I_2$，$N_2$ 少則 I_2 大），功率因數在 30％〜70％，因在短暫的時間內，急遽的加大負載，故其使用率約在 50％以下。

4. 蓄能式點焊器：係將交流電整流變爲直流電，再利用貯能電容器或線圈將電能貯存，然後在瞬間內將貯存的電能洩放至負載側而點焊，點焊器之電源容量較交流電弧式者爲小。

8-2　電熱器之電路方式

非工業用電熱器具所使用之對地電壓以不超過 150V 爲原則；一般電熱器之電路方式如表 8-5 所示：

表 8-5　電熱器之電路方式

用　電　名　稱	電　　　路　　　方　　　式
交流電焊器	容量 3KVA 以下：$1\phi 2W110V$ 容量 3KVA 以上：$1\phi 2W220V$
高週波加熱器	容量 3KVA 以下：$1\phi 2W110V／220V$ 容量在 3KVA 以上：$1\phi 2W$　220V 或 　　　　　　　　　　　$3\phi 3W220V$
養雞場用保溫器	$1\phi 2W110V／220V$，$3\phi 3W220V$
電極式温泉加熱器	$1\phi 2W220V$，$3\phi 3W220V$
家庭用電熱器具	$1\phi 2W110V$
家庭用電爐	$1\phi 2W110V／220V$

8-3　電熱器之分路設計

非工業用之電熱器及工業用之乾燥器之分路設計原則如下：

1. 額定電流在 50A 以下之電熱器：配線方式與電燈分路設計相同，過載保護器之額定電流需小於 50A，按負載大小選用 15A、20A、30A 或 50A 等分路，導線需配合分路過載保護設備之容量。非工業用電熱器之容量不滿 1.5kW 者，出線頭處得裝用插座，如超過 1.5kW 時，應改用閘刀開關（但電熱器本身另附裝開關爲操作器者不在此限）。

2. 額定電流在 50 A 以上之電熱器：分路過載保護器應能承擔該分路之負載電流，導線亦應配合分路過載保護器之額定（即分路導線之安全電流值應大於負載電流）。

3. 工業用電熱器：每具設置一分路爲原則，且操作器應設於電熱器附近電熱器之分路線徑、開關及保護器之容量如表 8-6、表 8-7、表 8-8 所示。

表 8-6　1φ2W110 V 電熱器應選用分路之線徑、開關及保護器之容量

全載電流 (A)	容量 (KW)	分路最小線徑(mm或mm²)		閘刀開關之容量(A)	過電流保護器之額定(A)	
		金屬管配線	PVC 管配線		熔　絲	斷路器
363.6	40	$\overline{325}$	$\overline{400}$	400	400	400
318.2	35	$\overline{250}$	$\overline{325}$	400	400	350
272.7	30	$\overline{200}$	$\overline{250}$	300	300	300
227.3	25	$\overline{150}$	$\overline{200}$	300	250	250
181.8	20	$\overline{100}$	$\overline{125}$	200	200	200
159.1	17.5	$\overline{80}$	$\overline{100}$	200	200	175
136.4	15	$\overline{60}$	$\overline{80}$	150	150	150
113.6	12.5	$\overline{50}$	$\overline{60}$	150	125	125
90.9	10	$\overline{38}$	$\overline{50}$	100	100	100
68.2	7.5	$\overline{22}$	$\overline{30}$	75	75	75
45.4	5	$\overline{14}$	$\overline{14}$	50	50	50
36.4	4	$\overline{8}$	$\overline{14}$	50	40	40
27.3	3	$\overline{5.5}$	$\overline{8}$	30	30	30
18.2	2	2·0	2·0	30	20	20
13.6	1.5 以下	1·6	1·6	20	15	15

表 8－7　$1\phi\,2W\quad 220V$　電熱器應選用分路之線徑、開關及保護器之容量
　　　　　$1\phi\,3W\quad 110V/220V$

全載電流 （A）	容　量 （KW）	分路最小線徑（mm或mm²）		閘刀開關 容　量 （A）	過電流保護器之額定 （A）	
		金屬管配線	PVC管配線		熔　絲	斷路器
363.6	80	$\overline{325}$	$\overline{400}$	400	400	400
318.2	70	$\overline{250}$	$\overline{325}$	400	400	350
272.7	60	$\overline{200}$	$\overline{250}$	300	300	300
227.7	50	$\overline{150}$	$\overline{200}$	300	250	250
181.8	40	$\overline{100}$	$\overline{125}$	200	200	200
159.1	35	$\overline{80}$	$\overline{100}$	200	200	175
136.4	30	$\overline{60}$	$\overline{80}$	150	150	150
113.6	25	$\overline{50}$	$\overline{60}$	150	125	125
90.9	20	$\overline{38}$	$\overline{50}$	100	100	100
68.2	15	$\overline{22}$	$\overline{30}$	75	75	75
45.4	10	$\overline{14}$	$\overline{14}$	50	50	50
36.4	8	$\overline{8}$	$\overline{14}$	50	40	40
27.3	6	$\overline{5.5}$	$\overline{8}$	30	30	30
18.2	4	2.0	2.0	20	20	20
13.6	3以下	1.6	1.6	20	15	15

表 8-8 3φ3W 220V 電熱器應選用分路之線徑、開關、保護器之容量

全載電流 （A）	容量 （KW）	分路最小線徑（mm或mm²）		閘刀開關 容　量 （A）	過電流保護器之額定 （A）	
		金屬管配線	PVC管配線		熔　絲	斷路器
368.4	140	$\overline{325}$	$\overline{400}$	500	400	400
315.8	120	$\overline{250}$	$\overline{325}$	400	400	350
276.3	105	$\overline{200}$	$\overline{250}$	300	300	300
223.6	85	$\overline{150}$	$\overline{200}$	300	250	225
184.2	70	$\overline{100}$	$\overline{150}$	200	200	200
157.8	60	$\overline{80}$	$\overline{100}$	200	200	175
131.5	50	$\overline{60}$	$\overline{80}$	150	150	150
105.3	40	$\overline{50}$	$\overline{60}$	150	125	125
92.1	35	$\overline{38}$	$\overline{50}$	100	100	100
78.9	30	$\overline{30}$	$\overline{38}$	100	100	100
65.7	25	$\overline{22}$	$\overline{30}$	75	75	75
44.7	17	$\overline{14}$	$\overline{14}$	50	50	50
36.8	14	$\overline{8}$	$\overline{14}$	50	40	40
26.3	10	$\overline{5.5}$	$\overline{8}$	30	30	30
18.4	7	2.0	2.0	20	20	20
12.2	5以下	1.6	1.6	20	15	15

8-4 電熱器之幹線設計

1. 幹線之最小線徑：若各電熱器之需量率不能確定時，幹線之安全電流量應不得小於各電熱器之額定電流的總和，但需量率能確定時，幹線之安全電流量不得小於各電熱器之總和與需量率之乘積。

2. 幹線之過電流保護器：幹線之安全電流值原則以大於過載保護器之額定電流值爲原則。

8-5 電弧爐裝置原則

電弧爐負載極不穩定，若裝置不良可能干擾其他用戶，引起電壓變化及電燈閃爍等嚴重問題，故應按下列規定裝置：

1. 爲求三相負載的平衡，大容量之單相電弧爐以不使用爲原則。

2. 電弧爐因其電極間具有負電阻之作用，爲求負載穩定起見，其電源變壓器之高壓側應裝緩衝電抗器以補助電路上電抗之不足，緩衝電抗器之容量如表8-9所示：

表8-9 緩衝電抗器之容量表

電弧爐變壓器額定（KVA）	緩衝電抗器百分電抗（如計算三相總容量以下列百分電抗乘電弧爐變壓器容量）（％）
1000	35～40
1001～2000	30～35
2001～3000	25～30
3001～4000	20～25
4001～5000	10～20

8-6 電焊器之分路及幹線設計

電焊器之功率因數很低，使用率亦低，配線時應注意下列事項：

1. 電路方式：電焊器之容量未滿3KVA時以1φ2W110V供電；3KVA以上時以1φ2W220V爲標準。

2. 電焊器皆爲單相供電：若容量大時，配電線路容易失去平衡，且引起電壓的突變，影響其他用戶，因此電焊機裝接於配電線路時應盡量使電壓變動率減至最小。

3. 電阻式電焊器之電源變壓器：其二次側線圈僅有一匝而通過電流很大，因此電源變壓器應與電焊器靠近，盡量使變壓器二次側與電焊機間之配線減至最短為原則。

㈠ 變壓器供電之電焊器之分路設計：一台電焊器之導線的安全電流量不得小於電焊器之一次額定電流，分路過載保護設備之額定電流不得超過該分路導線安全電流量之兩倍；但如分路保護器之額定電流不超過電焊器一次電流之兩倍時，電焊器可免再裝過載保護裝置。若電焊器之電源係由電動發電機供電時，導線之安全電流量需能通過電動機額定電流之 1.25 倍，此時之分路過載保護設備按電動機規定者選用。

二台以上電焊器時：若二台以上電焊器共用一分路時，但不同時使用，其導線之安全電流量可減少，但導線之最小安全電流量為：

$$I_F = [(I_{max1} U_1 + I_{max2} U_2) \times 1.0 + I_{max3} U_3 \times 0.85 +$$
$$I_{max4} U_4 \times 0.7 + \sum I_r U_r \times 0.6] \quad (A) \cdots\cdots (8\text{-}1)$$

（8-1）式中：I_F：導線之最小安全電流量（A）

I_{max1}：容量最大之電焊器之一次額定電流（A）。

I_{max2}：容量第二大之電焊器之一次額定電流（A）。

I_{max3}：容量第三大之電焊器之一次額定電流（A）。

I_{max4}：容量第四大之電焊器之一次額定電流（A）。

$\sum I_r$：其餘電焊器之一次額定電流之總和。

U_1、U_2、U_3、……U_r：分別為 I_{max1}、I_{max2}、I_{max3} …… 電焊器之使用率而得之乘數（如表 8-10 所示）。

表 8-10 電弧式電焊器之使用率及乘數關係表

責　務　週　期 （duty cycle %）	100	90	80	70	60	50	40	30	20
乘　　　　　率	1.0	0.95	0.89	0.84	0.78	0.71	0.63	0.55	0.45
註：1 小時之時間額定之電焊機，其乘率 0.75。									

　　變壓器供電之電弧式電焊器之分路過載保護設備：分路過載保護器之
額定不得大於分路安全電流之二倍。

　　電焊器之過載保護裝置：其額定不得大於電焊器一次額定電流之二倍
，如分路之過載保護額定不超過電焊器一次電流之二倍時，電焊器可免裝
過載保護裝置。

　　表 8－11為電弧電焊器分路導線之線徑、開關及保護器之容量的選用
表：

表 8－11　電弧電焊器分路導線之線徑開關及保護器之容量

最大輸入電流（A）	電焊器額定輸入（KVA）		一次配線最小線徑（mm或mm²）		閘刀開關容量（A）	過載保護器之額定電流（A）	
	110 V	220 V	金屬管配線	PVC管配線		熔　絲	斷路器
272.7	30以下	60以下	200	250	500	500	500
227.3	25〃	50〃	150	200	400	400	400
181.8	20〃	40〃	100	125	300	300	350
159.1	17.5〃	35〃	80	100	300	300	300
136.4	15〃	30〃	60	80	300	250	250
113.7	12.5〃	25〃	50	60	200	200	200
90.9	10〃	20〃	38	50	150	150	150
68.2	7.5〃	15〃	22	30	150	125	125
45.4	5〃	10〃	14	14	100	90	90
36.4	4〃	8〃	8	14	60	60	60
27.3	3〃	6〃	5.5	5.5	50	40	50
18.2	2〃	4〃	2.0	2.0	30	30	30
13.6	1.5以下	3以下	1.6	1.6	20	20	20

㈡　電動發電機供電之電弧電焊器之分路設計：

　　(1)導線之安全電流量需能通過電動機額定電流之1.25倍。

　　(2)保護設備比照第七章電動機分路及幹線保護原則設計。

㈢　電阻電焊器之分路設計：

　　(1)電阻電焊器之導線選擇：

一台電焊器時：如爲自動電焊器其導線安全電流不得低於電焊器一次額定電流之 70％，若爲人工電焊器不得低於 50％。

二台電焊器以上時：一分路供給二台以上之電焊器時，其導線之安全電流量應大於最大電焊器負荷電流與其他各電焊器負荷電流 60％ 之和，卽：

$$I_F = I_{max} + \sum I_w \times 0.6 \qquad (A) \cdots\cdots\cdots\cdots (8-2)$$

（8-2）式中：I_F：分路導線之最小安全電流量（A）

I_{max}：最大電焊器之一次額定電流（A）

$\sum I_w$：除最大電焊器外，其餘電焊器一次額定電流之總和（A）

(2)電阻電焊器之過載保護設備：其額定不得大於電焊器一次額定電流之三倍，如分路之過載保護額定不超過電焊器一次電流之三倍時，電焊器可免裝過載保護裝置。

(3)電阻電焊器之分路過載保護設備：其額定不得大於分路安全電流之三倍。

8-7 電熱器設計實例

【例1】　某工廠之宿舍裝設 1ϕ 220V 4kW電能熱水器八台，由 3ϕ 3W 220V 供電，採硬質 PVC 管配線，試設計其分路及幹線？

【 解 】　1. 電熱器之額定電流及分路導線：

$$1\phi 220V \, 4\,kW : \frac{4000}{220} = 18.18 \, (A)$$

各分路導線線徑採用 5.5 導線（查表 3-3）

2. 分路之分段設備及過載保護設備：
電熱器之額定電流爲 18.18 A，採用無熔絲開關 3P 50A F 20AT。

3. 幹線線徑及過載保護設備：
總負載 4 kW × 8 = 32 kW

總負載電流：

$$\frac{32 \times 10^3}{\sqrt{3} \times 220} = 83.98\,\mathrm{A}$$

由（表3-3）幹線線徑採用 $\overline{38}$，過載保護設備採用 3 P
100 AF 100 AT。

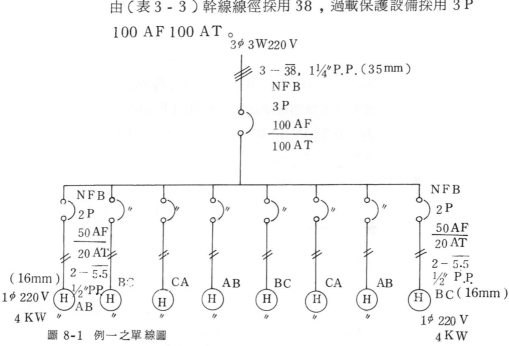

圖 8-1　例一之單線圖

【例2】　某紡織工廠之染整部採用 3φ3W220V 電熱器 30 kW 二台、
10 kW 4 台、5 kW 一台，採厚金屬管配線，電源為 3φ3W
220V 供電，試設計其分路及幹線？

【解】　1. 電熱器之額定電流及分路導線：(註：供應額定電流超過
50 安培具電熱器裝置，其導線載流量應超過該裝置之過
電流保護器之額定電流以上)

　　　　3φ3W220V　30 kW：$\dfrac{30 \times 10^3}{\sqrt{3} \times 220} = 78.73$（A）

　　　採用 $\overline{38}$ 之導線（查表3-2）

　　　　3φ3W220V　10 kW：$\dfrac{10 \times 10^3}{\sqrt{3} \times 220} = 26.24$（A）

　　　採用 $\overline{5.5}$ 之導線（查表3-2）

$$3\phi\,3\,W\,220\,V \quad 5\,kW : \frac{5 \times 10^3}{\sqrt{3} \times 220} = 13.12 \text{ (A)}$$

採用 2.0 mm 之導線。（查表 3 - 2 ）

2. 分路之分段設備及過載保護設備：

　　$3\phi\,3\,W\,220\,V\,30\,kW$ 之額定電流為 78.73 A，故分路保護設備採用無熔線斷路器 3 P 100 AF 100 AT 。

　　$3\phi\,3\,W\,220\,V\,10\,kW$ 之額定電流為 26.24 A，故分路保護設備採用無熔線斷路器 3 P 50 AF 30 AT 。

　　$3\phi\,3\,W\,220\,V\,5\,kW$ 之額定電流為 13.12 A ，故分路保護設備採用無熔線斷路器 3 P 50 AF 15 AT 。

3. 幹線線徑及過載保護設備：

總負載 $30\,kW \times 2 + 10\,kW \times 4 + 5\,kW \times 1 = 105\,kW$

總負載電流：

$$\frac{105 \times 10^3}{\sqrt{3} \times 220} = 275.56 \text{ (A)}$$

查表（ 3 - 2 ）幹線線徑採用 $\overline{200}$ ，過載保護設備採用無熔線斷路器 3 P 400 AF 300 AT 。

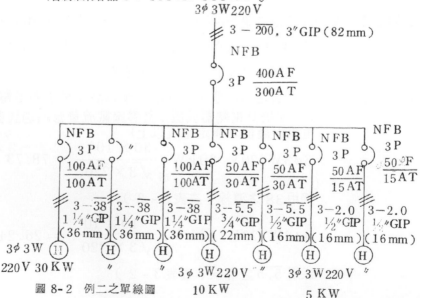

圖 8-2　例二之單線圖

【例3】　某焊接廠裝設 $1\phi 220\,\mathrm{V}$ 電弧電焊機 $50\,\mathrm{kVA}$ 一台，使用率爲 50% ， $40\,\mathrm{kVA}$ 一台使用率爲 50% ， $20\,\mathrm{kVA}$ 三台，使用率爲 40% ， $10\,\mathrm{kVA}$ 三台，使用率爲 40% ，以 $3\phi 3\mathrm{W}220\,\mathrm{V}$ 供電，硬質 PVC 管配線，試設計其分路及幹線？

【解】　1. 電弧式電焊器之一次額定電流及分路導線：

$$1\phi 220\,\mathrm{V}\;50\,\mathrm{kVA}：\frac{50 \times 10^{3}}{220}\;=227.27\,(\mathrm{A})$$

採用 $\overline{200}$ 之導線（查表3-3）

$$1\phi 220\,\mathrm{V}\;40\,\mathrm{kVA}：\frac{40 \times 10^{3}}{220}\;=181.82\,(\mathrm{A})$$

採用 $\overline{125}$ 之導線（查表3-3）

$$1\phi 220\,\mathrm{V}\;20\,\mathrm{kVA}：\frac{20 \times 10^{3}}{220}\;=90.91\,(\mathrm{A})$$

採用 $\overline{50}$ 之導線（查表3-3）

$$1\phi 220\,\mathrm{V}\;10\,\mathrm{kVA}：\frac{10 \times 10^{3}}{220}\;=45.45\,(\mathrm{A})$$

採用 $\overline{14}$ 之導線（查表3-3）

2. 分段設備及分路過載保護設備：

由表8-11可查出

$1\phi 220\,\mathrm{V}\;50\,\mathrm{kVA}$：採用無熔線斷路器 $2\mathrm{P}\;400\,\mathrm{AF}\;400\,\mathrm{AT}$

$1\phi 220\,\mathrm{V}\;40\,\mathrm{kVA}$：採用無熔線斷路器 $2\mathrm{P}\;400\,\mathrm{AF}\;350\,\mathrm{AT}$

$1\phi 220\,\mathrm{V}\;20\,\mathrm{kVA}$：採用無熔線斷路器 $2\mathrm{P}\;225\,\mathrm{AF}\;150\,\mathrm{AT}$

$1\phi 220\,\mathrm{V}\;10\,\mathrm{kVA}$：採用無熔線斷路器 $2\mathrm{P}\;100\,\mathrm{AF}\;90\,\mathrm{AT}$

3. 幹線線徑及過載保護設備：

由（8-1）式及表（8-10）可得幹線之最小線徑爲：

$$\begin{aligned}I_{F} =&\; [\,(227.27 \times 0.71 + 181.82 \times 0.71) \times 1.0 + \\ &\; 90.91 \times 0.63 \times 0.85 + 90.91 \times 0.63 \times 0.7 \\ &\; + (90.91 \times 0.63 + 45.45 \times 0.63 \times 3) \times 0.6\,]\end{aligned}$$

$$= 465.12 \,(A)$$

故最小幹線應爲 $6 - \overline{200}$（查表 3-3 ），即每相有 $\overline{200}$ 兩條並聯，每相之安全電流量由表 3-3 可查出爲 $2 \times 255 = 510$（A），故幹線之過載保護設備採用無熔線斷路器 3 P 600 A F 500 A T 。

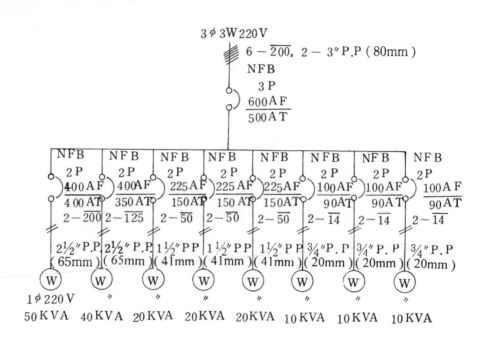

圖 8-3 例三之單線圖

習題八

1. 試述電熱器之種類？
2. 試述電氣爐之種類及特性？
3. 試述電焊器之種類及特性？
4. 試述電熱器之分路與幹線之設計原則？
5. 試述電焊器之分路與幹線之設計原則？
6. 某工廠裝設 $1\phi 220$ V 電熱器 3 kW 四台，4 kW 二台，5 kW 三台，10

kW一台，以 $3\phi3W220V$ 供電，按硬質PVC 管配線，試設計其分路及幹線？

7. 某鐵工廠裝設 $1\phi220V$ 電弧式電焊器 15 kVA二台， 20 kVA 一台 30 kVA二台， 40 kVA一台， 50 kVA一台，使用率皆為50％， 按厚金屬配線，以 $3\phi3W220V$ 供電，試設計其分路及幹線？

9

接地工程設計

9-1　接地之目的

　　電氣設備之帶電部份與外殼間之絕緣若因配線不良或絕緣劣化而使外殼與地之間有電位差存在時，稱爲漏電，嚴重漏電可能使人畜傷亡、機器損壞，引起電氣火災等後果，最簡單之防治方法爲將機器之非帶電金屬外殼實施接地，使萬一漏電發生時，非帶電金屬外殼之漏電電壓與地間之電位差減至最低，減少損失。故接地有下列目的：

1. 防止感電：因設備之非帶電金屬外殼實施接地，故吾人接觸到的設備，皆接近同電位（視接地方式而定），若接地方法不妥時，被接地部份會殘留危險的電壓，故接地施工時應確實，流過人身體之危險電流視交流電源之頻率及流過人身時間的長短而定，通常頻率在 $50 \sim 60$ Hz 有 $10 \sim 15$ mA 電流通過人體時，即產生感電現象。流過人體之電流在 15 mA 以上時，即有可能引起心臟麻痺而甚至死亡。

2. 防止電氣設備損壞：由於雷擊、開關衝擊、接地事故及諧振等原因而使線路產生異常電壓，可能使電氣設備之絕緣劣化甚至燒燬；但若於

237

系統實施接地，則可控制此類異常電壓，不至使電氣設備之絕緣劣化或燒燬。

3. 提高系統之穩定度：若系統實施接地時，可使接地保護電驛迅速隔離故障電路，使健全電路繼續正常供電。

4. 防止靜電感應干擾：若機器上貯存靜電荷時，亦可利用接地線排至地。

9 - 2 電氣工作物施行接地之種類

1. 設備接地：高低壓用電設備非帶電金屬部份之接地，簡稱高壓或低壓之「設備接地」，例如馬達金屬外殼之接地等。如圖 9 - 1 所示。

2. 內線系統接地：屋內線路屬於被接地之導線（如中性線、接地線）之再行接地者謂之內線系統接地。例如台電供給一般家庭用電之 1 φ 3 W 110 V / 220 V 之系統，有一條中性線，電力公司已在桿上變壓器附近實施接地，但至用戶尚需將中性線再實施接地，以免萬一電力公司之中性線斷線時將用戶之電器燒燬，此點水電承裝業必須慎重的在接戶開關之電源側將中性線再實施接地。故電力公司規定以多線式供電之用戶，其中性線應施行內線系統接地。如圖 9 - 2 所示。

3. 低壓電源系統之接地：配電變壓器之二次側低壓線或中性線之接地簡稱為「低壓電源系統之接地」，例如用戶自備變壓器之低壓側不論△ - △或△ - y 皆應實施接地，如圖 9 - 3 所示。

4. 設備與系統共同接地：內線系統之接地與用電設備之接地如共用一接地線或同一接地電極者稱為「設備與系統共同接地」，如圖 9 - 4 所示；若自備電源變壓器之用戶，如該變壓器之二次側線路對地電壓超過 150 伏特者，電力公司即建議用戶採用「設備與系統共同接地」。

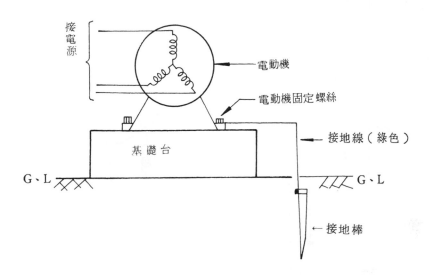

圖 9-1　設備接地範例

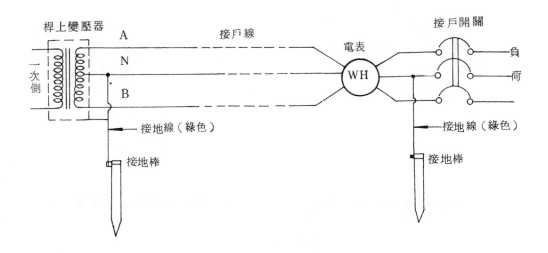

圖 9-2　內線系統接地之範例

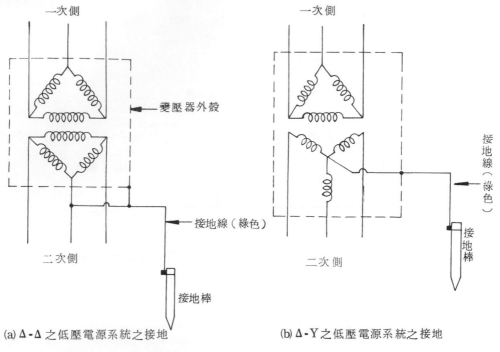

(a) Δ-Δ 之低壓電源系統之接地　　　　　(b) Δ-Y 之低壓電源系統之接地

圖 9-3　低壓電源系統之接地範例

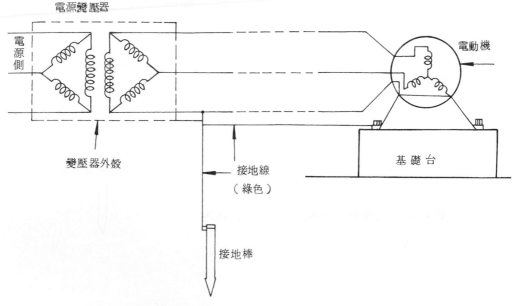

圖 9-4　設備與系統共同接地之範例

9-3 地線工程之分類及適用情形

地線工程依接地電阻之高低可分為下列四種：

1. 特種地線工程：此種地線工程適用於電力公司三相四線制接地系統供電地區之用戶自備變壓器之低壓電源系統之接地（變壓器之非帶電金屬外殼亦得與該系統共同接地）；特種地線工程之接地電阻如單獨施行接地時應保持在 10 歐姆以下為原則。

2. 第一種地線工程：此種地線工程適用於單相或多相制非接地系統之高壓用電設備之「設備接地」，其接地電阻應保持在 25 歐姆以下，高壓設備之應加接地部份係指高壓電動機、油開關（桿上油開關不受此限制）、油斷路器及其他之高壓器具之非帶電金屬外殼，以及支持（或接近）高壓設備之金屬體等。

3. 第二種地線工程：此種地線工程適用於電力公司三相三線式非接地系統供電地區之用戶變壓器之低壓電源系統之接地（變壓器之金屬外殼亦得與該系統共同接地），其接地電阻保持在 50 歐姆以下。

4. 第三種地線工程：此種地線工程適用於低壓用電設備之「設備接地」，屋內線系統之接地及變比器（比壓器及比流器）二次側之接地，以及支持低壓用電設備之金屬體之接地；低壓受電設備等應加接地者如下：

   (1)低壓電動機之外殼之接地。

   (2)金屬導線管及其連接之金屬箱之接地。

   (3)電纜之金屬外皮之接地。

   (4) x 線發生裝置及其鄰近金屬體之接地。

   (5)其他固定設備之接地（對地電壓如不超過150伏特，且在乾燥非危險處所，又不與任何金屬物接近或接觸者可不接地）。

   (6) 150伏特以上移動性電具之接地（但電動機外殼等業已絕緣保護不為人所觸及者不在此限）。

(7) 150伏特以下移動性設備可免接地，但使用於潮濕處所或金屬地板上或金屬桶內者，其非帶電露出金屬部份需要接地（但如電源電壓不超過 50 伏特且由一個二次側非接地之絕緣變壓器所供應者，可不必接地）。

第三種地線工程應保持之接地電阻應符合下列規定：

(1)電路對地電壓在150伏特以下者，該項接地電阻應保持在100歐姆以下。

(2)電路對地電壓超過150伏特（但不超過300伏特）之電力設備，該項接地電阻應保持在 50 歐姆以下，但用電處所如屬潮濕（如製冰及溉灌用電等）處所者，接地電阻應保持在 25 歐姆以下，以策安全。

(3)電路對地電壓超過150伏特（但不超過300伏特）之電燈（或電燈及電力綜合用電）設備如該電路未裝漏電斷路器時，其設備單獨施行接地（不與屋內線系統共同接地）之接地電阻應保持在 5 歐姆以下（利用自來水系統為接地極而施行接地者，可認為接地電阻在 5 歐姆以下），若與屋內線系統共同接地者，則該項接地電阻應在50歐姆以下）。至於該電路裝有漏電斷路器時，不論設備單獨接地或與屋內系統共同接地，其接地電阻應保持在 50 歐姆以下。

(4)電路對地電壓超過300伏特以上（但不超過600伏特）者，該接地電阻應保持在 10 歐姆以下。

(5)電路為低壓非接地之系統者，其設備之接地電阻應保持在 50 歐姆以下。

9 - 4　接地導線之種類及線徑

接地線以使用銅線為原則，單線或絞線均可使用，但以絞線較佳，常用之接地線之種類如下：

1 ．絕緣銅線：常用者有600 V PVC 導線，接地用導線及卡浦胎（Ca-

btire Cable ）等三種，600V　PVC導線為一般電路使用之導線；接地用導線之絕緣皮分為兩層，且絕緣皮較 600 V PVC 導線之絕緣皮厚，例如 5.5平方公厘之接地用導線之樣品外徑為9.0mm，而600 V　PVC導線之樣品外徑僅為 5.0mm，故接地用導線特別適用作第一及第三種地線工程而人易觸及之處所的接地線。卡浦胎電纜大都用於移動電具之第三種地線之接地線。絕緣銅線作為接地線之絕緣皮顏色僅限用綠色。

2．裸銅線：適用於金屬管配線工程中之跨接線（如金屬管與金屬管間、金屬管與連接匣間之接地線），或在導線管內多置一條與電路導線共配於一管內之接地線，或屋外埋設於地下及架空接地線等皆可採用裸銅線。

接地線之線徑如下：

1．在特種地線工程中如受電設備容量500KVA 以下者，應使用截面積 22 平方公厘以上膠皮絞線；如受電設備容量超過500KVA 時應使用 38平方公厘以上。

2．在第一種地線工程中，應使用 5.5平方公厘以上之膠皮絞線，但受電室內變壓器如外殼與二次線共同接地者，其接地電阻應保持在25 歐姆以下，且視變壓器之容量而定（導線線徑參照第二種地線工程）。

3．在第二種地線工程中所用導線之線徑應視變壓器之容量而定：
(1)凡變壓器之容量自20 KVA以下者應使用8平方公厘以上之膠皮包絞線。
(2)凡變壓器之容量自20 KVA以上者（包括20 KVA）應使用截面積在22平方公厘以上之膠皮絞線。
(3)接地導線應為無接頭無曲折者。

4．在第三種地線工程中所用導線之大小視下列情形而定：
(1)變比器（PT及CT）二次線之接地線可採用5.5平方公厘以上者。
(2)內線系統單獨接地或與設備共同接地，其接地引接線之大小除接地極係屬接地棒或接地板等人工接地極者，可採用14平方公厘者外

（但不得低於5.5平方公厘）應依表9-1之規定辦理。

表9-1　內線系統單獨接地或與設備共同接地之接地引接線線徑

接戶線中之最大截面積(mm²)	銅接地導線大小(mm²)
30 以下	8
38～50	14
60～80	22
超過 80～200	30
超過 200～325	50
超過 325～500	60
超過 500	80

(3)用電設備單獨接地（不與系統共同接地）者其接地線之大小除接地極係屬人工接地極可採用 14 平方公厘者外，應按表9-2之規定辦理。

表9-2　用電設備單獨接地之接地線及設備與內線系統共同接地之連接線線徑表

過電流保護器之額定或標置	銅接地導線之大小
20A 以下	1·6mm（2·0mm²）
30A 以下	2·0mm（3·5mm²）
60A 以下	5·5mm²
100A 以下	8mm²
200A 以下	14mm²
400A 以下	22mm²
600A 以下	38mm²
800A 以下	50mm²
1000A 以下	60mm²
1200A 以下	80mm²
1600A 以下	100mm²
2000A 以下	125mm²
2500A 以下	175mm²
3000A 以下	200mm²
4000A 以下	250mm²
5000A 以下	350mm²
6000A 以下	400mm²
註：移動性電具，其接地線與電源線共同置於軟管或電纜內時，得與電源線同等線徑。	

⑷用電設備與內線系統共同接地者其連接接地線之線徑應依表9－2
之規定辦理，但移動性電具其接地線如與電源線共同置於花線或電
纜內時得與電源線之線徑相同。

9-5 避雷器接地

避雷器係利用具有閥特性的電阻元件所組成，亦卽加異常電壓於避雷
器時，電阻元件電阻變為非常低，開始放電，異常電流通過電阻元件流至
大地，當異常電壓消失時，電阻元件之電阻瞬時變得很高，阻止正常線路
電流流過避雷器；故避雷器之接地必須符合下列規定：

1. 避雷器之接地電阻應保持在10歐姆以下。
2. 避雷器之接地導線應用無曲折之膠皮絞線，其截面積不得小於14 平
   方公厘（使用AWG 線規者得使用6號線）。
3. 避雷器之地線不得用金屬管掩護（但非金屬管可使用），此係導線置
   於金屬管內會增加導線之電感抗，使放電電流受到限制，但以硬質塑
   膠管則不受影響。

9-6 電動機、電熱器及照明設備之接地

電動機、電熱器之非帶電金屬外殼如帶電元件與外殼間之絕緣劣化而
發生漏電或外殼與線路帶電部份碰觸時，皆可能在外殼與地之間產生危險
的電壓，為防止感電及意外事故的發生起見，需將電動機、電熱器等設備
之外殼加以接地，此接地電阻愈低愈佳，但為顧及經濟原則，只要人畜能
安全的狀況卽可，故一般電動機、電熱器之設備的接地皆採用第三種地線
工程施工，接地電阻之大小視線路對地電壓之高低而定，請參閱9－3 節
。電燈設備之外殼若對地電壓在150伏特以下，通常可不必接地，但若工
作場所為濕度較高，如食品水洗場所、冷凍冷藏庫等，若人工作時易接觸
時，其照明設備之外殼亦應實施第三種地線工程。

9 - 7　避雷針接地

按建築技術規則之規定，需設置避雷針之場所如下：

1. 高度超過 20 公尺以上者。
2. 高度未超過 20 公尺但在雷擊較多地區之建築物。
3. 建築物高度在 3 公尺以上並作危險品倉庫使用者（如火藥庫、可燃性液體倉庫、可燃性瓦斯倉庫等）。

　　避雷針之保護角與保護範圍：避雷針針尖與受保護地面周邊所形成之圓錐體即為避雷針之保護範圍，而此圓錐體之頂角的一半即謂保護角，普通建築物之保護角不得超過 60 度，危險品倉庫之保護角不得超過 45 度。如圖 9 - 5 所示。

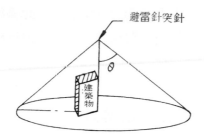

避雷針突針

θ：保護角

保護範圍：在保護角內所見之圓錐體內
　　　　　之空間皆屬之。

圖 9-5　保護角與保護範圍

　　避雷針所使用之接地導線：建築物高度在三十公尺以下時應使用截面積三十平方公厘以上之銅導線；建築物高度超過三十公尺但未達三十五公尺時應使用六十平方公厘以上之銅導線；建築物高度在三十五公尺以上時應用一百平方公厘以上之銅導線。如導線裝置之地點有被外物碰傷之虞時，應使用硬質塑膠管或非磁性金屬管（如銅管）保護之。

避雷針之接地極：接地極為避雷針接地線與大地間之連接導體，接地極需使用面積 0.35 平方公尺，厚度 1.5 公厘以上之銅板或同效果之接地棒、管等金屬體，但應使用不易腐蝕之材質。接地極通常皆埋設在常水面以下之深度，若常水面很深時，只需電極之下端達到地下 3 公尺即可，一條接地引下導線如並聯二塊以上之接地極時，其相互間之距離不得小於 1.8 公尺，並且在地面下 1 公尺以上之深處使用 30 平方公厘以上之銅絞線相互連接，如圖 9-6 所示，接地電阻無論使用何種材質之接地極皆應保持在 10 歐姆以下。

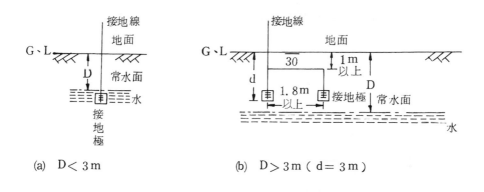

(a) D＜3m   (b) D＞3m（d＝3m）

圖 9-6 避雷針接地極埋設之深度

9-8 降低接地電阻之方式

低接地電阻及有足夠的載流量為接地之主要條件，低接地電阻時可使故障電流有極低電阻的通路將故障電流迅速導入大地不致引起危害人員及財產安全的電壓。載流量在使接地系統當通過大量故障電流時不致燒燬。降低接地電阻的方法有：

1. 採用較大尺寸之接地電極。

2. 增加接地電極之深度。

3. 增加接地電極並聯的數量。

4. 利用自來水管。

5. 改善接地電極附近的土壤，以降低電阻率。

6. 改變接地電極的形狀。

   茲說明如下：

1. 接地電極與接地電阻之關係：接地電極之面積與接地電阻之關係如圖
   9-7 所示（假定接地電極之深度相同，大地之電阻率一致時之圓形
   接地電極所測得的結果），由此圖可知：接地電極之截面積增至 2～
   3 平方公尺以上時接地電阻並無顯著的降低，故用較大面積之接地電
   極其降低接地電阻的效果甚微。接地棒之直徑對接地電阻之影響甚小
   ，僅其機械強度能承受打入所需深度而不彎曲即可。

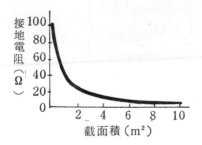

圖 9-7 接地電極面積與接地電阻之關係

2. 增加接地電極之深度：接地棒打入地下的深度影響接地電阻最大，原
   因有：(1)棒接地之有效體積增加，(2)因深度增加，下部所受壓力較大
   使土質較上層緊密及下部水份多，永久潮濕增加泥土的粘性故土地的
   電阻率隨深度而降低。接地電阻與接地棒（板）驅入深度在最初數呎
   之深度時，電阻減少甚速，但深度超過 5～8 呎以上時則接地電阻之
   減低甚微。

3. 增加接地電極並聯的數量：接地電極並聯數多且相互間之間隔大時，

可使接地電阻大量的降低，多根過於接近之接地棒並聯與單獨一根接
地棒之接地電阻相差微少，故二根以上並聯之接地棒爲達較高的效率
及經濟原則，通常均保持較大的間隔，以增加接地棒與大地之有效接
觸面積，長 2.5 公尺之接地棒之間隔約爲 $2m \sim 6m$ 間；接地棒長度
愈長則其間隔應愈大。兩接地棒（板）間之間隔若無地形限制時，間
隔愈大則接地電阻愈小；但若受地形限制時，間隔不宜少於 1.8 公尺。

4. 利用自來水管：自來水管一般皆爲直徑甚大之鑄鐵管，與地接觸之面
   積甚廣，故多半能供給甚低的接地電阻，一般皆視爲 5 歐姆以下，視
   自來水管系統之大小而定，有的在一歐姆以下，適宜使用特種、第一
   種、第二種、第三種地線工程之接地極。但若用水泥等非導體之自來
   水管不得作爲接地電極。

5. 改善接地電極附近的土壤，以降低電阻率：可利用下列方法降低電阻
   率：

   (1)水份補充法：泥土的含水量與電阻率有相當的影響，當含水量低於
      22% 時，土壤之電阻率迅速增加，故應使土壤含水量高，才能降
      低土壤之電阻率，但利用此法經常補充土壤之水份甚爲麻煩。

   (2)化學處理法：利用化學品如氯化鈉、硫酸鐵、硫酸鎂等使土壤電阻
      率降低，電阻值降低可自 15% $\sim$ 90%，故效果相當良好，常用之
      化學品爲氯化鈉（食鹽）及硫酸鎂等，此法不適宜使用於砂石或質
      鬆之土地，因化學品容易流失而不能持久，需每隔一段時間（視電
      阻升高的情形而定）重新處理。接地棒不宜與化學品直接接觸，以
      免接地棒被腐蝕（氯化鈉較硫酸鎂易腐蝕接地棒）。

6. 改變接地電極的形狀：接地電阻較大之場所可採用接地棒或接地板；
   但如變電所耐雷用之接地需保持甚低之接地電阻，故宜採用接地網之
   接地。

9-9　接地工程設計實例

【例1】 某工廠採用 3φ220V 供電，設備如圖9-8 所示，負載計有 3φ220V 10HP 一台，20HP 一台，30HP 一台，試設計其接地工程？

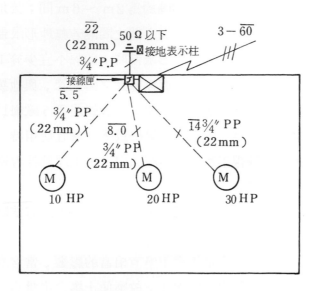

圖9-8 例一之接地線配線圖

【 解 】 1. 接地之目的係為防止感電。

2. 接地方式採單一接地。

3. 由第七章可知 3φ3W220V 10HP 之過電流保護器額定值為 50 AT，3φ3W220V 20HP 為 100 AT，3φ3W220V 30HP 為 125 AT。

4. 由表9-1 可查出接戶線 $\overline{60}$ 之銅接地導線為 $\overline{22}$。

5. 由表9-2可查出 50 AT 之接地線為 $\overline{5.5}$，100 AT 之接地線為 $\overline{8}$，125 AT 之接地線為 $\overline{14}$。

6. 按第三種地線工程施工，接地電阻保持在 50Ω 以下。

7. 接地對象：10HP、20HP、30HP 及總開關箱之非帶電金屬體皆應接地。

8. 接地棒之位置為維護方便起見需設接地表示柱以資識別。

習題九

1. 試述接地之目的？
2. 何謂設備接地、內線系統接地、低壓電源系統接地、設備與系統共同接地？
3. 試述接地工程之分類及適用場所？
4. 試述接地導線之種類。
5. 試述應設置避雷針之場所？
6. 何謂避雷針之保護角及保護範圍？
7. 試述降低接地電阻之方法？

10

工廠大樓設計實例

10-1 大飯店設計實例

短路計算：<A>

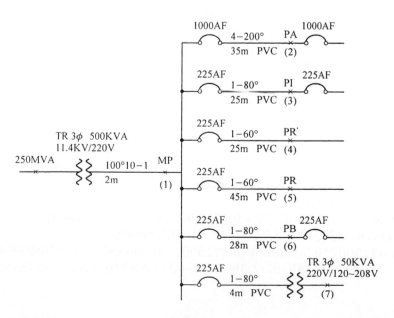

短路計算：＜B＞

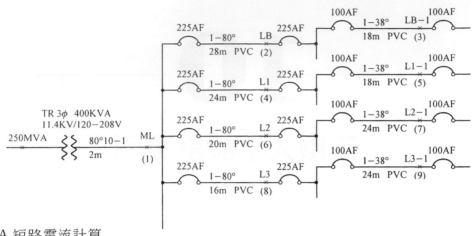

A.短路電流計算

系統短路容量(MVA)：-------------------------- 250
基準容量(KVA)：------------------------------- 1000
基準電壓(KV)：--------------------------------- .22
變壓器製造者，相數，容量：------------------SL，3P，500
馬達容量(KVA)：------------------------------ 500

變壓器至匯流排尺寸：-------------100*10-1
變壓器至匯流排長度：------------- 2

BASE BY 1000 KVA
ZS=0.004
TR=1.15*10/500+0.024*2/1000/0.22/0.22=2.399174E-02
TX=2.8*10/500+0.178*2/1000/0.22/0.22+0.004=6.735538E-02

UR=2.399174E-02+0*0*0/1000/0.22/0.22=2.399174E-02
UX=6.735538E-02+0*0*0/1000/0.22/0.22=6.735538E-02
MR=1000/(6*4*500)=8.333334E-02
MX=1000/(4*500)=0.5
ZU=SQR(2.399174E-02^2+6.735538E-02^2)=0.0715007
ZM=SQR(8.333334E-02^2+0.5^2)=0.5068969
ZV=(0.0715007*0.5068969)/(0.0715007+0.5068969)=6.276825E-02
DG=(ATN(6.735538E-02/2.399174E-02)+ANT(0.5/8.333334E-02)-ATN

$((6.735538E-02+0.5)/(2.399174E-02+8.333334E-02)))*57.29578=71.64388$
$R1=6.276825E-02*COS(71.64388*0.0174533)=1.976709E-02$
$X1=6.276825E-02*SIN(71.64388*0.0174533)=5.957445E-02$
$X1/R1=3.013821$　　　$K1=1.060347$
$I1=2624.32*1.060347/6.276825E-02/1000=44.332(KA)$

故障點　#1＝44.332(KA)　　（開關箱名稱）：MP PANEL
＝＝＝＝＝＝＝＝＝＝＝＝＝

#1 NFB 至 #2 NFB 導線管：--------------------PVC
#1 NFB 至 #2 NFB 導線並聯條數：------------　4
#1 NFB 至 #2 NFB 導線線徑：------------------200
#1 NFB 至 #2 NFB 導線長度：------------------ 35
#1 NFB 與 #2 NFB.----------------------------- 1000，0

$R2=1.976709E-02+0.25*0.101*35/1000/0.22/0.22=3.802639E-02$
$X2=5.957445E\ 02+0.25*8.780001E-02*35/1000/0.22/0.22+1.487603E-03=$
0.076935
$X2/R2=2.0232$　　　　$K2=1.022155$
$I2=2624.32*1.022155/SQR(3.802639E-02\verb|^|2+0.076935\verb|^|2)/1000=31.256$
(KA)

故障點　#2＝31.256(KA)　　（開關箱名稱）：PA PANEL
＝＝＝＝＝＝＝＝＝＝＝＝＝

#1 NFB 至 #2 NFB 導線管：--------------------PVC
#1 NFB 至 #2 NFB 導線並聯條數：-----------　1
#1 NFB 至 #2 NFB 導線線徑：----------------80
#1 NFB 至 #2 NFB 導線長度：----------------- 25
#1 NFB 與 #2 NFB.--------------------------- 225，0

$R2=1.976709E-02+1*0.252*25/1000/0.22/0.22=0.1499324$
$X2=5.957445E-02+1*0.0912*25/1000/0.22/0.22+1.983471E-02=0.1265166$
$X2/R2=0.8438243$　　　$K2=1.000292$
$I2=2624.32*1.000292/SQR(0.1499324\verb|^|2+0.1265166\verb|^|2)/1000=13.381(KA)$

故障點　#3＝13.381(KA)　　（開關箱名稱）：P1 PANEL
＝＝＝＝＝＝＝＝＝＝＝＝＝

#1 NFB 至 #2 NFB 導線管：--------------------PVC
#1 NFB 至 #2 NFB 導線並聯條數：------------ 1
#1 NFB 至 #2 NFB 導線線徑：------------------60
#1 NFB 至 #2 NFB 導線長度：------------------ 25
#1 NFB 與 #2 NFB.----------------------------- 225，0

$R2 = 1.976709E\text{-}02 + 1*0.33*25/1000/0.22/0.22 = 0.1902216$
$X2 = 5.957445E\text{-}02 + 1*0.0912*25/1000/0.22/0.22 + 1.983471E\text{-}02 = 0.1265166$
$X2/R2 = 0.665101 \qquad K2 = 1.000039$
$I2 = 2624.32*1.000039/SQR(0.1902216^2 + 0.1265166^2)/1000 = 11.487(KA)$

故障點　#4 = 11.487(KA)　　　(開關箱名稱)：PR' PANEL
＝＝＝＝＝＝＝＝＝＝＝＝＝

#1 NFB 至 #2 NFB 導線管：-------------------PVC
#1 NFB 至 #2 NFB 導線並聯條數：----------- 1
#1 NFB 至 #2 NFB 導線線徑：-----------------60
#1 NFB 至 #2 NFB 導線長度：----------------- 45
#1 NFB 與 #2 NFB.---------------------------- 225，0

$R2 = 1.976709E\text{-}02 + 1*0.33*45/1000/0.22/0.22 = 0.3265853$
$X2 = 5.957445E\text{-}02 + 1*0.0912*45/1000/0.22/0.22 + 1.983471E\text{-}02 = 0.1642026$
$X2/R2 = 0.5027862 \qquad K2 = 1.000002$
$I2 = 2624.32*1.000002/SQR(0.3265853^2 + 0.1642026^2)/1000 = 7.179(KA)$

故障點　#5 = 7.179(KA)　　　(開關箱名稱)：PR PANEL
＝＝＝＝＝＝＝＝＝＝＝＝＝

#1 NFB 至 #2 NFB 導線管：-------------------PVC
#1 NFB 至 #2 NFB 導線並聯條數：----------- 1
#1 NFB 至 #2 NFB 導線線徑：-----------------80
#1 NFB 至 #2 NFB 導線長度：----------------- 28
#1 NFB 與 #2 NFB.---------------------------- 225，0

$R2 = 1.976709E\text{-}02 + 1*0.252*28/1000/0.22/0.22 = 0.1655522$
$X2 = 5.957445E\text{-}02 + 1*0.0912*28/1000/0.22/0.22 + 1.983471E\text{-}02 = 0.1321695$
$X2/R2 = 0.7983554 \qquad K2 = 1.000191$
$I2 = 2624.32*1.000191/SQR(0.1655522^2 + 0.1321695^2)/1000 = 12.39(KA)$

故障點　#6=12.39(KA)　　　(開關箱名稱)：PB' PANEL
==============

　　導線管：---------------------PVC
　　導線並聯條數：------------- 1
　　導線線徑：-------------------80
　　導線長度：------------------- 4
　　NFB.------------------------ 225，0
　　變壓器容量(KVA)：---------- 50
　　變壓器電壓(KV)：------------ .208

R=1.76*10/50=0.352
X=2.8*10/50=0.56
RT=1.976709E-02+0.352+1*0.252*4/1000/0.22/0.22=0.3925935
XT=5.957445E-02+1.983471E-02+0.56+1*0.0912*4/1000/0.22/0.22=
0.6469464
KT=SQR(1+EXP(-2*3.14157*0.3925935/0.6469464))=1.010982
IT=1000/(1.732*0.208)*1.010982/SQR(0.3925935^2+0.6469464^2))/
1000=3.708(KA)

故障點　#7=3.708(KA)　　　(電燈變壓器後故障電流)
==============

B.短路電流計算

　　系統短路容量(MVA)：------------------------ 250
　　基準容量(KVA)：---------------------------- 1000
　　基準電壓(KV)：-------------------------------- .208
　　變壓器製造者，相數，容量：---------------SL，3P，400
　　馬達容量(KVA)：---------------------------- 400

　　變壓器至匯流排尺寸：-------------80*10-1
　　變壓器至匯流排長度：------------- 2

BASE BY 1000 KVA
ZS=0.004
TR=1.25*10/400+0.034*2/1000/0.208/0.208=3.282175E-02
TX=3.2*10/400+0.19*2/1000/0.208/0.208+0.004=9.278328E-02

UR＝3.282175E-02＋0*0*0/1000/0.208/0.208＝3.282175E-02
UX＝9.278328E-02＋0*0*0/1000/0.208/0.208＝9.278328E-02
MR＝1000/(6*4*400)＝0.1041667
MX＝1000/(4*400)＝0.625
ZU＝SQR(3.282175E-02＾2＋9.278328E-02＾2)＝0.0984175
ZM＝SQR(0.1041667＾2＋0.625＾2)＝0.6336211
ZV＝(0.0984175*0.6336211)/(0.0984175＋0.6336211)＝8.533752E-02
DG＝(ATN(9.278328E-02/3.282175E-02)＋ANT(0.625/0.1041667)-
ATN((9.278328E-02＋0.625)/(3.282175E-02＋0.1041667)))*57.29578＝71.86156
R1＝8.533752E-02*COS(71.86156*0.0174533)＝2.656673E-02
X1＝8.533752E-02*SIN(71.86156*0.0174533)＝8.109686E-02
X1/R1＝3.052572   K1＝1.061918
I1＝2775.723*1.061918/8.533752E-02/1000＝34.54(KA)

故障點　#1＝34.54(KA)　　(開關箱名稱)：ML PANEL
＝＝＝＝＝＝＝＝＝＝＝＝＝＝

#1 NFB 至 #2 NFB 導線管：--------------------PVC
#1 NFB 至 #2 NFB 導線並聯條數：------------ 1
#1 NFB 至 #2 NFB 導線線徑：------------------80
#1 NFB 至 #2 NFB 導線長度：------------------ 28
#1 NFB 與 #2 NFB.------------------------------ 225，0

R2＝2.656673E-02＋1*0.252*28/1000/0.208/0.208＝0.1896585
X2＝8.109686E-02＋1*0.0912*28/1000/0.208/0.208＋2.218935E-02＝0.162309
X2/R2＝0.855801   K2＝1.000324
I2＝2775.723*1.000324/SQR(0.1896585＾2＋0.1623099＾2)/1000＝11.122(KA)

故障點　#2＝11.122(KA)　　(開關箱名稱)：LB PANEL
＝＝＝＝＝＝＝＝＝＝＝＝＝＝

#2 NFB 至 #3 NFB 導線管：--------------------PVC
#2 NFB 至 #3 NFB 導線並聯條數：----------- 1
#2 NFB 至 #3 NFB 導線線徑：------------------38
#2 NFB 至 #3 NFB 導線長度：----------------- 18

X＝2.8*10/50＝0.56

RT＝1.976709E-02＋0.352＋1*0.252*4/1000/0.22/0.22＝0.3925935

XT＝5.957445E-02＋1.983471E-02＋0.56＋1*0.0912*4/1000/0.22/0.22＝
0.6469464

KT＝SQR(1＋EXP(-2*3.14157*0.3925935/0.6469464))＝1.010982

IT＝1000/(1.732*0.208)*1.010982/SQR(0.3925935^2＋0.6469464^2))/
1000＝3.708(KA)

故障點　#7＝3.708(KA)　　　　(電燈變壓器後故障電流)
＝＝＝＝＝＝＝＝＝＝＝＝＝

#2 NFB 與#3 NFB.------------------------- 225，100

R3＝0.1896585＋1*0.529*18/1000/0.208/0.208＝0.409749

X3＝0.1623099＋1*0.0914*18/1000/0.208/0.208＋0.1053994＝0.3057363

X3/R3＝0.746155　　　K2＝1.00011

I3＝2775.723*1.00011/SQR(0.409749^2＋0.3057363^2)/1000＝5.429(KA)

故障點　#3＝5.429(KA)　　　(開關箱名稱)：LB-1 PANEL
＝＝＝＝＝＝＝＝＝＝＝＝＝

#1 NFB 至#2 NFB 導線管：-------------------PVC

#1 NFB 至#2 NFB 導線並聯條數：----------- 1

#1 NFB 至#2 NFB 導線線徑：-----------------80

#1 NFB 至#2 NFB 導線長度：----------------- 24

#1 NFB 與#2 NFB.--------------------------- 225，0

R2＝2.656673E-02＋1*0.252*24/1000/0.208/0.208＝0.1663596

X2＝8.109686E-02＋1*0.0912*24/1000/0.208/0.208＋2.218935E-02＝0.1538779

X2/R2＝0.9249716　　　　K2＝1.000561

I2＝2775.723*1.000561/SQR(0.1663596^2＋0.1538779^2)/1000＝12.255(KA)

故障點　#4＝12.255(KA)　　　(開關箱名稱)：L1 PANEL
＝＝＝＝＝＝＝＝＝＝＝＝＝

#2 NFB 至 #3 NFB 導線管：-------------------PVC
#2 NFB 至 #3 NFB 導線並聯條數：----------- 1
#2 NFB 至 #3 NFB 導線線徑：-----------------38
#2 NFB 至 #3 NFB 導線長度：---------------- 18
#2 NFB 與 #3 NFB.---------------------------- 225，100

R3=0.1663596+1*0.529*18/1000/0.208/0.208=0.3864502
X3=0.1538779+1*0.0914*18/1000/0.208/0.208+0.1053994=0.2973043
X3/R3=0.7693211　　K3=1.000142
I3=2775.723*1.000142/SQR(0.3864502^2+0.2973043^2)/1000=5.693(KA)

故障點　#5=5.693(KA)　　　(開關箱名稱)：L1-1 PANEL
＝＝＝＝＝＝＝＝＝＝＝＝＝＝

#1 NFB 至 #2 NFB 導線管：-------------------PVC
#1 NFB 至 #2 NFB 導線並聯條數：----------- 1
#1 NFB 至 #2 NFB 導線線徑：-----------------80
#1 NFB 至 #2 NFB 導線長度：---------------- 20
#1 NFB 與 #2 NFB.---------------------------- 225，0

R2=2.656673E-02+1*0.252*20/1000/0.208/0.208=0.1430608
X2=8.109686E-02+1*0.0912*20/1000/0.208/0.208+2.218935E-02=0.145446
X2/R2=1.016672　　K2=1.001035
I2=2775.723*1.001035/SQR(0.1430608^2+0.145446^2)/1000=13.619(KA)

故障點　#6=13.619(KA)　　　(開關箱名稱)：L2 PANEL
＝＝＝＝＝＝＝＝＝＝＝＝＝＝

#2 NFB 至 #3 NFB 導線管：-------------------PVC
#2 NFB 至 #3 NFB 導線並聯條數：----------- 1
#2 NFB 至 #3 NFB 導線線徑：-----------------38
#2 NFB 至 #3 NFB 導線長度：---------------- 24
#2 NFB 與 #3 NFB.---------------------------- 225，100

R3=0.1430608+1*0.529*24/1000/0.208/0.208=0.4365149
X3=0.145446+1*0.0914*24/1000/0.208/0.208+0.1053994=0.301548
X3/R3=0.6908081　　K3=1.000056
I3=2775.723*1.000056/SQR(0.4365149^2+0.301548^2)/1000=5.232(KA)

故障點　#7＝5.232(KA)　　(開關箱名稱)：L2-1 PANEL
＝＝＝＝＝＝＝＝＝＝＝＝＝＝＝

#1 NFB 至 #2 NFB 導線管：------------------PVC
#1 NFB 至 #2 NFB 導線並聯條數：------------- 1
#1 NFB 至 #2 NFB 導線線徑：-----------------80
#1 NFB 至 #2 NFB 導線長度：---------------- 16
#1 NFB 與 #2 NFB.---------------------------- 225，0

R2＝2.656673E-02＋1*0.252*16/1000/0.208/0.208＝0.119762
X2＝8.109686E-02＋1*0.0912*16/1000/0.208/0.208＋2.218935E-02＝0.137014
X2/R2＝1.144053　　　　K2＝1.002058
I2＝2775.723*1.002058/SQR(0.119762^2＋0.137014^2)/1000＝15.284(KA)

故障點　#8＝15.284(KA)　　(開關箱名稱)：L3 PANEL
＝＝＝＝＝＝＝＝＝＝＝＝＝＝＝

#2 NFB 至 #3 NFB 導線管：------------------PVC
#2 NFB 至 #3 NFB 導線並聯條數：----------- 1
#2 NFB 至 #3 NFB 導線線徑：-----------------38
#2 NFB 至 #3 NFB 導線長度：---------------- 24
#2 NFB 與 #3 NFB.---------------------------- 225，100

R3＝0.119762＋1*0.529*24/1000/0.208/0.208＝0.4132161
X3＝0.137014＋1*0.0914*24/1000/0.208/0.208＋0.1053994＝0.2931161
X3/R3＝0.7093531　　　　K3＝1.000071
I3＝2775.723*1.000071/SQR(0.4132161^2＋0.2931161^2)/1000＝5.479(KA)

故障點　#9＝5.479(KA)　　(開關箱名稱)：L3-1 PANEL
＝＝＝＝＝＝＝＝＝＝＝＝＝＝＝

計算資料

壓降計算：<A>

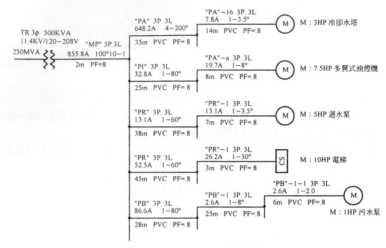

壓降計算：<B>

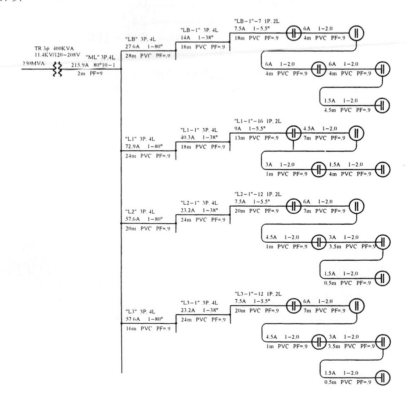

A.電壓降計算

功因：0.8　　電流(A)：855.8　　　線徑：100*10-1　　　長度(M)：2
相數及線數：3P，3L

VB1=1.732051*(0.024*0.8+0.178*SQR(1-0.64))*855.8*2/1000=0.3735368
(V)

電壓降　VB1=0.3735368(V)
＝＝＝＝＝＝＝＝＝＝＝＝＝＝＝

導線管：PVC　　功因：0.8　　電流(A)：648.2　　　導線並聯條數：4

線徑：200　　　長度：35　　相數及線數：3P，3L

V2＝0.25*1.732051*(0.101*0.8+8.780001E-02*SQR
(1-0.64))*648.2*35/1000=1.311275(V)

電壓降　V2=1.311275(V)
＝＝＝＝＝＝＝－＝＝＝－＝

導線管：PVC　　功因：0.8　　電流(A)：7.8　　　導線並聯條數：1
線徑：3.5　　　長度：14　　相數及線數：3P，3L

V3=1*1.732051*(5.65*0.8+0.11*SQR(1-0.64))*7.8*14/1000=0.8673958(V)

電壓降　V3=0.8673958(V)
＝＝＝＝＝＝＝＝＝＝＝＝＝＝

線路電壓(V)：-------------------- 220，220
幹線段數：------------------------2
開關箱名稱：---------------------MP TO PA-16

VD1%＝(0.3735368+0+0+1.311275)/220*100%=0.9356132%
VD2%＝(0+0.8673958+0+0+0+0+0+0+0+0+0+0+0+0)/220*100%＝
0.3942708%
VD%＝0.9356132%+0.3942708%=1.329884%

電壓降　VD%=0.9356132%+0.3942708%=1.329884%
=======================

導線管：PVC　　功因：0.8　　電流(A)：32.8　　　導線並聯條數：1
線徑：80　　　長度：25　　相數及線數：3P，3L

V2=1*1.732051*(0.252*0.8+0.0912*SQR(1-0.64))*32.8*25/1000=0.3640466
(V)

電壓降　V2=0.3640466(V)
===============

導線管：PVC　　功因：0.8　　電流(A)：19.7　　　導線並聯條數：1
線徑：8　　　　長度：8　　　相數及線數：3P，3L

V3=1*1.732051*(2.51*0.8+0.104*SQR(1-0.64))*19.7*8/1000=0.5651596
(V)

電壓降　V3=0.5651596(V)
===============

線路電壓(V)：-------------------- 220，220
幹線段數：------------------------2
開關箱名稱：--------------------MP TO PA-a

VD1%=(0.3735368+0+0+0.3640466)/220*100%=0.5050547%
VD2%=(0+0.5651596+0+0+0+0+0+0+0+0+0+0+0+0)/220*100%=
0.2568908%
VD%=0.5050547%+0.2568908%=0.7619454%

電壓降　VD%=0.5050547%+0.2568908%=0.7619454%
=========================*

導線管：PVC　　功因：0.8　　電流(A)：13.1　　　導線並聯條數：1
線徑：60　　　長度：38　　相數及線數：3P，3L

V2=1*1.732051*(0.33*0.8+0.0912*SQR(1-0.64))*13.1*38/1000=0.2748052
(V)

電壓降　V2＝0.2748052(V)
＝＝＝＝＝＝＝＝＝＝＝＝＝＝

導線管：PVC　　功因：0.8　　電流(A)：13.1　　　導線並聯條數：1
線徑：3.5　　　長度：7　　　相數及線數：3P，3L

V3＝1*1.732051*(5.65*0.8＋0.11*SQR(1-0.64))*13.1*7/1000＝0.7283901(V)

電壓降　V3＝0.7283901(V)
＝＝＝＝＝＝＝＝＝＝＝＝＝＝

線路電壓(V)：-------------------- 220，220
幹線段數：-----------------------2
開關箱名稱：--------------------PR' TO PR'-1

VD1%＝(0.3735368＋0＋0＋0.2748052/220*100%＝0.4644904%
VD2%＝(0＋0.7283901＋0＋0＋0＋0＋0＋0＋0＋0＋0＋0＋0＋0)/220*100%＝
0.3310864%
VD%＝0.4644904%＋0.3310864%＝0.7955768%

電壓降　VD%＝0.4644904%＋0.3310864%＝0.7955768%
＝＝＝＝＝＝＝＝＝＝＝＝＝＝＝＝＝＝＝＝＝＝＝＝＝＝＝＝＝*

導線管：PVC　　功因：0.8　　電流(A)：52.5　　　導線並聯條數：1
線徑：60　　　長度：45　　　相數及線數：3P，3L

V2＝1*1.732051*(0.33*0.8＋0.0912*SQR(1-0.64))*52.5*45/1000＝1.304193
(V)

電壓降　V2＝1.304193(V)
＝＝＝＝＝＝＝＝＝＝＝＝＝＝

導線管：PVC　　功因：0.8　　電流(A)：26.2　　　導線並聯條數：1
線徑：30　　　長度：3　　　相數及線數：3P，3L

V3＝1*1.732051*(0.666*0.8＋9.440001E-02*SQR
(1-0.64))*26.2*3/1000＝0.0802459(V)

電壓降　V3＝0.0802459(V)
＝＝＝＝＝＝＝＝＝＝＝＝＝＝

線路電壓(V)：-------------------- 220，220
幹線段數：-----------------------2
開關箱名稱：--------------------MP TO PR-1

VD1%=(0.3735368+0+0+1.304193)/220*100%=0.9323939%
VD2%=(0+0.0802459+0+0+0+0+0+0+0+0+0+0+0+0)/220*100%=
3.647541E-02%
VD%=0.9323939%+3.647541E-02%=0.9688692%

電壓降　VD%=0.9323939%+3.647541E-02%=0.9688692%
=================================*

導線管：PVC　　功因：0.8　　電流(A)：86.6　　　導線並聯條數：1
線徑：80　　　　長度：28　　相數及線數：3P，3L

V2=1*1.732051*(0.252*0.8+0.0912*SQR(1-0.64))*86.6*28/1000=1.076512
(V)

電壓降　V2=1.076512(V)
==============

導線管：PVC　　功因：0.8　　電流(A)：2.6　　　導線並聯條數：1
線徑：8　　　　長度：25　　相數及線數：3P，3L

V3=1*1.732051*(2.51*0.8+0.104*SQR(1-0.64))*2.6*25/1000=0.2330925
(V)

電壓降　V3=0.2330925(V)
===============

導線管：PVC　　功因：0.8　　　電流(A)：2.6　　　導線並聯條數：1
線徑：2　　　　長度：6　　相數及線數：3P，3L

V4=1*1.732051*(5.65*0.8+0.11*SQR(1-0.64))*2.6*6/1000=0.1239137(V)

電壓降　V4=0.1239137(V)
===============

線路電壓(V)：-------------------- 220，220
幹線段數：------------------------2
開關箱名稱：--------------------MP TO PB-1-1

$VD1\% = (0.3735368+0+0+1.076512)/220*100\% = 0.8289028\%$
$VD2\% = (0+0.2330925+0.1239137+0+0+0+0+0+0+0+0+0+0)/220*100\% = 0.1622755\%$
$VD\% = 0.8289028\%+0.1622755\% = 0.9911782\%$

電壓降　$VD\% = 0.8289028\%+0.1622755\% = 0.9911782\%$
=============================*

B.電壓降計算

功因：9　　　電流(A)：215.9　　　線徑：80*10-1　　　長度(M)：2
相數及線數：3P，4L

$VB1 = 0.034*0.9+0.19*SQR(1-0.81))*215.9*2/1000 = 4.897436E\text{-}02(V)$

電壓降　$VB1 = 4.897436E\text{-}02(V)$
==================

導線管：PVC　　功因：0.9　　電流(A)：27.6　　　導線並聯條數：1
線徑：80　　　長度：28　　相數及線數：3P，4L

$V2 = 1*(0.252*0.9+0.0912*SQR(1-0.81))*27.6*28/1000 = 0.2059923(V)$

電壓降　$V2 = 0.2059923(V)$
=================

導線管：PVC　　功因：0.9　　電流(A)：14　　　導線並聯條數：1
線徑：38　　　長度：18　　相數及線數：3P，4L

$V3 = 1*(0.529*0.9+0.0914*SQR(1-0.81))*14*18/1000 = 0.130017(V)$

電壓降　$V3 = 0.130017(V)$
=================

導線管：PVC　　功因：0.9　　電流(A)：7.5　　　　導線並聯條數：1
線徑：5.5　　　長度：18　　相數及線數：1P，2L

V4＝1*2*(3.62*0.9＋0.11*SQR(1-0.81))*7.5*18/1000＝0.8926059(V)

電壓降　V4＝0.8926059(V)
＝＝＝＝＝＝＝＝＝＝＝＝＝＝

導線管：PVC　　功因：0.9　　電流(A)：6　　　　導線並聯條數：1
線徑：2　　　長度：4　　相數及線數：1P，2L

V5＝1*2*(5.65*0.9＋0.11*SQR(1-0.81))*6*4/1000＝0.2463815(V)

電壓降　V5＝0.2463815(V)
＝＝＝＝＝＝＝＝＝＝＝＝＝＝

導線管：PVC　　功因：0.9　　電流(A)：4.5　　　　導線並聯條數：1
線徑：2　　　長度：7　　相數及線數：1P，2L

V6＝1*2*(5.65*0.9＋0.11*SQR(1-0.81))*4.5*7/1000＝0.3233757(V)

電壓降　V6＝0.3233757(V)
＝＝＝＝＝＝＝＝＝＝＝＝＝＝

導線管：PVC　　功因：0.9　　電流(A)：3　　　　導線並聯條數：1
線徑：2　　　長度：7.5　　相數及線數：1P，2L

V7＝1*2*(5.65*0.9＋0.11*SQR(1-0.81))*3*7.5/1000＝0.2309827(V)

電壓降　V7＝0.2309827(V)
＝＝＝＝＝＝＝＝＝＝＝＝＝＝

導線管：PVC　　功因：0.9　　電流(A)：1.5　　　　導線並聯條數：1
線徑：2　　　長度：4.5　　相數及線數：1P，2L

V8＝1*2*(5.65*0.9＋0.11*SQR(1-0.81))*1.5*4.5/1000＝0.0692948(V)

電壓降　V8＝0.0692948(V)
＝＝＝＝＝＝＝＝＝＝＝＝＝＝

線路電壓(V)：-------------------- 208，120
幹線段數：-----------------------3
開關箱名稱：---------------------ML TO LB-1-7

VD1%＝(4.897438E-02＋0＋0＋0.2059923＋0＋0.130017)/208*100%＝
0.1850883%
VD2%＝(0.8926059＋0.2463815＋0.3233757＋0.2309827＋0.0692948＋0＋0
＋0＋0＋0＋0)/120*100%＝1.468867%
VD%＝0.1850883%＋1.468867%＝1.653956%

電壓降　VD%＝0.1850883%＋1.468867%＝1.653956%
========================*

導線管：PVC　　功因：0.9　　電流(A)：72.9　　　　導線並聯條數：1
線徑：80　　　長度：24　　相數及線數：3P，4L

V2＝1*(0.252*0.9＋0.0912*SQR(1-0.81))*72.9*24/1000＝0.4663615(V)

電壓降　V2＝0.4663615(V)
==============

導線管：PVC　　功因：0.9　　電流(A)：40.3　　　　導線並聯條數：1
線徑：38　　　長度：18　　相數及線數：3P，4L

V3＝1*(0.529*0.9＋0.0914*SQR(1-0.81))*40.3*18/1000＝0.3742631(V)

電壓降　V3＝0.3742631(V)
================

導線管：PVC　　功因：0.9　　電流(A)：9　　　　導線並聯條數：1
線徑：5.5　　　長度(M)：13　　相數及線數：1P，2L

V4＝1*2*(3.62*0.9＋0.11*SQR(1-0.81))*9*13/1000＝0.7735918(V)

電壓降　V4＝0.7735918(V)
================

導線管：PVC　　功因：0.9　　電流(A)：4.5　　　　導線並聯條數：1
線徑：2　　　長度(M)：7　　相數及線數：1P，2L

V5＝1*2*(5.65*0.9+0.11*SQR(1-0.81))*4.5*7/1000＝0.3233757(V)

電壓降　V5＝0.3233757(V)
＝＝＝＝＝＝＝＝＝＝＝＝＝＝＝

導線管：PVC　　功因：0.9　　電流(A)：3　　　　導線並聯條數：1
線徑：2　　　長度(M)：1　　相數及線數：1P，2L

V6＝1*2*(5.65*0.9+0.11*SQR(1-0.81))*3*1/1000＝3.079769E-02(V)

電壓降　V6＝3.079769E-02(V)
＝＝＝＝＝＝＝＝＝＝＝＝＝＝＝＝

導線管：PVC　　功因：0.9　　電流(A)：1.5　　　導線並聯條數：1
線徑：2　　　長度：4　　相數及線數：1P，2L

V7＝1*2*(5.65*0.9+0.11*SQR(1-0.81))*1.5*4/1000＝6.159538E-02(V)

電壓降　V7＝6.159538E-02(V)
＝＝＝＝＝＝＝＝＝＝＝＝＝＝＝＝

線路電壓(V)：-------------------- 208，120
幹線段數：------------------------3
開關箱名稱：---------------------ML TO L1-1-16

VD1%＝(4.897438E-02+0+0+0.4663615+0+0.3742631/208*100%＝
0.4276918%

VD2%＝(0.7735918+0.3233757+3.079769E-02+6.159538E-02+0+0+0+0+0
+0+0+0)/120*100%＝0.9911339%
VD%＝0.4276918%+0.9911339＝1.418826%

電壓降　VD%＝0.4276918%+0.9911339＝1.418826%
＝＝＝＝＝＝＝＝＝＝＝＝＝＝＝＝＝＝＝＝＝＝＝＝＝*

導線管：PVC　　功因：0.9　　電流(A)：57.6　　　導線並聯條數：1
線徑：80　　　長度：20　　相數及線數：3P，4L

V2＝1*(0.252*0.9+0.0912*SQR(1-0.81))*57.6*20/1000＝0.3070693(V)

電壓降　V2＝0.3070693(V)
＝＝＝＝＝＝＝＝＝＝＝＝＝＝

導線管：PVC　　功因：0.9　　電流(A)：23.2　　　導線並聯條數：1
線徑：38　　　長度：24　　相數及線數：3P，4L

V3＝1*(0.529*0.9＋0.0914*SQR(1-0.81))*23.2*24/1000＝0.2872756(V)

電壓降　V3＝0.2872756(V)
＝＝＝＝＝＝＝＝＝＝＝＝＝＝

導線管：PVC　　功因：0.9　　電流(A)：7.5　　　導線並聯條數：1
線徑：5.5　　　長度(M)：20　　相數及線數：1P，2L

V4＝1*2*(3.62*0.9＋0.11*SQR(1-0.81))*7.5*20/1000＝0.9917843(V)

電壓降　V4＝0.9917843(V)
＝＝＝＝＝＝＝＝＝＝＝＝＝＝

導線管：PVC　　功因：0.9　　電流(A)：6　　　導線並聯條數：1
線徑：2　　　長度(M)：7　　相數及線數：1P，2L

V5＝1*2*(5.65*0.9＋0.11*SQR(1-0.81))*6*7/1000＝0.4311677(V)

電壓降　V5＝0.4311677(V)
＝＝＝＝＝＝＝＝＝＝＝＝＝＝

導線管：PVC　　功因：0.9　　電流(A)：4.5　　　導線並聯條數：1
線徑：2　　　長度(M)：1　　相數及線數：1P，2L

V6＝1*2*(5.65*0.9＋0.11*SQR(1-0.81))*4.5*1/1000＝4.619653E-02(V)

電壓降　V6＝4.619653E-02(V)
＝＝＝＝＝＝＝＝＝＝＝＝＝＝＝

導線管：PVC　　功因：0.9　　電流(A)：3　　　導線並聯條數：1
線徑：2　　　長度：3.5　　相數及線數：1P，2L

V7＝1*2*(5.65*0.9＋0.11*SQR(1-0.81))*3*3.5/1000＝0.1077919(V)

電壓降　V7＝0.1077919(V)
＝＝＝＝＝＝＝＝＝＝＝＝＝＝＝

導線管：PVC　　功因：0.9　　電流(A)：1.5　　　　導線並聯條數：1
線徑：2　　　　長度：0.5　　相數及線數：1P，2L

$V8=1*2*(5.65*0.9+0.11*SQR(1-0.81))*1.5*0.5/1000=7.699422E-03(V)$

電壓降　V8＝7.699422E-03(V)
＝＝＝＝＝＝＝＝＝＝＝＝＝＝＝

線路電壓(V)：-------------------- 208，120
幹線段數：------------------------3
開關箱名稱：--------------------ML TO L2-1-12

$VD1\%=(4.897436E-02+0+0+0.3070693+0+0.2872756/208*100\%=$
0.3092881%
$VD2\%=(0.9917843+0.4311677+4.619653E-02+0.1077919+7.699422E-03+0$
$+0+0+0+0+0)/120*100\%=1.320533\%$
$VD\%=0.3092881\%+1.320533\%=1.629821\%$

電壓降　VD％＝0.3092881％＋1.320533％＝1.629821％
＝＝＝＝＝＝＝＝＝＝＝＝＝＝＝＝＝＝＝＝＝＝＝＝＝＝＝＝＝*

導線管：PVC　　功因：0.9　　電流(A)：57.6　　　　導線並聯條數：1
線徑：80　　　長度：16　　相數及線數：3P，4L

$V2=1*(0.252*0.0912*SQR(1-0.81))*57.6*16/1000=0.2456554(V)$

電壓降　V2＝0.2456554(V)
＝＝＝＝＝＝＝＝＝＝＝＝＝＝＝

導線管：PVC　　功因：0.9　　電流(A)：23.2　　　　導線並聯條數：1
線徑：38　　　長度：24　　相數及線數：3P，4L

$V3=1*(0.529*0.9+0.0914*SQR(1-0.81))*23.2*24/1000=0.2872756(V)$

電壓降　V3＝0.2872756(V)
＝＝＝＝＝＝＝＝＝＝＝＝＝＝＝

導線管：PVC　　功因：0.9　　　電流(A)：7.5　　　導線並聯條數：1
線徑：5.5　　　長度(M)：20　　相數及線數：1P，2L

V4＝1*2*(3.62*0.9＋0.11*SQR(1-0.81))*7.5*20/1000＝0.9917843(V)

電壓降　V4＝0.9917843(V)
＝＝＝＝＝＝＝＝＝＝＝＝＝＝＝

導線管：PVC　　功因：0.9　　　電流(A)：6　　　　導線並聯條數：1
線徑：2　　　長度(M)：7　　相數及線數：1P，2L

V5＝1*2*(5.65*0.9＋0.11*SQR(1-0.81))*6*7/1000＝0.4311677(V)

電壓降　V5＝0.4311677(V)
＝＝＝＝＝＝＝＝＝＝＝＝＝＝＝

導線管：PVC　　功因：0.9　　　電流(A)：4.5　　　導線並聯條數：1
線徑：2　　　長度(M)：1　　相數及線數：1P，2L

V6＝1*2*(5.65*0.9＋0.11*SQR(1-0.81))*4.5*1/1000＝4.619653E-02(V)

電壓降　V6＝4.619653E-02(V)
＝＝＝＝＝＝＝＝＝＝＝＝＝＝＝＝

導線管：PVC　　功因：0.9　　　電流(A)：3　　　　導線並聯條數：1
線徑：2　　　長度(M)：3.5　　相數及線數：1P，2L

V7＝1*2*(5.65*0.9＋0.11*SQR(1-0.81))*3*3.5/1000＝0.1077919(V)

電壓降　V7＝0.1077919(V)
＝＝＝＝＝＝＝＝＝＝＝＝＝＝＝

導線管：PVC　　功因：0.9　　　電流(A)：1.5　　　導線並聯條數：1
線徑：2　　　長度：0.5　　相數及線數：1P，2L

V8＝1*2*(5.65*0.9＋0.11*SQR(1-0.81))*1.5*0.5/1000＝7.699422E-03(V)

電壓降　V8＝7.699422E-03(V)
＝＝＝＝＝＝＝＝＝＝＝＝＝＝＝＝

線路電壓(V)：-------------------- 208，120
幹線段數：------------------------3
開關箱名稱：--------------------ML TO L3-1-12

$VD1\% = (4.897436E\text{-}02 + 0 + 0 + 0.2456554 + 0 + 0.2872756)/208*100\% = 0.2797622\%$

$VD2\% = (0.9917843 + 0.4311677 + 4.619653E\text{-}02 + 0.1077919 + 7.699422E\text{-}03 + 0 + 0 + 0 + 0 + 0 + 0)/120*100\% = 1.320533\%$

$VD\% = 0.2797622\% + 1.320533\% = 1.600295\%$

電壓降　$VD\% = 0.2797622\% + 1.320533\% = 1.600295\%$
===========================*

計算資料

壓降計算：＜C＞

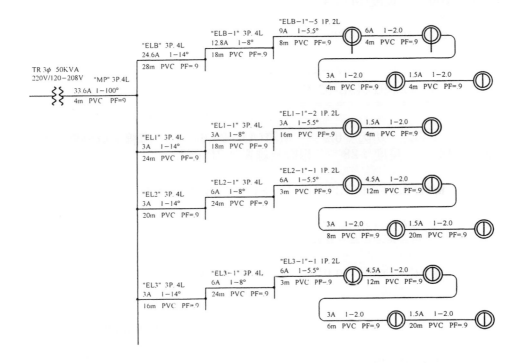

C.電壓降計算

導線管：PVC　　功因：0.9　　電流(A)：33.6　　　導線並聯條數：1
線徑：100　　長度(M)：4　　相數及線數：3P，4L

V1＝1*(0.195*0.9+9.089999E-02*SQR(1-0.81))*33.6*4/1000＝2.891245E-02
(V)

電壓降　V1＝2.891245E-02(V)
＝＝＝＝＝＝＝＝＝＝＝＝＝＝＝

導線管：PVC　　功因：0.9　　電流(A)：24.6　　　導線並聯條數：1
線徑：14　　長度：28　　相數及線數：3P，4L

V2＝1*(1.41*0.9+0.0973*SQR(1-0.81))*24.6*28/1000＝0.9033005(V)

電壓降　V2＝0.9033005(V)
＝＝＝＝＝＝＝＝＝＝＝＝＝＝＝

導線管：PVC　　功因：0.9　　電流(A)：12.8　　　導線並聯條數：1
線徑：8　　長度：18　　相數及線數：3P，4L

V3＝1*(2.51*0.9+0.104*SQR(1-0.81))*12.8*18/1000＝0.5309183(V)

電壓降　V3＝0.5309183(V)
＝＝＝＝＝＝＝＝＝＝＝＝＝＝＝

導線管：PVC　　功因：0.9　　電流(A)：9　　　導線並聯條數：1
線徑：5.5　　長度(M)：8　　相數及線數：1P，2L

V4＝1*2*(3.62*0.9+0.11*SQR(1-0.81))*9*8/1000＝0.4760565(V)

電壓降　V4＝0.4760565(V)
＝＝＝＝＝＝＝＝＝＝＝＝＝＝＝

導線管：PVC　　功因：0.9　　電流(A)：6　　　導線並聯條數：1
線徑：2　　長度(M)：4　　相數及線數：1P，2L

V5＝1*2*(5.65*0.9+0.11*SQR(1-0.81))*6*4/1000＝0.2463815(V)

電壓降　V5＝0.2463815(V)
＝＝＝＝＝＝＝＝＝＝＝＝＝＝

導線管：PVC　　功因：0.9　　電流(A)：3　　　　導線並聯條數：1
線徑：2　　　長度(M)：4　　相數及線數：1P，2L

V6＝1*2*(5.65*0.9+0.11*SQR(1-0.81))*3*4/1000＝0.1231908(V)

電壓降　V6＝0.1231908(V)
＝＝＝＝＝＝＝＝＝＝＝＝＝＝

導線管：PVC　　功因：0.9　　電流(A)：1.5　　　導線並聯條數：1
線徑：2　　　長度(M)：4　　相數及線數：1P，2L

V7＝1*2*(5.65*0.9+0.11*SQR(1-0.81))*1.5*4/1000＝6.159538E-02(V)

電壓降　V7＝6.159538E-02(V)
＝＝＝＝＝＝＝＝＝＝＝＝＝＝

線路電壓(V)：-------------------- 208，120
幹線段數：------------------------3
開關箱名稱：--------------------MP TO ELB-1-5

VD1%＝(0+2.891245E-02+0+0.9033005+0+0.5309183)/208*100%＝
0.7034285%
VD2%＝(0.4760565+0.2463815+0.1231908+6.159538E-02+0+0+0+0+0+0
+0+0)/120*100%＝0.7560201%
VD%＝0.7034285%+0.7560201%＝1.459449%

電壓降　VD%＝0.7034285%+0.7560201%＝1.459449%
＝＝＝＝＝＝＝＝＝＝＝＝＝＝＝＝＝＝＝＝＝＝＝＝＝＝*

導線管：PVC　　功因：0.9　　電流(A)：3　　　　導線並聯條數：1
線徑：14　　　長度：24　　相數及線數：3P，4L

V2＝1*(1.41*0.9+0.973*SQR(1-0.81))*3*24/1000＝9.442166E-02(V)

電壓降　V2＝9.442166E-02(V)
＝＝＝＝＝＝＝＝＝＝＝＝＝＝

導線管：PVC　　功因：0.9　　電流(A)：3　　　　導線並聯條數：1
線徑：8　　　　長度：18　　相數及線數：3P，4L

$V3 = 1*(2.51*0.9+0.104*SQR(1-0.81))*3*18/1000 = 0.124434(V)$

電壓降　V3＝0.124434(V)
＝＝＝＝＝＝＝＝＝＝＝＝＝

導線管：PVC　　功因：0.9　　電流(A)：3　　　　導線並聯條數：1
線徑：5.5　　　長度(M)：16　　相數及線數：1P，2L

$V4 = 1*2*(3.62*0.9+0.11*SQR(1-0.81))*3*16/1000 = 0.317371(V)$

電壓降　V4＝0.317371(V)
＝＝＝＝＝＝＝＝＝＝＝＝＝

導線管：PVC　　功因：0.9　　電流(A)：1.5　　　導線並聯條數：1
線徑：2　　　　長度(M)：4　　相數及線數：1P，2L

$V5 = 1*2*(5.65*0.9+0.11*SQR(1-0.81))*1.5*4/1000 = 6.159538E-02(V)$

電壓降　V5＝6.159538E-02(V)
＝＝＝＝＝＝＝＝＝＝＝＝＝＝

線路電壓(V)：-------------------- 208，120
幹線段數：------------------------3
開關箱名稱：--------------------ML TO EL1-1-2

$VD1\% = (0+2.891245E-02+0+9.442166E-02+0+0.124434)/208*100\% = 0.1191193\%$
$VD2\% = (0.317371+6.159538E-02+0+0+0+0+0+0+0+0+0+0)/120*100\% = 0.3158053\%$
$VD\% = 0.1191193\%+0.3158053 = 0.4349246\%$

電壓降　VD%＝0.1191193%＋0.3158053＝0.4349246%
＝＝＝＝＝＝＝＝＝＝＝＝＝＝＝＝＝＝＝＝＝＝＝＝＝＝*

導線管：PVC　　功因：0.9　　電流(A)：3　　　　導線並聯條數：1
線徑：14　　　長度：20　　相數及線數：3P，4L

V2＝1*(1.41*0.9＋0.0973*SQR(1-0.81))*3*20/1000＝7.868473E-02(V)

電壓降　V2＝7.868473E-02(V)
＝＝＝＝＝＝＝＝＝＝＝＝＝＝

導線管：PVC　　功因：0.9　　電流(A)：6　　　　導線並聯條數：1
線徑：8　　　長度：24　　相數及線數：3P，4L

V3＝1*(2.51*0.9＋0.104*SQR(1-0.81))*6*24/1000＝0.3318239(V)

電壓降　V3＝0.3318239(V)
＝＝＝＝＝＝＝＝＝＝＝＝＝＝

導線管：PVC　　功因：0.9　　電流(A)：6　　　　導線並聯條數：1
線徑：5.5　　長度(M)：3　　相數及線數：1P，2L

V4＝1*2*(3.62*0.9＋0.11*SQR(1 0.81))*6*3/1000＝0.1190141(V)

電壓降　V4＝0.1190141(V)
＝＝＝＝＝＝＝＝＝＝＝＝＝＝

導線管：PVC　　功因：0.9　　電流(A)：4.5　　　導線並聯條數：1
線徑：2　　　長度(M)：12　　相數及線數：1P，2L

V5＝1*2*(5.65*0.9＋0.11*SQR(1-0.81))*4.5*12/1000＝0.5543585(V)

電壓降　V5＝0.5543585(V)
＝＝＝＝＝＝＝＝＝＝＝＝＝＝

導線管：PVC　　功因：0.9　　電流(A)：3　　　　導線並聯條數：1
線徑：2　　　長度(M)：8　　相數及線數：1P，2L

V6＝1*2*(5.65*0.9＋0.11*SQR(1-0.81))*3*8/1000＝0.2463815(V)

電壓降　V6＝0.2463815(V)
＝＝＝＝＝＝＝＝＝＝＝＝＝＝

導線管：PVC　　功因：0.9　　電流(A)：1.5　　　導線並聯條數：1
線徑：2　　　長度(M)：20　　相數及線數：1P，2L

V7=1*2*(5.65*0.9+0.11*SQR(1-0.81))*1.5*20/1000=0.3079769(V)

電壓降　V7=0.3079769(V)
＝＝＝＝＝＝＝＝＝＝＝＝＝＝＝

線路電壓(V)：-------------------- 208，120
幹線段數：------------------------3
開關箱名稱：--------------------MP TO EL2-1-1

VD1%=(0+2.891245E-02+0+7.868473E-02+0+0.3318239)/208*100%=0.2112601%
VD2%=(0.1190141+0.5543585+0.2463815+0.3079769+0+0+0+0+0+0+0+0)/120*100%=1.023109%

VD%=0.2112601%+1.0231091%=1.234369%

電壓降　VD%=0.2112601%+1.0231091%=1.234369%
＝＝＝＝＝＝＝＝＝＝＝＝＝＝＝＝＝＝＝＝＝＝＝＝＝＝*

導線管：PVC　　功因：0.9　　電流(A)：3　　　　導線並聯條數：1
線徑：14　　　長度：16　　相數及線數：3P，4L

V2=1*(1.41*0.9+0.973*SQR(1-0.81))*3*16/1000=6.294778E-02(V)

電壓降　V2=6.294778E-02(V)
＝＝＝＝＝＝＝＝＝＝＝＝＝＝＝

導線管：PVC　　功因：0.9　　電流(A)：6　　　　導線並聯條數：1
線徑：8　　　長度：24　　相數及線數：3P，4L

V3=1*(2.51*0.9+0.104*SQR(1-0.81))*6*24/1000=0.3318239(V)

電壓降　V3=0.3318239(V)
＝＝＝＝＝＝＝＝＝＝＝＝＝＝＝

導線管：PVC　　功因：0.9　　電流(A)：6　　　　導線並聯條數：1
線徑：5.5　　　長度(M)：3　　相數及線數：1P，2L

V4=1*2*(3.62*0.9+0.11*SQR(1-0.81))*6*3/1000=0.1190141(V)

電壓降 V4＝0.1190141(V)
================

導線管：PVC 功因：0.9 電流(A)：4.5 導線並聯條數：1
線徑：2 長度(M)：12 相數及線數：1P，2L

V5＝1*2*(5.65*0.9+0.11*SQR(1-0.81))*4.5*12/1000＝0.5543585(V)

電壓降 V5＝0.5543585(V)
================

導線管：PVC 功因：0.9 電流(A)：3 導線並聯條數：1
線徑：2 長度(M)：8 相數及線數：1P，2L

V6＝1*2*(5.65*0.9+0.11*SQR(1-0.81))*3*8/1000＝0.2463815(V)

電壓降 V6＝0.2463815(V)
================

導線管：PVC 功因：0.9 電流(A)：1.5 導線並聯條數：1
線徑：2 長度(M)：20 相數及線數：1P，2L

V7＝1*2*(5.65*0.9+0.11*SQR(1-0.81))*1.5*20/1000＝0.3079769(V)

電壓降 V7＝0.3079769(V)
================

線路電壓(V)：-------------------- 208，120
幹線段數：------------------------3
開關箱名稱：---------------------ML TO EL3-1-1

VD1%＝(0+2.891245E-02+0+6.294778E-02+0+0.3318239)/208*100%＝
0.2036943%
VD2%＝(0.1190141+0.5543585+0.2463815+0.3079769+0+0+0+0+0+0
+0+0)/120*100%＝1.226803%
VD%＝0.2036943%+1.023109＝1.226803%

電壓降 VD%＝0.2036943%+1.023109＝1.226803%
==========================*

A.電容器裝置

線路電壓(V)：------------------------------- 220
總馬達負載(HP)：-------------------------- 314.5
負載功率因數：----------------------------- .8
新功率因數：------------------------------- .95
負載因數：--------------------------------- .8
變壓器廠牌，相數，變壓器容量：--------- SL，3P，500
總負載容量(KVA)：------------------------- 326.768

$Q1 = 314.5*0.746*(SQR(1/0.64-1)-SQR(1/0.9025-1))*0.8 = 79.07829(KVAR)$
$C1 = 79.07829/(2*3.14159*60*220 ^ 2)*1000000000 = 4333.922(\mu F)$
$Q2 = 550*(1.15/100+2.8/100*(326.768/500) ^ 2) = 11.72953(KVAR)$
$C2 = 11.72953/(2*3.14159*60*20 ^ 2)*1000000000 = 642.8425(\mu F)$
$C = 4333.922+642.8425 = 4976.764(\mu F)$
$Q = 79.07829+11.72953 = 90.80781(KVAR)$

實際電容器應裝置：90.80781(KVAR)以上
========================

B.電容器裝置

線路電壓(V)：---------------------------------- 208
變壓器廠牌，相數，變壓器容量：---------SL，3P，400
總電燈負載容量(KVA)：--------------------- 77.768
電燈負載功率因數：------------------------- .9
負載因數：------------------------------------ 1
變壓器總容量(KVA)：------------------------ 77.768

$Q1 = 400*(1.25/100+3.2/100*(77.768/400) ^ 2) = 5.483829(KVAR)$
$C1 = 5.483829/(2*3.14159*60*208 ^ 2)*1000000000 = 336.2223(\mu F)$
$Q2 = 77.768*0.9*(SQR(1/0.81-1)-SQR(1/0.9025-1))*1 = 10.89329(KVAR)$
$C2 = 10.89329/(2*3.14159*60*208 ^ 2)*1000000000 = 667.8851(\mu F)$
$C = 336.2223+667.8851 = 1004.107(\mu F)$
$Q = 5.483829+10.89329 = 16.37712(KVAR)$
==

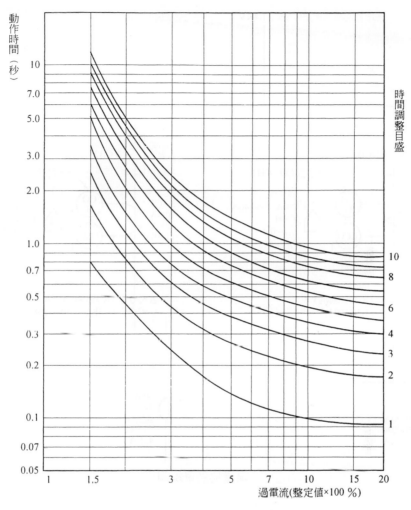

立石 COS-CHT 動作曲線

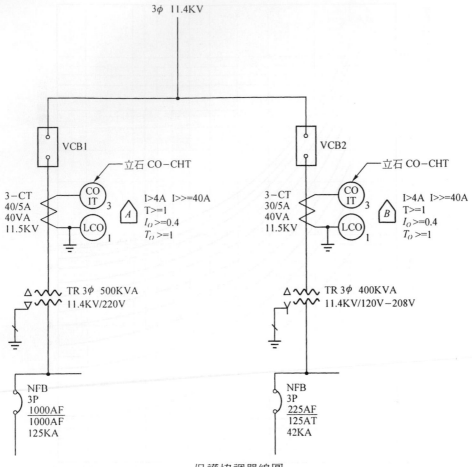

保護協調單線圖

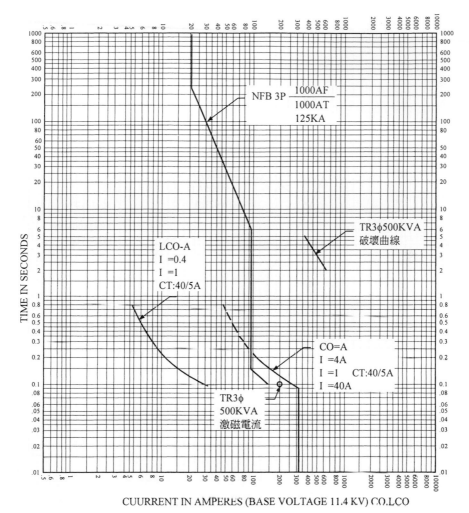

保護協調曲線圖

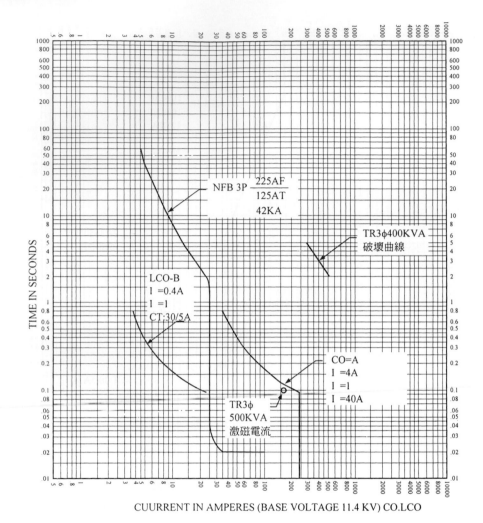

CUURRENT IN AMPERES (BASE VOLTAGE 11.4 KV) CO.LCO

保護協調曲線圖

10-2 電池工廠設計實例

設計圖如附圖 CR-2，設計計算資料如下：

短路計算：<A>

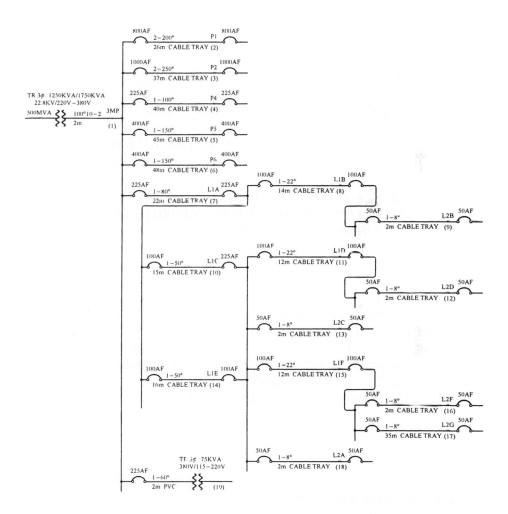

A.短路電流計算

系統短路容量(MVA)：---------------------- 500
基準容量(KVA)：---------------------------- 1000
基準電壓(KV)：----------------------------- .38
變壓器製造者，相數，容量：-------------SLM，3P，1250
馬達容量(KVA)： ----------------------- 1250

變壓器至匯流排尺寸：------------100*10-2
變壓器至匯流排長度：------------ 2

BASE BY 1000 KVA
ZS=0.002
TR=1.23*10/1250+0.012*2/1000/0.38/0.38=1.000621E-02
TX=5.9*10/1250+0.166*2/1000/0.38/0.38+0.002=5.149917E-02

UR=1.000621E-02+0*0*0/1000/0.38/0.38=1.000621E-02
UX=5.149917E-02+0*0*0/1000/0.38/0.38=5.149917E-02
MR=1000/(6*4*1250)=3.333334E-02
MX=1000/(4*1250)=0.2
ZU=SQR(1.000621E-0.2^2+5.149917E-02^2)=5.246226E-02
ZM=SQR(3.333334E-02^2+0.2^2)=0.2027588
ZV=(5.246226E-02*0.2027588)/(5.246226E-02+0.2027588)=4.168075E-02
DG=(ATN(5.149917E-02/1.000621E-02)+ANT(0.2/3.333334E-02)-ATN
((5.149917E-02+0.2)/(1.000621E-02+3.333334E-02)))*57.29578=79.31966
R1=4.168075E-02*COS(79.31966*0.0174533)=7.72465E-03
X1=4.168075E-02*SIN(79.31966*0.0174533)=0.0409587
X1/R1=5.302337   K1=1.142696
I1=1519.343*1.142696/4.168075E-02/1000=41.653(KA)

故障點   #1=41.653(KA) (開關箱名稱)：3MP PANEL
＝＝＝＝＝＝＝＝＝＝＝＝＝＝

#1 NFB 至#2 NFB 導線管：---------------------CABLE TRAY
#1 NFB 至#2 NFB 導線並聯條數：------------ 2
#1 NFB 至#2 NFB 導線線徑：-----------------200
#1 NFB 至#2 NFB 導線長度：----------------- 26
#1 NFB 與#2 NFB.---------------------------- 800，0

R2＝7.72465E-03＋0.5*0.101*26/1000/0.38/0.38＝1.681745E-02
X2＝0.0409587＋0.5*8.780001E-02*26/1000/0.38/0.38＋1.32964E-03＝
5.019277E-02
X2/R2＝2.984565　　　K2＝1.05916
I2＝1519.343*1.05916/SQR(1.681745E-02＾2＋5.019277E-02＾2)/1000＝30.399
(KA)

故障點　#2＝30.399(KA)　　　(開關箱名稱)：P1 PANEL
＝＝＝＝＝＝＝＝＝＝＝＝＝

#1 NFB 至 #2 NFB 導線管：-------------------CABLE TRAY
#1 NFB 至 #2 NFB 導線並聯條數：----------- 2
#1 NFB 至 #2 NFB 導線線徑：-----------------250
#1 NFB 至 #2 NFB 導線長度：----------------- 37
#1 NFB 與 #2 NFB.---------------------------- 1000，0

R2＝7.72465E-03＋0.5*0.0783*37/1000/0.38/0.38＝1.775616E-02
X2＝0.0409587＋0.5*0.0875*37/1000/0.38/0.38＋4.98615E-04＝5.266749E-02
X2/R2＝2.966153　　　K2＝1.058413
I2＝1519.343*1.058413/SQR(1.775616E-02＾2＋5.266749E-02＾2)/1000＝
28.932(KA)

故障點　#3＝28.932(KA)　　　(開關箱名稱)：P2 PANEL
＝＝＝＝＝＝＝＝＝＝＝＝＝

#1 NFB 至 #2 NFB 導線管：-------------------CABLE TRAY
#1 NFB 至 #2 NFB 導線並聯條數：----------- 1
#1 NFB 至 #2 NFB 導線線徑：-----------------100
#1 NFB 至 #2 NFB 導線長度：----------------- 40
#1 NFB 與 #2 NFB.---------------------------- 225，0

R2＝7.72465E-03＋1*0.195*40/1000/0.38/0.38＝6.174127E-02
X2＝0.0409587＋1*9.089999E-02*40/1000/0.38/0.38＋0.0066482＝7.278695E-02
X2/R2＝1.178903　　　K2＝1.00242
I2＝1519.343*1.00242/SQR(6.174127E-02＾2＋7.278695E-02＾2)/1000＝15.956
(KA)

故障點　#4＝15.956(KA)　　　(開關箱名稱)：P4 PANEL
＝＝＝＝＝＝＝＝＝＝＝＝＝

#1 NFB 至 #2 NFB 導線管：-------------------CABLE TRAY
#1 NFB 至 #2 NFB 導線並聯條數：----------- 1
#1 NFB 至 #2 NFB 導線線徑：-----------------150
#1 NFB 至 #2 NFB 導線長度：----------------- 45
#1 NFB 與 #2 NFB.----------------------------- 400，0

$R2 = 7.72465E\text{-}03 + 1*0.128*45/1000/0.38/0.38 = 4.761385E\text{-}02$
$X2 = 0.0409587 + 1*8.869999E\text{-}02*45/1000/0.38/0.38 + 1.32964E\text{-}03 = 0.0699303$
$X2/R2 = 1.468697 \qquad K2 = 1.006911$
$I2 = 1519.343*1.006911/SQR(4.761385E\text{-}02 \land 2 + 0.0699303 \land 2)/1000 = 18.083$
(KA)

故障點　#5 = 18.083(KA)　　　(開關箱名稱)：P5 PANEL
＝＝＝＝＝＝＝＝＝＝＝＝＝

#1 NFB 至 #2 NFB 導線管：-------------------CABLE TRAY
#1 NFB 至 #2 NFB 導線並聯條數：----------- 1
#1 NFB 至 #2 NFB 導線線徑：-----------------150
#1 NFB 至 #2 NFB 導線長度：----------------- 48
#1 NFB 與 #2 NFB.----------------------------- 400，0

$R2 = 7.72465E\text{-}03 + 1*0.128*48/1000/0.38/0.38 = 5.027313E\text{-}02$
$X2 = 0.0409587 + 1*8.869999E\text{-}02*48/1000/0.38/0.38 + 1.32964E\text{-}03 = 0.0717731$
$X2/R2 = 1.4276634 \qquad K2 = 1.006114$
$I2 = 1519.343*1.006114/SQR(5.027313E\text{-}02 \land 2 + 0.0717731 \land 2)/1000 = 17.444$
(KA)

故障點　#6 = 17.444(KA)　　　(開關箱名稱)：P6 PANEL
＝＝＝＝＝＝＝＝＝＝＝＝＝

#1 NFB 至 #2 NFB 導線管：-------------------CABLE TRAY
#1 NFB 至 #2 NFB 導線並聯條數：----------- 1
#1 NFB 至 #2 NFB 導線線徑：-----------------80
#1 NFB 至 #2 NFB 導線長度：----------------- 22
#1 NFB 與 #2 NFB.----------------------------- 225，0

$R2 = 7.72465E\text{-}03 + 1*0.252*22/1000/0.38/0.38 = 4.611801E\text{-}02$
$X2 = 0.0409587 + 1*0.0912*22/1000/0.38/0.38 + 0.0066482 = 6.150163E\text{-}02$
$X2/R2 = 1.333571 \qquad K2 = 1.004486$

I2＝1519.343*1.004486/SQR(4.611801E-02＾2＋6.150163E-02＾2)/1000＝
19.853(KA)

故障點　#7＝19.853(KA)　　(開關箱名稱)：L1A PANEL
＝＝＝＝＝＝＝＝＝＝＝＝＝

#2 NFB 至 #3 NFB 導線管：------------------CABLE TRAY
#2 NFB 至 #3 NFB 導線並聯條數：-----------　1
#2 NFB 至 #3 NFB 導線線徑：-----------------22
#2 NFB 至 #3 NFB 導線長度：----------------- 14
#2 NFB 與 #3 NFB.---------------------------- 225，100

R3＝4.611801E-02＋1*0.895*14/1000/0.38/0.38＝0.1328909
X3＝6.150163E-02＋1*0.0965*14/1000/0.38/0.38＋3.157895E-02＝0.1024365
X3/R3＝0.7708321　　　K3＝1.000144
I3＝1519.343*1.000144/SQR(0.1328909＾2＋0.1024365＾2)/1000＝9.056(KA)

故障點　#8＝9.056(KA)　　(開關箱名稱)：L1B PANEL
＝＝＝＝＝＝＝＝＝＝＝＝＝

#3 NFB 至 #4 NFB 導線管：------------------CABLE TRAY
#3 NFB 至 #4 NFB 導線並聯條數：-----------　1
#3 NFB 至 #4 NFB 導線線徑：-----------------8
#3 NFB 至 #4 NFB 導線長度：----------------- 2
#3 NFB 與 #4 NFB.---------------------------- 100，50

R4＝0.1328909＋1*2.51*2/1000/0.38/0.38＝0.1676554
X4＝0.1024365＋1*0.104*2/1000/0.38/0.38＋0.0498615＝0.1537385
X4/R4＝0.9169909　　　K4＝1.000529
I4＝1519.343*1.000529/SQR(0.1676554＾2＋0.1537385＾2)/1000＝6.682

故障點　#9＝6.682(KA)　　(開關箱名稱)：L2B PANEL
＝＝＝＝＝＝＝＝＝＝＝＝＝

#2 NFB 至 #3 NFB 導線管：------------------CABLE TRAY
#2 NFB 至 #3 NFB 導線並聯條數：-----------　1
#2 NFB 至 #3 NFB 導線線徑：-----------------50
#2 NFB 至 #3 NFB 導線長度：----------------- 15
#2 NFB 與 #3 NFB.---------------------------- 225，100

R3=4.611801E-02+1*0.407*15/1000/0.38/0.38=0.0883964
X3=6.150163E-02+1*0.0912*15/1000/0.38/0.38+3.157895E-02=0.1025543
X3/R3=1.160163   K3=1.002221
I3=1519.343*1.002221/SQR(0.0883964^2+0.1025543^2)/1000=11.246(KA)

故障點　#10=11.246(KA)　（開關箱名稱）：L1C PANEL
===============

#3 NFB 至 #4 NFB 導線管：-------------------CABLE TRAY
#3 NFB 至 #4 NFB 導線並聯條數：----------- 1
#3 NFB 至 #4 NFB 導線線徑：-----------------22
#3 NFB 至 #4 NFB 導線長度：---------------- 12
#3 NFB 與 #4 NFB.---------------------------- 100，100

R4=0.0883964+1*0.895*12/1000/0.38/0.38=0.1627731
X4=0.1025543+1*0.0965*12/1000/0.38/0.38+0.0498615=0.1604352
X4/R4=0.9856366   K4=1.000852
I4=1519.343*1.000852/SQR(0.1627731^2+0.1604352^2)/1000=6.653

故障點　#11=6.653(KA)　（開關箱名稱）：L1D PANEL
===============

#4 NFB 至 #5 NFB 導線管：----------------- CABLE TRAY
#4 NFB 至 #5 NFB 導線並聯條數：----------- 1
#4 NFB 至 #5 NFB 導線線徑：-----------------8
#4 NFB 至 #5 NFB 導線長度：---------------- 2
#4 NFB 與 #5 NFB.---------------------------- 100，50

R5=0.1627731+1*2.51*2/1000/0.38/0.38=0.1975377
X5=0.1604352+1*0.104*2/1000/0.38/0.38+0.0498615=0.2117371
X5/R5=1.071882   K5=1.001422
I5=1519.343*1.001422/SQR(0.1975377^2+0.2117371^2)/1000=5.254(KA)

故障點　#12=5.254(KA)　（開關箱名稱）：L2D PANEL
===============

#3 NFB 至#4 NFB 導線管：-------------------CABLE TRAY
#3 NFB 至#4 NFB 導線並聯條數：----------- 1
#3 NFB 至#4 NFB 導線線徑：-----------------8
#3 NFB 至#4 NFB 導線長度：----------------- 2
#3 NFB 與#4 NFB.---------------------------- 100，50

R4＝0.0883964＋1*2.51*2/1000/0.38/0.38＝0.1231609
X4＝0.1025543＋1*0.104*2/1000/0.38/0.38＋0.0498615＝0.1538562
X4/R4＝1.249229　　　K4＝1.003265
I4＝1519.343*1.003265/SQR(0.1231609＾2＋0.1538562＾2)/1000＝7.734

故障點　#13＝7.734(KA)　　(開關箱名稱)：L2C PANEL
＝＝＝＝＝＝＝＝＝＝＝＝＝

#2 NFB 至#3 NFB 導線管：-------------------CABLE TRAY
#2 NFB 至#3 NFB 導線並聯條數：----------- 1
#2 NFB 至#3 NFB 導線線徑：-----------------50
#2 NFB 至#3 NFB 導線長度：---------------- 16
#2 NFB 與#3 NFB.---------------------------- 225，100

R3＝4.611801E-02＋1*0.407*16/1000/0.38/0.38＝9.121496E-02
X3＝6.150163E-02＋1*0.0912*16/1000/0.38/0.38＋3.157895E-02＝0.1031858
X3/R3＝1.131238　　　K3＝1.001934
I3＝1519.343*1.001934/SQR(9.121496E-02＾2＋0.1031858＾2)/1000＝11.053
(KA)

故障點　#14＝11.053(KA)　　(開關箱名稱)：L1E PANEL
＝＝＝＝＝＝＝＝＝＝＝＝＝＝

#3 NFB 至#4 NFB 導線管：-------------------CABLE TRAY
#3 NFB 至#4 NFB 導線並聯條數：----------- 1
#3 NFB 至#4 NFB 導線線徑：-----------------22
#3 NFB 至#4 NFB 導線長度：---------------- 12
#3 NFB 與#4 NFB.---------------------------- 100，100

R4＝9.121496E-02＋1*0.895*12/1000/0.38/0.38＝0.1655917
X4＝0.1031858＋1*0.0965*12/1000/0.38/0.38＋0.0498615＝0.1610667
X4/R4＝0.9726746　　　K4＝1.000782
I4＝1519.343*1.000782/SQR(0.1655917＾2＋0.1610667＾2)/1000＝6.582

故障點 #15＝6.582(KA) (開關箱名稱)：L1F PANEL
＝＝＝＝＝＝＝＝＝＝＝＝＝

#4 NFB 至#5 NFB 導線管：------------------CABLE TRAY
#4 NFB 至#5 NFB 導線並聯條數：----------1
#4 NFB 至#5 NFB 導線線徑：----------------8
#4 NFB 至#5 NFB 導線長度：---------------- 2
#4 NFB 與#5 NFB.---------------------------- 100，50

R5＝0.1655917＋1*2.51*2/1000/0.38/0.38＝0.2003562
X5＝0.1610667＋1*0.104*2/1000/0.38/0.38＋0.0498615＝0.2123687
X5/R5＝1.0599556　　K5＝1.001331
I5＝1519.343*1.001331/SQR(0.2003562＾2＋0.2123687＾2)/1000＝5.21(KA)

故障點 #16＝5.21(KA) (開關箱名稱)：L2F PANEL
＝＝＝＝＝＝＝＝＝＝＝＝＝

#4 NFB 至#5 NFB 導線管：------------------CABLE TRAY
#4 NFB 至#5 NFB 導線並聯條數：----------- 1
#4 NFB 至#5 NFB 導線線徑：----------------8
#4 NFB 至#5 NFB 導線長度：---------------- 35
#4 NFB 與#5 NFB.---------------------------- 100，50

R5＝0.1655917＋1*2.51*35/1000/0.38/0.38＝0.7739712
X5＝0.1610667＋1*0.104*35/1000/0.38/0.38＋0.0498615＝0.236136
X5/R5＝0.3050966　　K5＝1
I5＝1519.343*1/SQR(0.7739712＾2＋0.236136＾2)/1000＝1.877(KA)

故障點 #17＝1.877(KA) (開關箱名稱)：L1G PANEL
＝＝＝＝＝＝＝＝＝＝＝＝＝

#3 NFB 至#4 NFB 導線管：------------------CABLE TRAY
#3 NFB 至#4 NFB 導線並聯條數：------------ 1
#3 NFB 至#4 NFB 導線線徑：----------------8
#3 NFB 至#4 NFB 導線長度：---------------- 2
#3 NFB 與#4 NFB.---------------------------- 100，50

R4＝9.121496E-02＋1*2.51*2/1000/0.38/0.38＝0.1259795
X4＝0.1031858＋1*0.104*2/1000/0.38/0.38＋0.0498615＝0.1544878
X4/R4＝1.2262936　　　　K4＝1.002973
I4＝1519.343*1.002973/SQR(0.1259795^2＋0.1655989^2)/1000＝7.644

故障點　#18＝7.644(KA)　　(開關箱名稱)：L2A PANEL
＝＝＝＝＝＝＝＝＝＝＝＝＝＝

導線管：----------------------PVC
導線並聯條數：-------------- 1
導線線徑：--------------------60
導線長度：-------------------- 2
NFB.-------------------------- 225，0
變壓器容量(KVA)：---------- 75
變壓器電壓(KV)：------------ .2

R＝1.7*10/75＝0.2266667
X－2.8*10/75＝0.3733333
RT＝7.72465E-03＋0.2266667＋1*0.33*2/1000/0.38/0.38＝0.238962
XT＝0.0409587＋0.0066482＋0.3733333＋1*0.0912*2/1000/0.38/0.38＝0.4222034
KT＝SQR(1＋EXP(-2*3.14157*0.238962/0.4222034))＝1.014173
IT＝1000/(1.732*0.2)*1.014173/SQR(0.238962^2＋0.4222034^2))/1000＝6.034
(KA)

故障點　#19＝6.034(KA)　　(電燈變壓器後故障電流)
＝＝＝＝＝＝＝＝＝＝＝＝＝＝

計算資料

短路計算：＜B＞

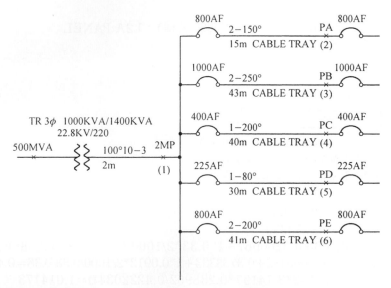

系統短路容量(MVA)：-------------------------- 500
基準容量(KVA)：------------------------------ 1000
基準電壓(KV)：-------------------------------- .22
變壓製造者，相數，容量：--------------------SLM，3P，1000
馬達容量(KVA)：------------------------------ 1000

變壓器至匯流排尺寸：-------------100*10-3
變壓器至匯流排長度：------------- 2

BASE BY 1000 KVA
ZS＝0.002
TR＝1.31*10/1000＋0.0098*2/1000/0.22/0.22＝1.350496E-02
TX＝5.85*10/1000＋0.154*2/1000/0.22/0.22＋0.002＝6.686363E-02

UR＝1.350496E-02＋0*0*0/1000/0.22/0.22＝1.350496E-02
UX＝6.686363E-02＋0*0*0/1000/0.22/0.22＝6.686363E-02
MR＝1000/(6*4*1000)＝4.166667E-02
MX＝1000/(4*1000)＝0.25
ZU＝SQR(1.350496E-02^2＋6.686363E-02^2)＝6.821385E-02

ZM＝SQR(4.166667E-02 ^ 2＋0.25 ^ 2)＝0.2534484
ZV＝(6.821385E-02*0.2534484)/(6.821385E-02＋0.2534484)＝0.0537532
DG＝(ATN(6.686363E-02/1.350496E-02)＋ANT(0.25/4.166667E-02)-ATN
((6.686363E-02＋0.25)/(1.350496E-02＋4.166667E-02)))*57.29578＝78.99604

R1＝0.0537532*COS(78.99604*0.0174533)＝1.026021E-02
X1＝0.0537532*SIN(78.99604*0.0174533)＝5.276491E-02
X1/R1＝5.142674　　　K1＝1.137853
I1＝2624.32*1.137853/0.0537532/1000＝55.551(KA)

故障點　#1＝55.551(KA)　　　(開關箱名稱)：2MP PANEL
＝＝＝＝＝＝＝＝＝＝＝＝＝＝

#1 NFB 至 #2 NFB 導線管：-------------------CABLE TRAY
#1 NFB 至 #2 NFB 導線並聯條數：------------ 2
#1 NFB 至 #2 NFB 導線線徑：------------------150
#1 NFB 至 #2 NFB 導線長度：----------------- 15
#1 NFB 與 #2 NFB.---------------------------- 600，0

R2－1.026021E-02＋0.5*0.128*15/1000/0.22/0.22＝3.009492E-02
X2＝5.276491E-02＋0.5*8.869999E-02*15/1000/0.22/0.22＋3.966943E-03＝
7.047668E-02
X2/R2＝2.341813　　　K2＝1.033613
I2＝26240.32*1.033613/SQR(3.009492E-02 ^ 2＋7.047668E-02 ^ 2)/1000＝
35.396(KA)

故障點　#2＝35.396(KA)　　　(開關箱名稱)：PA PANEL
＝＝＝＝＝＝＝＝＝＝＝＝＝＝＝＝＝＝＝＝＝

#1 NFB 至 #2 NFB 導線管：-------------------CABLE TRAY
#1 NFB 至 #2 NFB 導線並聯條數：----------- 2
#1 NFB 至 #2 NFB 導線線徑：----------------250
#1 NFB 至 #2 NFB 導線長度：----------------- 43
#1 NFB 與 #2 NFB.---------------------------- 1000，0

R2＝1.026021E-02＋0.5*0.0783*43/1000/0.22/0.22＝4.504223E-02
X2＝5.276491E-02＋0.5*0.0875*43/1000/0.22/0.22＋1.487603E-03＝9.312131E-02
X2/R2＝2.067422　　　　K2＝1.023659
I2＝2624.32*1.023659/SQR(4.504223E-02＾2＋9.312131E-02＾2)/1000＝25.97(KA)

故障點　#3＝25.97(KA)　　　(開關箱名稱)：PB PANEL
＝＝＝＝＝＝＝＝＝＝＝＝＝

#1 NFB 至#2 NFB 導線管：-------------------CABLE TRAY
#1 NFB 至#2 NFB 導線並聯條數：----------- 1
#1 NFB 至#2 NFB 導線線徑：----------------200
#1 NFB 至#2 NFB 導線長度：---------------- 40
#1 NFB 與#2 NFB.---------------------------- 400，0

R2＝1.026021E-02＋1*0.101*40/1000/0.22/0.22＝9.373128E-02
X2＝5.276491E-02＋1*8.780001E-02*40/1000/0.22/0.22＋3.966943E-03＝0.1292939
X2/R2＝1.379412　　　　K2＝1.005244
I2＝2624.32*1.005244/SQR(9.373128E-02＾2＋0.1292939＾2)/1000＝16.519(KA)

故障點　#4＝16.519(KA)　　　(開關箱名稱)：PC PANEL
＝＝＝＝＝＝＝＝＝＝＝＝＝

#1 NFB 至#2 NFB 導線管：-------------------CABLE TRAY
#1 NFB 至#2 NFB 導線並聯條數：----------- 1
#1 NFB 至#2 NFB 導線線徑：----------------60
#1 NFB 至#2 NFB 導線長度：---------------- 30
#1 NFB 與#2 NFB.---------------------------- 225，0

R2＝1.026021E-02＋1*0.33*30/1000/0.22/0.22＝0.2148057
X2＝5.276491E-02＋1*0.0912*30/1000/0.22/0.22＋1.983471E-02＝0.1291286
X2/R2＝0.6011411　　　　K2＝1.000014
I2＝2624.32*1.000014/SQR(0.2148057＾2＋0.1291286＾2)/1000＝10.471(KA)

故障點　#5＝10.471(KA)　　　(開關箱名稱)：PD PANEL
＝＝＝＝＝＝＝＝＝＝＝＝＝

#1 NFB 至 #2 NFB 導線管：------------------CABLE TRAY
#1 NFB 至 #2 NFB 導線並聯條數：----------- 2
#1 NFB 至 #2 NFB 導線線徑：----------------200
#1 NFB 至 #2 NFB 導線長度：---------------- 41
#1 NFB 與 #2 NFB.-------------------------- 800，0

$R2 = 1.026021E\text{-}02 + 0.5*0.101*41/1000/0.22/0.22 = 5.303914E\text{-}02$

$X2 = 5.276491E\text{-}02 + 0.5*8.780001E\text{-}02*41/1000/0.22/0.22*3.966943E\text{-}03 = 9.391987E\text{-}02$

$X2/R2 = 1.770765 \qquad K2 = 1.014285$

$I2 = 2624.32*1.014285/SQR(5.303914E\text{-}02\,\hat{}\,2 + 9.391987E\text{-}02\,\hat{}\,2)/1000 = 24.678$ (KA)

故障點　#6＝24.678(KA)　　(開關箱名稱)：PE PANEL
================

計算資料

壓降計算：<A>

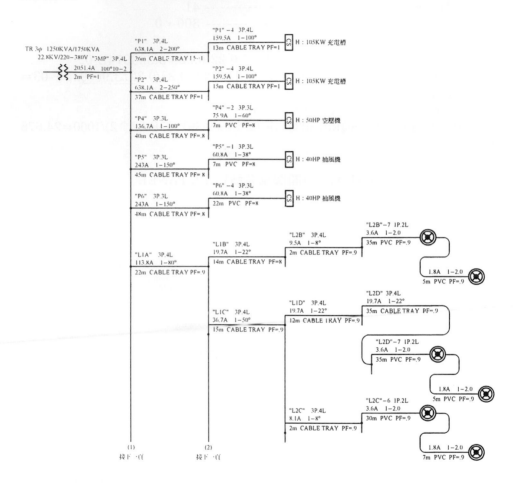

計算資料

壓降計算：<A>

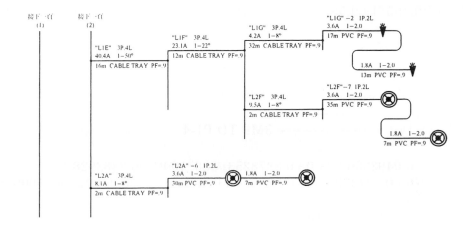

A.電壓降計算

功因：1　　　電流(A)：2051.4　　　線徑：100*10-2　　　長度(M)：2
相數及線數：3P，4L

VB1＝(0.012*1＋0.166*SQR(1-1))*2051.4*2/1000＝0.0492336(V)

電壓降　VB1＝0.0492336(V)
＝＝＝＝＝＝＝＝＝＝＝＝＝＝＝

導線管：CABLE TRAY　　功因：1　　電流(A)：638.1
導線並聯條數：2

線徑：200　　　長度：26　　　相數及線數：3P，4L

V2＝0.5*(0.101*1＋8.780001E-02*SQR(1-1))*638.1*26/1000＝0.8378253(V)

電壓降　V2＝0.8378253(V)
＝＝＝＝＝＝＝＝＝＝＝＝＝＝

導線管：CABLE TRAY　　　功因：1　　　　電流(A)：159.5
導線並聯條數：1
線徑：100　　　長度：13　　　　相數及線數：3P，4L

V3＝1*(0.195*1＋9.089999E-02*SQR(1-1))*159.5*13/1000＝0.4043325(V)

電壓降　V3＝0.4043325(V)
＝＝＝＝＝＝＝＝＝＝＝＝＝＝＝

線路電壓(V)：-------------------- 380，380
幹線段數：----------------------2
開關箱名稱：-------------------- 3MP TO P1-4

VD1%＝(0.0492336＋0＋0＋0.8378253)/380*100%＝0.2463928%
VD2%＝(0＋0.4043325＋0＋0＋0＋0＋0＋0＋0＋0＋0＋0＋0＋0)/380*100%＝
0.1064033%
VD%＝0.2463928%＋0.1064033%＝0.3527961%

電壓降　VD%＝0.2463928%＋0.1064033%＝0.3527961%
＝＝＝＝＝＝＝＝＝＝＝＝＝＝＝＝＝＝＝＝＝＝＝＝＝＝*

導線管：CABLE TRAY　　　功因：1　　　電流(A)：638.1
導線並聯條數：2
線徑：250　　　長度：37　　　相數及線數：3P，4L

V2＝0.5*(0.0783*1＋0.0875*SQR(1-1))*638.1*37/1000＝0.9243197(V)

電壓降　V2＝0.9243197(V)
＝＝＝＝＝＝＝＝＝＝＝＝＝＝＝

導線管：CABLE TRAY　　　功因：1　　　電流(A)：159.5
導線並聯條數：1
線徑：100　　　長度：15　　　相數及線數：3P，4L

V3＝1*(0.195*1＋9.089999E-02*SQR(1-1))*159.5*15/1000＝0.4665375(V)

電壓降　V3＝0.4665375(V)
＝＝＝＝＝＝＝＝＝＝＝＝＝＝＝

線路電壓(V)：-------------------- 380，380
幹線段數：-----------------------2
開關箱名稱：--------------------3MP TO P2-4

VD1%＝(0.0492336＋0＋0＋0.9243197)/380*100%＝0.2691544%
VD2%＝(0＋0.4665375＋0＋0＋0＋0＋0＋0＋0＋0＋0＋0＋0＋0)/380*100%＝
0.122773%
VD%＝0.2691544%＋0.122773%＝0.3919275%

電壓降　VD%＝0.2691544%＋0.122773%＝0.3919275%
＝＝＝＝＝＝＝＝＝＝＝＝＝＝＝＝＝＝＝＝＝＝＝＝＝＝＝＝*

導線管：CABLE TRAY　　功因：0.8　　電流(A)：136.7
導線並聯條數：1
線徑：100　　長度：40　　相數及線數：3P，3L

V2＝1*1.732051*(0.195*1＋0.8＋9.089999E-02*SQR
(1-0.64))*136.7*40/1000＝1.993993(V)

電壓降　V2＝1.993993(V)
＝＝＝＝＝＝＝＝＝＝＝＝＝

導線管：PVC　　功因：0.8　　電流(A)：75.9　　　　導線並聯條數：1
線徑：60　　長度：7　　相數及線數：3P，3L

V3＝1*1.732051*(0.33*0.8＋0.0912*SQR(1-0.64))*75.9*7/1000＝0.2932985
(V)

電壓降　V3＝0.2932985(V)
＝＝＝＝＝＝＝＝＝＝＝＝＝

線路電壓(V)：-------------------- 380，380
幹線段數：-----------------------2
開關箱名稱：--------------------3MP TO P4-2

VD1%＝(0.0492336＋0＋0＋1.993993)/380*100%＝0.5506476%
VD2%＝(0＋0.2932985＋0＋0＋0＋0＋0＋0＋0＋0＋0＋0＋0＋0)/380*100%＝
0.0771838%
VD%＝0.5506476%＋0.0771838%＝0.6278313%

電壓降　VD%＝0.5506476%＋0.0771838%＝0.6278313%
＝＝＝＝＝＝＝＝＝＝＝＝＝＝＝＝＝＝＝＝＝＝＝＝＝＝＝＝＝＝＝*

導線管：CABLE TRAY　　功因：0.8　　電流(A)：243
導線並聯條數：1
線徑：150　　　長度：45　　　相數及線數：3P，3L

V2＝1*1.732051*(0.128*0.8＋8.869999E-02*SQR
(1-0.64))*243*45/1000＝2.947439(V)

電壓降　V2＝2.947439(V)
＝＝＝＝＝＝＝＝＝＝＝＝＝

導線管：PVC　　功因：0.8　　　電流(A)：60.8　　　導線並聯條數：1
線徑：38　　　長度：7　　　相數及線數：3P，3L

V3＝1*1.732051*(0.529*0.8＋0.0914*SQR(1-0.64))*60.8*7/1000＝0.3523924
(V)

電壓降　V3＝0.3523924(V)
＝＝＝＝＝＝＝＝＝＝＝＝＝

線路電壓(V)：------------------- 380，380
幹線段數：------------------------2
開關箱名稱：--------------------3MP TO P5-1

VD1%＝(0.0492336＋0＋0＋2.947439)/380*100%＝0.8015542%
VD2%＝(0＋0.3523924＋0＋0＋0＋0＋0＋0＋0＋0＋0＋0＋0＋0)/380*100%＝
9.273483E-02%
VD%＝0.8015542%＋9.273483E-02%＝0.894289%

電壓降　VD%＝0.8015542%＋9.273483E-02%＝0.894289%
＝＝＝＝＝＝＝＝＝＝＝＝＝＝＝＝＝＝＝＝＝＝＝＝＝＝＝＝＝＝＝*

導線管：CABLE TRAY　　功因：0.8　　電流(A)：243
導線並聯條數：1
線徑：150　　　長度：48　　　相數及線數：3P，3L

V2＝1*1.732051*(0.128*0.8＋8.869999E-02*SQR
(1-0.64))*243*48/1000＝3.143935(V)

電壓降　V2＝3.143935(V)
＝＝＝＝＝＝＝＝＝＝＝＝＝＝＝

導線管：PVC　　功因：0.8　　電流(A)：60.8　　　導線並聯條數：1
線徑：38　　　長度：22　　相數及線數：3P，3L

V3＝1*1.732051*(0.529*0.8＋0.0914*SQR(1-0.64))*60.8*22/1000＝1.107519
(V)

電壓降　V3＝1.107519(V)
＝＝＝＝＝＝＝＝＝＝＝＝＝＝

線路電壓(V)：-------------------- 380，380
幹線段數：-----------------------2
開關箱名稱：--------------------3MP TO P6-4

VD1%＝(0.0492336＋0＋0＋3.143935)/380*100%＝0.8532637%
VD2%＝(0＋1.107519＋0＋0＋0＋0＋0＋0＋0＋0＋0＋0＋0＋0)/380*100%＝
0.2914523%
VD%＝0.8532637%＋0.2914523%＝1.144716%

電壓降　VD%＝0.8532637%＋0.2914523%＝1.144716%
＝＝＝＝＝＝＝＝＝＝＝＝＝＝＝＝＝＝＝＝＝＝＝＝＝＝＝*

導線管：CABLE TRAY　　功因：0.9　　電流(A)：113.8
導線並聯條數：1
線徑：80　　　長度：22　　　相數及線數：3P，4L

V2＝1*(0.252*0.9＋0.0912*SQR(1-0.81))*113.8*22/1000＝0.6673426(V)

電壓降　V2＝0.6673426(V)
＝＝＝＝＝＝＝＝＝＝＝＝＝＝

導線管：CABLE TRAY　　功因：0.9　　電流(A)：19.7
導線並聯條數：1
線徑：22　　　長度：14　　　相數及線數：3P，4L

V3＝1*(0.895*0.9＋0.0956*SQR(1-0.81))*19.7*14/1000＝0.233758(V)

電壓降　V3＝0.233758(V)
＝＝＝＝＝＝＝＝＝＝＝＝＝

導線管：CABLE TRAY　　功因：0.9　　　電流(A)：9.5
導線並聯條數：1
線徑：8　　　長度(M)：2　　　相數及線數：3P，4L

V4＝1*(2.51*0.9+0.104*SQR(1-0.81))*9.5*2/1000＝4.378232E-02(V)

電壓降　V4＝4.378232E-02(V)
＝＝＝＝＝＝＝＝＝＝＝＝＝＝＝

導線管：PVC　　功因：0.9　　　電流(A)：3.6　　　　導線並聯條數：1
線徑：2　　　長度(M)：35　　　相數及線數：1P，2L

V5＝1*2*(5.65*0.9+0.11*SQR(1-0.81))*3.6*35/1000＝1.293503(V)

電壓降　V5＝1.293503(V)
＝＝＝＝＝＝＝＝＝＝＝＝＝

導線管：PVC　　功因：0.9　　　電流(A)：1.8　　　　導線並聯條數：1
線徑：2　　　長度(M)：5　　　相數及線數：1P，2L

V6＝1*2*(5.65*0.9+0.11*SQR(1-0.81))*1.8*5/1000＝9.239305E-02(V)

電壓降　V6＝9.239305E-02(V)
＝＝＝＝＝＝＝＝＝＝＝＝＝＝＝＝

線路電壓(V)：-------------------- 380，220
幹線段數：------------------------4
開關箱名稱：--------------------3MP TO L2B-7

VD1%＝(0.0492336+0+0+0.6673426+0+0.233758+4.378232E-02)/380*
100%＝0.2616096%
VD2%＝(1.293503+9.239305E-02+0+0+0+0+0+0+0+0+0)/220*100%＝
0.6299527%
VD%＝0.2616096%+0.6299527%＝0.8915622%

電壓降　VD%＝0.2616096%+0.6299527%＝0.8915622%
＝＝＝＝＝＝＝＝＝＝＝＝＝＝＝＝＝＝＝＝＝＝＝＝＝*

導線管：CABLE TRAY　　功因：0.9　　電流(A)：36.7
導線並聯條數：1
線徑：50　　長度：15　　相數及線數：3P，4L

$$V3 = 1*(0.407*0.9 + 0.0912*SQR(1-0.81))*36.7*15/1000 = 0.2235323(V)$$

電壓降　V3 = 0.2235323(V)
＝＝＝＝＝＝＝＝＝＝＝＝＝＝

導線管：CABLE TRAY　　功因：0.9　　電流(A)：19.7
導線並聯條數：1
線徑：22　　長度(M)：12　　相數及線數：3P，4L

$$V4 = 1*(0.895*0.9 + 0.965*SQR(1-0.81))*19.7*12/1000 = 0.200364(V)$$

電壓降　V4 = 0.200364(V)
＝＝＝＝＝＝＝＝＝＝＝＝＝

導線管：CABLE TRAY　　功因：0.9　　電流(A)：19.7
導線並聯條數：1
線徑：22　　長度(M)：12　　相數及線數：3P，4L

$$V5 = 1*(0.895*0.9 + 0.0965*SQR(1-0.81))*19.7*12/1000 = 0.200364(V)$$

電壓降　V5 = 0.200364(V)
＝＝＝＝＝＝＝＝＝＝＝＝＝

導線管：CABLE TRAY　　功因：0.9　　電流(A)：19.7
導線並聯條數：1
線徑：22　　長度(M)：2　　相數及線數：3P，4L

$$V6 = 1*(0.895*0.9 + 0.0965*SQR(1-0.81))*19.7*2/1000 = 0.033394(V)$$

電壓降　V6 = 0.033394(V)
＝＝＝＝＝＝＝＝＝＝＝＝＝

導線管：PVC　　成因：0.9　　電流(A)：3.6　　　導線並聯條數：1
線徑：2　　長度(M)：35　　相數及線數：1P，2L

V7＝1*2*(5.65*0.9+0.11*SQR(1-0.81))*3.6*35/1000＝1.293503(V)

電壓降　　V7＝1.293503(V)
＝＝＝＝＝＝＝＝＝＝＝＝＝＝

導線管：PVC　　功因：0.9　　　電流(A)：1.8　　　　　導線並聯條數：1
線徑：2　　　　長度(M)：5　　相數及線數：1P，2L

V8＝1*2*(5.65*0.9+0.11*SQR(1-0.81))*1.8*5/1000＝9.239305E-02(V)

電壓降　　V8＝9.239305E-02(V)
＝＝＝＝＝＝＝＝＝＝＝＝＝＝＝＝

線路電壓(V)：-------------------- 380，220
幹線段數：------------------------5
開關箱名稱：--------------------3MP TO L2D-7

VD1%＝(0.0492336+0+0+0.6673426+0+0.2235323+0.200364+0.200364)/
380*100%＝0.3528517%
VD2%＝(0.033394+1.293503+9.239305E-02+0+0+0+0+0+0+0)/220*
100%＝0.6451318%
VD%＝0.3528517%+0.6451318%＝0.9979834%

電壓降　　VD%＝0.3528517%+0.6451318%＝0.9979834%
＝＝＝＝＝＝＝＝＝＝＝＝＝＝＝＝＝＝＝＝＝＝＝＝＝＝*

導線管：CABLE TRAY　　功因：0.9　　　電流(A)：8.1
導線並聯條數：1
線徑：8　　　　長度(M)：2　　　相數及線數：3P，4L

V4＝1*(2.51*0.9+0.104*SQR(1-0.81))*8.1*2/1000＝3.733019E-02(V)

電壓降　　V4＝3.733019E-02(V)
＝＝＝＝＝＝＝＝＝＝＝＝＝＝＝＝

導線管：PVC　　功因：0.9　　　電流(A)：3.6　　　　　導線並聯條數：1
線徑：2　　　　長度(M)：30　　相數及線數：1P，2L

V5＝1*2*(5.65*0.9+0.11*SQR(1-0.81))*3.6*30/1000＝1.108717(V)

電壓降　V5＝1.108717(V)
＝＝＝＝＝＝＝＝＝＝＝＝＝

導線管：PVC　　功因：0.9　　電流(A)：1.8　　　　導線並聯條數：1
線徑：2　　　　長度(M)：7　　相數及線數：1P，2L

V6＝1*2*(5.65*0.9＋0.11*SQR(1-0.81))*1.8*7/1000＝0.1293503(V)

電壓降　V6＝0.1293503(V)
＝＝＝＝＝＝＝＝＝＝＝＝＝＝

線路電壓(V)：-------------------- 380，220
幹線段數：-----------------------4
開關箱名稱：--------------------3MP TO L2C-6

VD1%＝(0.0492336＋0＋0＋0.6673426＋0＋0.2235323＋3.733019E-02)/380*
100%＝0.2572207%
VD2%＝(1.108717＋0.1293503＋0＋0＋0＋0＋0＋0＋0＋0＋0)/220*100%＝
0.5627578%
VD%＝0.2572207%＋0.5627578%＝0.8199785%

電壓降　VD%＝0.2572207%＋0.5627578%＝0.8199785%
＝＝＝＝＝＝＝＝＝＝＝＝＝＝＝＝＝＝＝＝＝＝＝＝＝＝＝＝*

導線管：CABLE TRAY　　功因：0.9　　電流(A)：40.4
導線並聯條數：1
線徑：50　　　長度：16　　　相數及線數：3P，4L

V3＝1*(0.407*0.9＋0.0912*SQR(1-0.81))*40.4*16/1000＝0.2624728(V)

電壓降　V3＝0.2624728(V)
＝＝＝＝＝＝＝＝＝＝＝＝＝

導線管：CABLE TRAY　　功因：0.9　　電流(A)：23.1
導線並聯條數：1
線徑：22　　　長度(M)：12　　相數及線數：3P，4L

V4＝1*(0.895*0.9＋0.965*SQR(1-0.81))*23.1*12/1000＝0.2349446(V)

電壓降　V4＝0.2349446(V)
＝＝＝＝＝＝＝＝＝＝＝＝＝＝

導線管：CABLE TRAY　　功因：0.9　　電流(A)：4.2　　導線並聯條數：1
線徑：8　　　　長度(M)：35　　相數及線數：3P，4L

V5＝1*(2.51*0.9+0.104*SQR(1-0.81))*4.2*35/1000＝0.3387368(V)

電壓降　V5＝0.3387368(V)
＝＝＝＝＝＝＝＝＝＝＝＝＝＝

導線管：PVC　　功因：0.9　　電流(A)：3.6　　　導線並聯條數：1
線徑：2　　　長度(M)：35　　相數及線數：1P，2L

V6＝1*2*(5.65*0.9+0.11*SQR(1-0.81))*3.6*35/1000＝1.293503(V)

電壓降　V6＝1.293503(V)
＝＝＝＝＝＝＝＝＝＝＝＝＝＝

導線管：PVC　　功因：0.9　　電流(A)：1.8　　　導線並聯條數：1
線徑：2　　　長度(M)：13　　相數及線數：1P，2L

V7＝1*2*(5.65*0.9+0.11*SQR(1-0.81))*1.8*13/1000＝0.2402219(V)

電壓降　V7＝0.2402219(V)
＝＝＝＝＝＝＝＝＝＝＝＝＝＝

線路電壓(V)：-------------------- 380，220
幹線段數：------------------------5
開關箱名稱：--------------------3MP TO L1G-2

VD1%＝(0.0492336+0+0+0.6673426+0+0.2624728+0.2349446+0.3387368)/
380*100%＝0.4086133%
VD2%＝(1.293503+0.2402219+0+0+0+0+0+0+0+0)/220*100%＝
0.6971476%
VD%＝0.4086133%+0.6971476%＝1.105761%

電壓降　VD%＝0.4086133%+0.6971476%＝1.105761%
＝＝＝＝＝＝＝＝＝＝＝＝＝＝＝＝＝＝＝＝＝＝＝＝＝＝＝*

導線管：CABLE TRAY　　功因：0.9　　　電流(A)：9.5　　導線並聯條數：1
線徑：8　　　　長度(M)：2　　　相數及線數：3P，4L

$V5=1*(2.51*0.9+0.104*SQR(1-0.81))*9.5*2/1000=4.378232E-02(V)$

電壓降　V5=4.378232E-02(V)
================

導線管：PVC　　功因：0.9　　　電流(A)：3.6　　　　導線並聯條數：1
線徑：2　　　　長度(M)：35　　相數及線數：1P，2L

$V6=1*2*(5.65*0.9+0.11*SQR(1-0.81))*3.6*35/1000=1.293503(V)$

電壓降　V6=1.293503(V)
==============

導線管：PVC　　功因：0.9　　　電流(A)：1.8　　　　導線並聯條數：1
線徑：2　　　　長度(M)：7　　相數及線數：1P，2L

$V7=1*2*(5.65*0.9+0.11*SQR(1-0.81))*1.8*7/1000=0.1293503(V)$

電壓降　V7=0.1293503(V)
==============

線路電壓(V)：-------------------- 380，220
幹線段數：-----------------------5
開關箱名稱：--------------------3MP TO L2F-7

$VD1\%=(0.0492336+0+0+0.6673426+0+0.2624728+0.2349446+4.378232E-02)/380*100\%=0.3309937\%$
$VD2\%=(1.293503+1.293503+0+0+0+0+0+0+0+0)/220*100\%=0.6467514\%$
$VD\%=0.3309937\%+0.6467514\%=0.9777451\%$

電壓降　VD%=0.3309937%+0.6467514%=0.9777451%
==============================*

導線管：CABLE TRAY　　功因：0.9　　　電流(A)：8.1
導線並聯條數：1
線徑：8　　　　長度：2　　　相數及線數：3P，4L

V3＝1*(2.51*0.9+0.104*SQR(1-0.81))*8.1*2/1000＝3.733019E-02(V)

電壓降　V3＝3.733019E-02(V)
＝＝＝＝＝＝＝＝＝＝＝＝＝＝＝＝

導線管：PVC　　功因：0.9　　電流(A)：3.6　　　　導線並聯條數：1
線徑：2　　　長度(M)：30　　相數及線數：1P，2L

V4＝1*2*(5.65*0.9+0.11*SQR(1-0.81))*3.6*30/1000＝1.108717(V)

電壓降　V4＝1.108717(V)
＝＝＝＝＝＝＝＝＝＝＝＝＝

導線管：PVC　　功因：0.9　　電流(A)：1.8　導線並聯條數：1
線徑：2　　　長度(M)：7　　相數及線數：1P，2L

V5＝1*2*(5.65*0.9+0.11*SQR(1-0.81))*1.8*7/1000＝0.1293503(V)

電壓降　V5＝0.1293503(V)
＝＝＝＝＝＝＝＝＝＝＝＝＝

線路電壓(V)：-------------------- 380，220
幹線段數：------------------------3
開關箱名稱：--------------------3MP TO L2A-6

VD1%＝(0.0492336+0+0+0.6673426+0+3.733019E-02)/380*100%＝
0.1983964%
VD2%＝(1.108717+0.1293503+0+0+0+0+0+0+0+0+0+0)/220*100%＝
0.5627578%
VD%＝0.1983964%+0.5627578%＝0.7611542%

電壓降　VD%＝0.1983964%+0.5627578%＝0.7611542%
＝＝＝＝＝＝＝＝＝＝＝＝＝＝＝＝＝＝＝＝＝＝＝＝＝＝＝*

計算資料

壓降計算：<B>

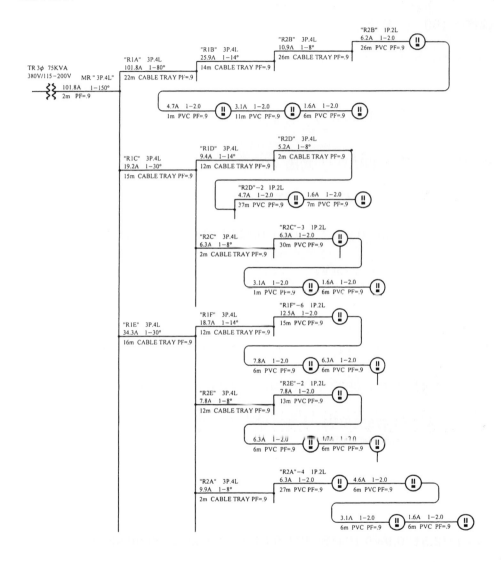

B.電壓降計算

功因：0.9　　電流(A)：101.8　　　　　　　導線並聯條數：1

線徑：150　　長度(M)：2　　相數及線數：3P，4L

V1＝1*(0.128*0.9＋8.869999E-02*SQR(1-0.81))*101.8*2/1000＝0.0313266
(V)

電壓降　V1＝0.0313266(V)
＝＝＝＝＝＝＝＝＝＝＝＝＝＝

導線管：CABLE TRAY　　功因：0.9　　電流(A)：101.8
導線並聯條數：1
線徑：80　　長度：22　　相數及線數：3P，4L

V2＝1*(0.252*0.9＋0.0912*SQR(1-0.81))*101.8*22/1000＝0.5969725(V)

電壓降　V2＝0.5969725(V)
＝＝＝＝＝＝＝＝＝＝＝＝＝＝

導線管：CABLE TRAY　　功因：0.9　　電流(A)：25.9
導線並聯條數：1
線徑：14　　長度：14　　相數及線數：3P，4L

V3＝1*(1.41*0.9＋0.0973*SQR(1-0.81))*25.9*14/1000＝0.475518(V)

電壓降　V3＝0.475518(V)
＝＝＝＝＝＝＝＝＝＝＝＝＝＝

導線管：CABLE TRAY　　　　功因：0.9　　電流(A)：10.9
導線並聯條數：1
線徑：8　　　　長度(M)：26　　相數及線數：3P，4L

V4＝1*(2.51*0.9＋0.104*SQR(1-0.81))*10.9*26/1000＝0.6530478(V)

電壓降　V4＝0.6530478(V)
＝＝＝＝＝＝＝＝＝＝＝＝＝＝

導線管：PVC　　功因：0.9　　電流(A)：6.2　　導線並聯條數：1
線徑：2　　　長度(M)：26　相數及線數：1P，2L

$V5=1*2*(5.65*0.9+0.11*SQR(1-0.81))*6.2*26/1000=1.654861(V)$

電壓降　V5＝1.654861(V)
＝＝＝＝＝＝＝＝＝＝＝＝＝

導線管：PVC　　功因：0.9　　電流(A)：4.7　　導線並聯條數：1
線徑：2　　　長度(M)：1　相數及線數：1P，2L

$V6=1*2*(5.65*0.9+0.11*SQR(1-0.81))*4.7*1/1000=4.824971E-02(V)$

電壓降　V6＝4.824971E-02(V)
＝＝＝＝＝＝＝＝＝＝＝＝＝＝＝

導線管：PVC　　功因：0.9　　電流(A)：3.1　　導線並聯條數：1
線徑：2　　　長度(M)：11　相數及線數：1P，2L

$V7=1*2*(5.65*0.9+0.11*SQR(1-0.81))*3.1*11/1000=0.3500671(V)$

電壓降　V7＝0.3500671(V)
＝＝＝＝＝＝＝＝＝＝＝＝＝

導線管：PVC　　功因：0.9　　電流(A)：1.6　　導線並聯條數：1
線徑：2　　　長度(M)：6　相數及線數：1P，2L

$V8=1*2*(5.65*0.9+0.11*SQR(1-0.81))*1.6*6/1000=9.855261E-02(V)$

電壓降　V8＝9.855261E-02(V)
＝＝＝＝＝＝＝＝＝＝＝＝＝＝＝＝＝＝＝＝

線路電壓(V)：-------------------- 200，115
幹線段數：-----------------------4
開關箱名稱：--------------------MR TO R2B-4

VD1%＝(0＋0.0313266＋0＋0.5969725＋0＋0.475518＋0.6530478)/200*100%＝
0.8784324%
VD2%＝(1.654862＋4.824971E-02＋0.3500671＋9.855261E-02＋0＋0＋0＋0＋0

+0+0)/115*100%=1.871071%
VD%=0.8781324%+1.871071%=2.749503%

電壓降　VD%=0.8781324%+1.871071%=2.749503%
========================*

導線管：CABLE TRAY　　　功因：0.9　　電流(A)：19.2
導線並聯條數：1
線徑：30　　　長度：15　　　相數及線數：3P，4L

V3=1*(0.666*0.9+9.440001E-02*SQR(1-0.81))*19.2*15/1000=0.1844778
(V)

電壓降　V3=0.1844778(V)
===============

導線管：CABLE TRAY　　　功因：0.9　　電流(A)：9.4
導線並聯條數：1
線徑：14　　　長度(M)：12　　相數及線數：3P，4L

V4=1*(1.41*0.9+0.973*SQR(1-0.81))*9.4*12/1000=0.1479273(V)

電壓降　V4=0.1479273(V)
===============

導線管：CABLE TRAY　功因：0.9　電流(A)：5.2　導線並聯條數：1
線徑：2　　　　　長度(M)：2　　相數及線數：3P，4L

V5=1*(2.51*0.9+0.104*SQR(1-0.81))*5.2*2/1000=2.396506E-02(V)

電壓降　V5=2.396506E-02(V)
================

導線管：PVC　功因：0.9　　電流(A)：4.7　　　導線並聯條數：1
線徑：2　　　長度(M)：37　相數及線數：1P，2L

V6=1*2*(5.65*0.9+0.11*SQR(1-0.81))*4.7*37/1000=1.785239(V)

電壓降　V6=1.785239(V)
===============

導線管：PVC　　功因：0.9　　電流(A)：1.6　　　導線並聯條數：1
線徑：2　　　　長度(M)：7　　相數及線數：1P，2L

$V7=1*2*(5.65*0.9+0.11*SQR(1-0.81))*1.6*7/1000=0.1149781(V)$

電壓降　V7=0.1149781(V)
＝＝＝＝＝＝＝＝＝＝＝＝＝＝＝

線路電壓(V)：-------------------- 200，115
幹線段數：------------------------5
開關箱名稱：---------------------MR TO R2D-2

$VD1\%=(0+0.0313266+0+0.5969725+0+0.1844778+0.1479273+2.396506E-02)/200*100\%=0.4923347\%$
$VD2\%=(1.785239+0.1149781+0+0+0+0+0+0+0+0)/115*100\%=1.652363\%$
$VD\%=0.4923347\%+1.652363\%=2.144698\%$

電壓降　VD%=0.4923347%+1.652363%=2.144698%
＝＝＝＝＝＝＝＝＝＝＝＝＝＝＝＝＝＝＝＝＝＝＝＝＝*

導線管：CABLE TRAY　　功因：0.9　　電流(A)：6.3　導線並聯條數：1
線徑：8　　　　長度(M)：2　　相數及線數：3P，4L

$V4=1*(2.51*0.9+0.104*SQR(1-0.81))*6.3*2/1000=2.903459E-02(V)$

電壓降　V4=2.903459E-02(V)
＝＝＝＝＝＝＝＝＝＝＝＝＝＝＝＝＝＝＝＝＝＝

導線管：PVC　　功因：0.9　　電流(A)：6.3　　　導線並聯條數：1
線徑：2　　　　長度(M)：30　相數及線數：1P，2L

$V5=1*2*(5.65*0.9+0.11*SQR(1-0.81))*6.3*30/1000=1.940255(V)$

電壓降　V5=1.940255(V)
＝＝＝＝＝＝＝＝＝＝＝＝＝

導線管：PVC　　功因：0.9　　電流(A)：3.1　　　導線並聯條數：1
線徑：2　　　　長度(M)：1　　相數及線數：1P，2L

V6=1*2*(5.65*0.9+0.11*SQR(1-0.81))*3.1*1/1000=3.182428E-02(V)

電壓降　V6=3.182428E-02(V)
=================

導線管：PVC　　功因：0.9　　電流(A)：1.6　　　導線並聯條數：1
線徑：2　　　長度(M)：6　　相數及線數：1P，2L

V7=1*2*(5.65*0.9+0.11*SQR(1-0.81))*1.6*6/1000=9.855261E-02(V)

電壓降　V7=9.855261E-02(V)
=================

線路電壓(V)：-------------------- 200，115
幹線段數：------------------------4
開關箱名稱：--------------------MR TO R2C-3

VD1%=(0+0.0313266+0+0.5969725+0+0.1844778+2.903459E-02)/200*100%=0.4209058%
VD2%=(1.940255+3.182428E-02+9.855261E-02+0+0+0+0+0+0+0+0)/115*100%=1.800549%
VD%=0.4209058%+1.800549%=2.221455%

電壓降　VD%=0.4209058%+1.800549%=2.221455%
==========================*

導線管：CABLE TRAY　　　　功因：0.9　　電流(A)：34.3
導線並聯條數：1
線徑：30　　　長度(M)：16　　相數及線數：3P，4L

V3=1*(0.666*0.9+9.440001E-02*SQR(1-0.81))*34.3*16/1000=0.3515327(V)

電壓降　V3=0.3515327(V)
===============

導線管：CABLE TRAY　　　　功因：0.9　　電流(A)：18.7
導線並聯條數：1
線徑：14　　　長度(M)：12　　相數及線數：3P，4L

V4＝1*(1.41*0.9＋0.0973*SQR(1-0.81))*18.7*12/1000＝0.2942809(V)

電壓降　V4＝0.2942809(V)
＝＝＝＝＝＝＝＝＝＝＝＝＝＝

導線管：PVC　　功因：0.9　　電流(A)：12.5　　　導線並聯條數：1
線徑：2　　　長度(M)：15　　相數及線數：1P，2L

V5＝1*2*(5.65*0.9＋0.11*SQR(1-0.81))*12.5*15/1000＝1.924856(V)

電壓降　V5＝1.924856(V)
＝＝＝＝＝＝＝＝＝＝＝＝＝＝

導線管：PVC　　功因：0.9　　電流(A)：7.8　　　導線並聯條數：1
線徑：2　　　長度(M)：6　　相數及線數：1P，2L

V6＝1*2*(5.65*0.9＋0.11*SQR(1-0.81))*7.8*6/1000＝0.4804439(V)

電壓降　V6＝0.4804439(V)
＝＝＝＝＝＝＝＝＝＝＝＝＝＝

導線管：PVC　　功因：0.9　　電流(A)：6.3　　　導線並聯條數：1
線徑：2　　　長度(M)：6　　相數及線數：1P，2L

V7＝1*2*(5.65*0.9＋0.11*SQR(1-0.81))*6.3*6/1000＝0.3880509(V)

電壓降　V7＝0.3880509(V)
＝＝＝＝＝＝＝＝＝＝＝＝＝＝

線路電壓(V)：-------------------- 200，115
幹線段數：------------------------4
開關箱名稱：--------------------MR TO R1F-6

VD1%＝(0＋0.0313266＋0＋0.5969725＋0＋0.3515327＋0.2942809)/200*100%＝0.6370564%
VD2%＝(1.924856＋0.4804439＋0.3880509＋0＋0＋0＋0＋0＋0＋0＋0)115*100%＝2.429%
VD%＝0.6370564%＋2.429%＝3.066057%

電壓降　VD%＝0.6370564%＋2.429%＝3.066057%
＝＝＝＝＝＝＝＝＝＝＝＝＝＝＝＝＝＝＝＝＝＝＝＝＝*

導線管：CABLE TRAY　　功因：0.9　　電流(A)：7.8　　導線並聯條數：1
線徑：8　　　　長度(M)：12　　相數及線數：3P，4L

V4＝1*(2.51*0.9＋0.104*SQR(1-0.81))*7.8*12/1000＝0.2156855(V)

電壓降　V4＝0.2156855(V)
＝＝＝＝＝＝＝＝＝＝＝＝＝＝

導線管：PVC　　功因：0.9　　電流(A)：7.8　　　導線並聯條數：1
線徑：2　　　長度(M)：13　　相數及線數：1P，2L

V5＝1*2*(5.65*0.9＋0.11*SQR(1-0.81))*7.8*13/1000＝1.040962(V)

電壓降　V5＝1.040962(V)
＝＝＝＝＝＝＝＝＝＝＝＝＝＝

導線管：PVC　　功因：0.9　　電流(A)：6.3　　　導線並聯條數：1
線徑：2　　　長度(M)：6　　相數及線數：1P，2L

V6＝1*2*(5.65*0.9＋0.11*SQR(1-0.81))*6.3*6/1000＝0.3880509(V)

電壓降　V6＝0.3880509(V)
＝＝＝＝＝＝＝＝＝＝＝＝＝＝＝

導線管：PVC　　功因：0.9　　電流(A)：4.7　　　導線並聯條數：1
線徑：2　　　長度(M)：6　　相數及線數：1P，2L

V7＝1*2*(5.65*0.9＋0.11*SQR(1-0.81))*4.7*6/1000＝0.2894983(V)

電壓降　V7＝0.2894983(V)
＝＝＝＝＝＝＝＝＝＝＝＝＝＝

線路電壓(V)：-------------------- 200，115
幹線段數：------------------------4
開關箱名稱：----------------------MR TO R2E-2

VD1%＝(0＋0.0313266＋0＋0.5969725＋0＋0.3515327＋0.2156855)/200*100%＝
0.5977586%

VD2%＝(1.040962＋0.3880509＋0.2894983＋0＋0＋0＋0＋0＋0＋0＋0)/115*
100%＝1.494358%

VD%＝0.5977586%＋1.494358%＝2.092116%

電壓降　VD%＝0.5977586%＋1.494358%＝2.092116%
＝＝＝＝＝＝＝＝＝＝＝＝＝＝＝＝＝＝＝＝＝＝＝＝＝＝＝＝＝*

導線管：CABLE TRAY　　　功因：0.9　　電流(A)：9.9
導線並聯條數：1
線徑：8　　　長度(M)：2　　相數及線數：3P，4L

V3＝1*(2.51*0.9＋0.104*SQR(1-0.81))*9.9*2/1000＝4.562579E-02(V)

電壓降　V3＝4.562579E-02(V)
＝＝＝＝＝＝＝＝＝＝＝＝＝＝＝＝

導線管：PVC　　功因：0.9　　電流(A)：6.3　　　　導線並聯條數：1
線徑：2　　　長度(M)：27　　相數及線數：1P，2L

V4＝1*2(5.65*0.9＋0.11*SQR(1-0.81))*6.3*27/1000＝21.746229(V)

電壓降　V4＝21.746229(V)
＝＝＝＝＝＝＝＝＝＝＝＝＝＝＝

導線管：PVC　　功因：0.9　　電流(A)：4.6　　　　導線並聯條數：1
線徑：2　　　長度(M)：6　　相數及線數：1P，2L

V5＝1*2*(5.65*0.9＋0.11*SQR(1-0.81))*4.6*6/1000＝0.2833388(V)

電壓降　V5＝0.2833388(V)
＝＝＝＝＝＝＝＝＝＝＝＝＝＝＝

導線管：PVC　　功因：0.9　　電流(A)：3.1　　　　導線並聯條數：1
線徑：2　　　長度(M)：6　　相數及線數：1P，2L

V6＝1*2*(5.65*0.9＋0.11*SQR(1-0.81))*3.1*6/1000＝0.1909457(V)

電壓降　V6＝0.1909457(V)
＝＝＝＝＝＝＝＝＝＝＝＝＝＝＝＝

導線管：PVC　　功因：0.9　　電流(A)：1.6　　　導線並聯條數：1
線徑：2　　　　長度(M)：6　　相數及線數：1P，2L

$V7=1*2*(5.65*0.9+0.11*SQR(1-0.81))*1.6*6/1000=9.855261E-02(V)$

電壓降　V7＝9.855261E-02(V)
＝＝＝＝＝＝＝＝＝＝＝＝＝＝＝＝

線路電壓(V)：-------------------- 380，220
幹線段數：------------------------3
開關箱名稱：--------------------MR TO R2A-4

$VD1\%=(0+0.0313266+0+0.5969725+0+4.562579E-02)/380*100\%=0.1773486\%$
$VD2\%=(1.746229+0.2833388+0.1909457+9.855261E-02+0+0+0+0+0+0+0+0)/220*100\%=1.054121\%$
$VD\%=0.1773486\%+1.054121\%=1.23147\%$

電壓降　$VD\%=0.1773486\%+1.054121\%=1.23147\%$
＝＝＝＝＝＝＝＝＝＝＝＝＝＝＝＝＝＝＝＝＝＝＝＝＝＝＝＝*

A.電容器裝置

線路電壓(V)：-------------------------------- 380
總馬達負載(HP)：---------------------------- 402
負載功率因數：------------------------------- .8
新功率因數：--------------------------------- .95
負載因數：----------------------------------- 1
變壓器廠牌，相數，變壓器容量：---------- SLM，3P，1250
總負載容量(KVA)：--------------------------- 1350.16

$Q1 = 402*0.746*(SQR(1/0.64-1)-SQR(1/0.9025-1))*1 = 126.3492(KVAR)$
$C1 = 126.3492/(2*3.14159*60*380^2)*1000000000 = 2320.998(\mu F)$
$Q2 = 1250*(1.23/100+5.9/100*(1350.16/1250)^2) = 101.4174(KVAR)$
$C2 = 101.4174/(2*3.14159*60*380^2)*1000000000 = 1863.007(\mu F)$
$C = 2320.998+1863.007 = 4184.005(\mu F)$
$Q = 126.3492+101.4174 = 227.7667(KVAR)$

實際電容器應裝置：227.7667(KVAR)以上
======================

B.電容器裝置

線路電壓(V)：-------------------------------- 220
總馬達負載(HP)：---------------------------- 520
負載功率因數：------------------------------- .8
新功率因數：--------------------------------- .95
負載因數：----------------------------------- 1
變壓器廠牌，相數，變壓器容量：---------- SLM，3P，1000
總負載容量(KVA)：--------------------------- 905

$Q1 = 520*0.746*(SQR(1/0.64-1)-SQR(1/0.9025-1))*1 = 163.4368(KVAR)$
$C1 = 163.4368/(2*3.14159*60*220^2)*1000000000 = 8.957231E+03(\mu F)$
$Q2 = 1000*(1.31/100+5.85/100*(905/1000)^2) = 61.01296(KVAR)$
$C2 = 61.01296/(2*3.14159*60*220^2)*1000000000 = 3.343844E+03(\mu F)$
$C = 8.957231E+03+3.343844E+03 = 1.230108E+10(\mu F)$
$Q = 163.4368+61.01296 = 224.4498(KVAR)$

實際電容器應裝置：224.4498(KVAR)以上
======================

用電場所名稱：壹樓

面積：-------------------------- 78*43＝3354 M＾2
頂棚高：------------------------- 6M
牆反射率：---------------------- 50%
天花板反射率：------------------ 75%
照明方式：--------------------- 全般照明
燈具名稱：--------------------- ML400W 水銀燈
所需照度：--------------------- 230 Lx
作業面離光源之高度：--------- 3M
室指數：----------------------- (78*43)/3(78＋43)＝9.23967
維護係數：---------------------- .75
照明率：------------------------ .66
燈具光束：---------------------- 21000 Lm
所需燈具數：-------------------- (3354*230)/(21000*0.75*0.66)＝74.21068 盞
實際燈具數：------------------- 78 盞
實際照度：---------------------- (21000*78*0.75*0.66)/3354＝241.7442 Lx

用電場所名稱：貳樓

面積：-------------------------- 78*43＝3354 M＾2
頂棚高：------------------------- 6M
牆反射率：---------------------- 50%
天花板反射率：------------------ 75%
照明方式：--------------------- 全般照明
燈具名稱：--------------------- ML400W 水銀燈
所需照度：--------------------- 230 Lx
作業面離光源之高度：--------- 3M
室指數：----------------------- (78*43)/3(78＋43)＝9.23967
維護係數：---------------------- .75
照明率：------------------------ .66
燈具光束：---------------------- 21000 Lm
所需燈具數：-------------------- (3354*230)/(21000*0.75*0.66)＝74.21068 盞
實際燈具數：------------------- 78 盞
實際照度：---------------------- (21000*78*0.75*0.66)/3354＝241.7442 Lx

<1>配線系統圖

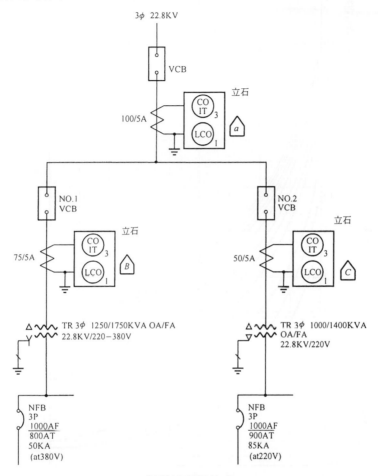

保護協調規格表

保護點	電　驛　規　格	比流器規格	CO設定值	LCO設定值	備　　註
A	50/51/51N OMRON K2CG-A-F$_1$	100/5A	$K=1$ $I>=3A$ $I>>=30A$	$K_0=1$ $I_0>=0.5A$ $I_0>>=3A$	VERY INVERSE
B	50/51/51N OMRON K2CG-A-F$_1$	75/5A	$K=1$ $I>=3A$ $I>>=30A$	$K_0=1$ $I_0>=0.5A$ $I_0>>=3A$	VERY INVERSE
C	50/51/51N OMRON K2CG-A-F$_1$	50/5A	$K=1$ $I>=3A$ $I>>=30A$	$K_0=1$ $I_0>=0.5A$ $I_0>>=3A$	VERY INVERSE

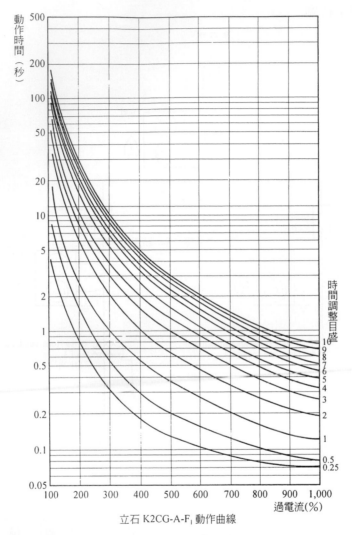

立石 K2CG-A-F₁動作曲線

立石 K2CG-A-F1 動作曲線

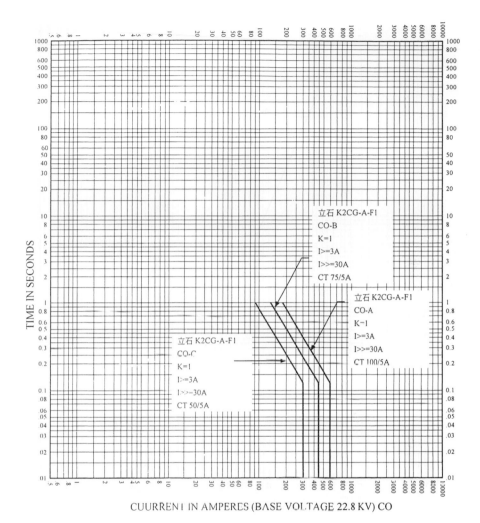

保護協調曲線圖

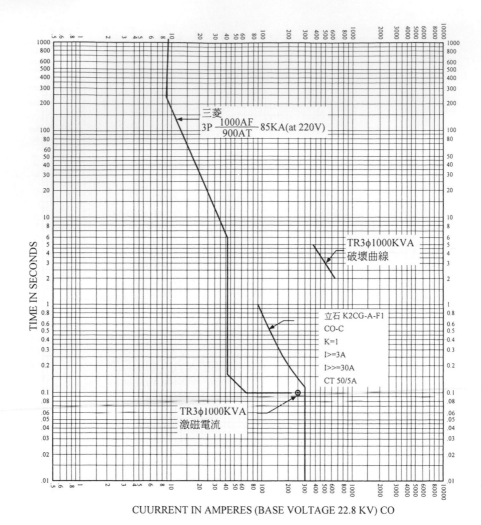

保護協調曲線圖

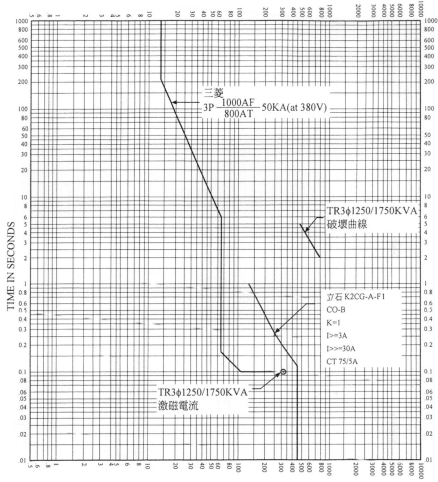

三菱
3P $\dfrac{1000AF}{800AT}$ 50KA(at 380V)

TR3φ1250/1750KVA
破壞曲線

立石 K2CG-A-F1
CO-B
K=1
I>=3A
I>>=30A
CT 75/5A

TR3φ1250/1750KVA
激磁電流

CUURRENT IN AMPERES (BASE VOLTAGE 22.8 KV) CO
保護協調曲線圖

TIME IN SECONDS

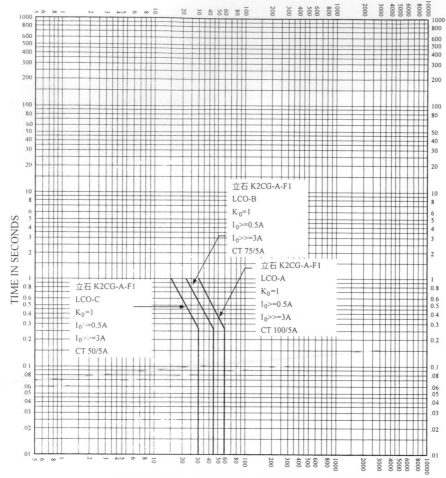

立石 K2CG-A-F1
LCO-B
$K_0=1$
$I_0>=0.5A$
$I_0>>=3A$
CT 75/5A

立石 K2CG-A-F1
LCO-A
$K_0=1$
$I_0>=0.5A$
$I_0>>=3A$
CT 100/5A

立石 K2CG-A-F1
LCO-C
$K_0=1$
$I_0>=0.5A$
$I_0>=3A$
CT 50/5A

TIME IN SECONDS

CUURRENT IN AMPERES (BASE VOLTAGE 22.8 KV) CO

保護協調曲線圖

10-3　住宅大樓設計實例

設計圖如附圖 CR-3，設計資料如下：

計算資料

短路計算：＜A＞NO.A

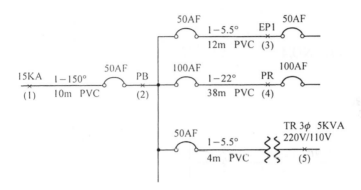

短路計算：＜B＞NO.1

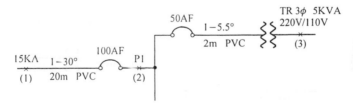

短路計算：＜C＞NO.2

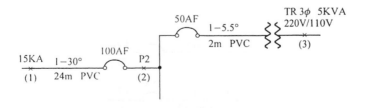

短路計算：<D>NO.3

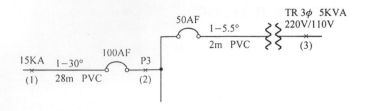

計算資料

短路計算：<E>NO.4

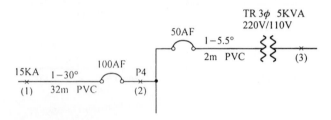

短路計算：<F>NO.5

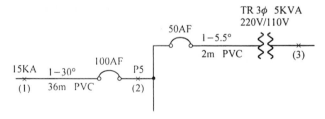

短路計算：<G>NO.6、NO.7

A.短路電流計算

系統短路容量(KA)：----------------- 15
基準容量(KVA)：-------------------- 1000
基準電壓(KV)：---------------------- .22

BASE BY 1000 KVA
RS=1/1.68*0.1749598=0.1041427
XS=1.35/1.68*0.1749598=0.1405927

#1 NFB 至 #2 NFB 導線管：--------------------PVC
#1 NFB 至 #2 NFB 導線並聯條數：------------ 1
#1 NFB 至 #2 NFB 導線線徑：------------------150
#1 NFB 至 #2 NFB 導線長度：----------------- 10
#1 NFB 與 #2 NFB.----------------------------- 225，0

R2−0.1041427+1*0.128*10/1000/0.22/0.22=0.130589
X2=0.1405927+1*8.869999E-02*10/1000/0.22/0.22+1.983471E-02=0.1787538
X2/R2=1.368828   K2=1.005063
I2=2624.32*1.005063/SQR($0.130589^2+0.1787538^2$)/1000=11.914(KA)

故障點 #2=11.914(KA)   (開關箱名稱)：PB PANEL
===============

#2 NFB 至 #3 NFB 導線管：--------------------PVC
#2 NFB 至 #3 NFB 導線並聯條數：----------- 1
#2 NFB 至 #3 NFB 導線線徑：------------------5.5
#2 NFB 至 #3 NFB 導線長度：---------------- 12
#2 NFB 與 #3 NFB.------------------------- 50，0

R3=0.130589+1*3.62*12/1000/0.22/0.22=1.02811
X3=0.1787538+1*0.11*12/1000/0.22/0.22+7.438016E-02=0.2804067
X3/R3=0.2727401   K3=1
I3=2624.32*1/SQR($1.02811^2+0.2804067^2$)/1000=2.462(KA)

故障點 #3=2.462(KA)   (開關箱名稱)：EP1 PANEL
===============

#2 NFB至#3 NFB導線管：--------------------PVC
#2 NFB至#3 NFB導線並聯條數：------------ 1
#2 NFB至#3 NFB導線線徑：-----------------22
#2 NFB至#3 NFB導線長度：---------------- 38
#2 NFB與#3 NFB.-------------------------- 100，0

R3=0.130589+1*0.895*38/1000/0.22/0.22=0.8332749
X3=0.1787538+1*0.965*38/1000/0.22/0.22+7.438016E-02=0.3288984
X3/R3=0.3947058　　　K3=1
I3=2624.32*1/SQR(0.8332749^2+0.2177874^2)/1000=2.929(KA)

故障點　#4＝2.929(KA)　　　(開關箱名稱)：PR PANEL
＝＝＝＝＝＝＝＝＝＝＝＝＝＝

導線管：--------------------PVC
導線並聯條數：----------- 1
導線線徑：-----------------5.5
導線長度：---------------- 4
NFB.---------------------- 50，0
變壓器容量(KVA)：------- 5
變壓器電壓(KV)：--------- .11

R=3.12*10/5=6.24
X=2.2*10/5=4.4
RT=0.8332749+6.24+1*3.62*4/1000/0.22/0.22=7.372448
XT=0.3288984+7.438016E-02+4.4+1*0.11*4/1000/0.22/0.22=4.81237
KT=SQR(1+EXP(-2*3.14157*7.372448/4.81237))=1.000033
IT=1000/(1.732*0.11)*1.000033/SQR(7.372448^2+4.81237^2))/1000=0.596
(KA)

故障點　#5＝0.596(KA)　　　(電燈變壓器後故障電流)
＝＝＝＝＝＝＝＝＝＝＝＝＝＝

B.短路電流計算

系統短路容量(KA)：----------------- 15
基準容量(KVA)：--------------------- 1000
基準電壓(KV)：----------------------- .22

BASE BY 1000 KVA
RS=1/1.68*0.1749598=0.1041427
XS=1.35/1.68*0.1749598=0.1405927

#1 NFB 至 #2 NFB 導線管：----------------------PVC
#1 NFB 至 #2 NFB 導線並聯條數：-------------- 1
#1 NFB 至 #2 NFB 導線線徑：------------------30
#1 NFB 至 #2 NFB 導線長度：-------------------- 20
#1 NFB 與 #2 NFB.------------------------------- 100，0

R2=0.1041427+1*0.666*20/1000/0.22/0.22=0.3793494
X2=0.1405927+1*9.440001E-02*20/1000/0.22/0.22+7.438016E-02=0.2539811
X2/R2=0.6695176　　K2=1.00042
I2=2624.32*1.000042/SQR(0.3793494^2+0.2539811^2)/1000=5.748(KA)

故障點　#2=5.748(KA)　　　(開關箱名稱)：P1 PANEL
＝＝＝＝＝＝＝＝＝＝＝＝＝＝＝

導線管：----------------------PVC
導線並聯條數：------------- 1
導線線徑：------------------5.5
導線長度：------------------ 2
NFB.------------------------ 50，0
變壓器容量(KVA)：-------- 5
變壓器電壓(KV)：--------- .11

R=3.12*10/5=6.24
X=2.2*10/5=4.4
RT=0+6.24+1*3.62*2/1000/0.22/0.22=6.389587
XT=0+7.438016E-02+4.4+1*0.11*2/1000/0.22/0.22=4.478926
KT=SQR(1+EXP(-2*3.14157*6.389587/4.478926))=1.000064
IT=1000/(1.732*0.11)*1.000064/SQR(6.389587^2+4.4789262^2))/1000=
0.672(KA)

故障點　#3=0.672(KA)　　　(電燈變壓器後故障電流)
＝＝＝＝＝＝＝＝＝＝＝＝＝＝＝

C.短路電流計算

系統短路容量(KA)：----------------- 15
基準容量(KVA)：-------------------- 1000
基準電壓(KV)：---------------------- .22

BASE BY 1000 KVA
RS=1/1.68*0.1749598=0.1041427
XS=1.35/1.68*0.1749598=0.1405927

#1 NFB 至#2 NFB 導線管：----------------------PVC
#1 NFB 至#2 NFB 導線並聯條數：-------------- 1
#1 NFB 至#2 NFB 導線線徑：-------------------30
#1 NFB 至#2 NFB 導線長度：------------------- 24
#1 NFB 與#2 NFB.----------------------------- 100，0

R2=0.1041427+1*0.666*24/1000/0.22/0.22=0.4343907
X2=0.1405927+1*9.440001E-02*24/1000/0.22/0.22+7.438016E-02=0.2617828
X2/R2=0.6026436   K2=1.00015
I2=2624.32*1.000015/SQR(0.4343907^2+0.2617828^2)/1000=5.174(KA)

故障點　#2=5.174(KA)　　　(開關箱名稱)：P2 PANEL
==============================

導線管：----------------------PVC
導線並聯條數：------------- 1
導線線徑：------------------5.5
導線長度：------------------ 2
NFB.----------------------- 50，0
變壓器容量(KVA)：-------- 5
變壓器電壓(KV)：--------- .11

R=3.12*10/5=6.24
X=2.2*10/5=4.4
RT=0+6.24+1*3.62*2/1000/0.22/0.22=6.389587
XT=0+7.438016E-02+4.4+1*0.11*2/1000/0.22/0.22=4.478926
KT=SQR(1+EXP(-2*3.14157*6.389587/4.478926))=1.000064
IT=1000/(1.732*0.11)*1.000064/SQR(6.389587^2+4.4789262^2))/1000=
0.672(KA)

故障點　#3＝0.672(KA)　　(電燈變壓器後故障電流)
＝＝＝＝＝＝＝＝＝＝＝＝＝＝

D.短路電流計算

系統短路容量(KA)：----------------- 15
基準容量(KVA)：-------------------- 1000
基準電壓(KV)：----------------------- .22

BASE BY 1000 KVA
RS＝1/1.68*0.1749598＝0.1041427
XS＝1.35/1.68*0.1749598＝0.1405927

#1 NFB 至 #2 NFB 導線管：----------------------PVC
#1 NFB 至 #2 NFB 導線並聯條數：-------------- 1
#1 NFB 至 #2 NFB 導線線徑：-------------------30
#1 NFB 至 #2 NFB 導線長度：------------------- 28
#1 NFB 與 #2 NFB.----------------------------- 100，0

R2＝0.1041427＋1*0.666*28/1000/0.22/0.22＝0.489432
X2＝0.1405927＋1*9.440001E-02*28/1000/0.22/0.22＋7.438016E-02＝0.2695844
X2/R2＝0.5508108　　　K2＝1.000006
I2＝2624.32*1.000006/SQR(0.489432＾2＋0.2695844＾2)/1000＝4.696(KA)

故障點　#2＝4.696(KA)　　(開關箱名稱)：P3 PANEL
＝＝＝＝＝＝＝＝＝＝＝＝＝＝

導線管：----------------------PVC
導線並聯條數：------------ 1
導線線徑：------------------5.5
導線長度：------------------ 2
NFB.------------------------ 50，0
變壓器容量(KVA)：-------- 5
變壓器電壓(KV)：--------- .11

R＝3.12*10/5＝6.24
X＝2.2*10/5＝4.4
RT＝0＋6.24＋1*3.62*2/1000/0.22/0.22＝6.389587
XT＝0＋7.438016E-02＋4.4＋1*0.11*2/1000/0.22/0.22＝4.478926
KT＝SQR(1＋EXP(-2*3.14157*6.389587/4.478926))＝1.000064

IT＝1000/(1.732*0.11)*1.000064/SQR(6.389587＾2＋4.4789262＾2))/1000＝
0.672(KA)

故障點　#3＝0.672(KA)　　　（電燈變壓器後故障電流）
＝＝＝＝＝＝＝＝＝＝＝＝＝＝

E.短路電流計算

系統短路容量(KA)：----------------- 15
基準容量(KVA)：------------------- 1000
基準電壓(KV)：--------------------- .22

BASE BY 1000 KVA
RS＝1/1.68*0.1749598＝0.1041427
XS＝1.35/1.68*0.1749598＝0.1405927

#1 NFB 至 #2 NFB 導線管：---------------------PVC
#1 NFB 至 #2 NFB 導線並聯條數：-------------- 1
#1 NFB 至 #2 NFB 導線線徑：------------------30
#1 NFB 至 #2 NFB 導線長度：------------------ 32
#1 NFB 與 #2 NFB.----------------------------- 100，0

R2＝0.1041427＋1*0.666*32/1000/0.22/0.22＝0.5444733
X2＝0.1405927＋1*9.440001E-02*32/1000/0.22/0.22＋7.438016E-02＝0.2773861
X2/R2＝0.5094577　　　K2＝1.000002
I2＝2624.32*1.000002/SQR(0.5444733＾2＋0.2773861＾2)/1000＝4.294(KA)

故障點　#2＝4.294(KA)　　　（開關箱名稱）：P4 PANEL
＝＝＝＝＝＝＝＝＝＝＝＝＝＝

導線管：--------------------PVC
導線並聯條數：------------- 1
導線線徑：------------------5.5
導線長度：------------------ 2
NFB.----------------------- 50，0
變壓器容量(KVA)：-------- 5
變壓器電壓(KV)：--------- .11

R＝3.12*10/5＝6.24
X＝2.2*10/5＝4.4
RT＝0＋6.24＋1*3.62*2/1000/0.22/0.22＝6.389587
XT＝0＋7.438016E-02＋4.4＋1*0.11*2/1000/0.22/0.22＝4.478926
KT＝SQR(1＋EXP(-2*3.14157*6.389587/4.478926))＝1.000064
IT＝1000/(1.732*0.11)*1.000064/SQR(6.389587^2＋4.4789262^2))/1000＝
0.672(KA)

故障點　#3＝0.672(KA)　　（電燈變壓器後故障電流）
＝＝＝＝＝＝＝＝＝＝＝＝＝＝

F.短路電流計算

系統短路容量(KA)：----------------- 15
基準容量(KVA)：-------------------- 1000
基準電壓(KV)：----------------------- .22

BASE BY 1000 KVA
RS＝1/1.68*0.1749598＝0.1041427
XS＝1.35/1.68*0.1749598＝0.1405927

#1 NFB 至#2 NFB 導線管：----------------------PVC
#1 NFB 至#2 NFB 導線並聯條數：-------------- 1
#1 NFB 至#2 NFB 導線線徑：-------------------30
#1 NFB 至#2 NFB 導線長度：------------------- 36
#1 NFB 與#2 NFB.------------------------------ 100，0

R2＝0.1041427＋1*0.666*36/1000/0.22/0.22＝0.5995146
X2－0.1405927＋1*9.440001E-02*36/1000/0.22/0.22＋7.438016E-02＝0.2851877
X2/R2＝0.4756977　　　K2＝1.000001
I2＝2624.32*1.000001/SQR(0.5995146^2＋0.2851877^2)/1000＝3.952(KA)

故障點　#2＝3.952(KA)　　（開關箱名稱）：P4 PANEL
＝＝＝＝＝＝＝＝＝＝＝＝＝＝

導線管：----------------------PVC
導線並聯條數：------------- 1
導線線徑：------------------5.5
導線長度：------------------ 2
NFB.------------------------ 50，0

變壓器容量(KVA)：-------- 5
變壓器電壓(KV)：--------- .11

R＝3.12*10/5＝6.24
X＝2.2*10/5＝4.4
RT＝0＋6.24＋1*3.62*2/1000/0.22/0.22＝6.389587
XT＝0＋7.438016E-02＋4.4＋1*0.11*2/1000/0.22/0.22＝4.478926
KT＝SQR(1＋EXP(-2*3.14157*6.389587/4.478926))＝1.000064
IT＝1000/(1.732*0.11)*1.000064/SQR(6.389587^2＋4.4789262^2))/1000＝
0.672(KA)

故障點　#3＝0.672(KA)　　（電燈變壓器後故障電流）
＝＝＝＝＝＝＝＝＝＝＝＝＝

G.短路電流計算

系統短路容量(KA)：----------------- 15
基準容量(KVA)：-------------------- 1000
基準電壓(KV)：---------------------- .22

BASE BY 1000 KVA
RS＝1/1.68*0.1749598＝0.1041427
XS＝1.35/1.68*0.1749598＝0.1405927

#1 NFB 至 #2 NFB 導線管：----------------------PVC
#1 NFB 至 #2 NFB 導線並聯條數：-------------- 1
#1 NFB 至 #2 NFB 導線線徑：------------------80
#1 NFB 至 #2 NFB 導線長度：------------------ 40
#1 NFB 與 #2 NFB.------------------------------ 225，0

R2＝0.1041427＋1*0.252*40/1000/0.22/0.22＝0.3124072
X2＝0.1405927＋1*0.0912*40/1000/0.22/0.22＋1.983471E-02＝0.2357993
X2/R2＝0.7547818　　　K2＝1.000121
I2＝2624.32*1.000121/SQR(0.3124072^2＋0.2357993^2)/1000＝6.705(KA)

故障點　#2＝6.705(KA)　　（開關箱名稱）：L6 PANEL
＝＝＝＝＝＝＝＝＝＝＝＝＝

系統短路容量(KA)：------------------ 15
基準容量(KVA)：-------------------- 1000
基準電壓(KV)：--------------------- .22

BASE BY 1000 KVA
RS=1/1.68*0.1749598=0.1041427
XS=1.35/1.68*0.1749598=0.1405927

#1 NFB 至 #2 NFB 導線管：----------------------PVC
#1 NFB 至 #2 NFB 導線並聯條數：-------------- 1
#1 NFB 至 #2 NFB 導線線徑：-------------------80
#1 NFB 至 #2 NFB 導線長度：------------------ 44
#1 NFB 與 #2 NFB.----------------------------- 225，0

R2=0.1041427+1*0.252*44/1000/0.22/0.22=0.3332337
X2=0.1405927+1*0.0912*44/1000/0.22/0.22+1.983471E-02=0.2433365
X2/R2=0.7302278　　K2=1.000092
I2=2624.32*1.000092/SQR(0.3332337^2+0.2433365^2)/1000=6.36(KA)

故障點　#2=6.36(KA)　　(開關箱名稱)：L7 PANEL
==============

計算資料

壓降計算：＜A＞

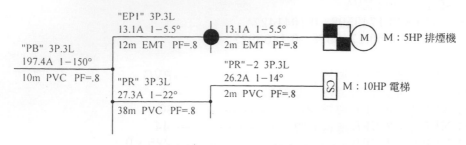

"PB" 3P.3L
197.4A 1−150°
10m PVC PF=.8

"EP1" 3P.3L
13.1A 1−5.5°
12m EMT PF=.8

13.1A 1−5.5°
2m EMT PF=.8

M : 5HP 排煙機

"PR"−2 3P.3L
26.2A 1−14°
2m PVC PF=.8

M : 10HP 電梯

"PR" 3P.3L
27.3A 1−22°
38m PVC PF=.8

＜B＞

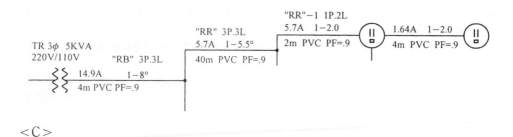

TR 3φ 5KVA
220V/110V
14.9A 1−8°
4m PVC PF=.9

"RB" 3P.3L

"RR" 3P.3L
5.7A 1−5.5°
40m PVC PF=.9

"RR"−1 1P.2L
5.7A 1−2.0
2m PVC PF=.9

1.64A 1−2.0
4m PVC PF=.9

＜C＞

110W   95W   95W

"P1"−5 1P.2L
3.6A 1−2.0
5m PVC PF=.9

1.7A 1−2.0
5m PVC PF=.9

0.86A 1−2.0
3m PVC PF=.9

"P1" 3P.3L
64.3A 1−30°
20m PVC PF=.8

＜D＞

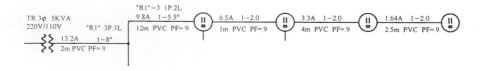

TR 3φ 5KVA
220V/110V
13.2A 1−8°
2m PVC PF=9

"R1" 3P.3L

"R1"−3 1P.2L
9.8A 1−5.5°
12m PVC PF=9

6.5A 1−2.0
1m PVC PF=.9

3.3A 1−2.0
4m PVC PF=.9

1.64A 1−2.0
2.5m PVC PF=9

<E>

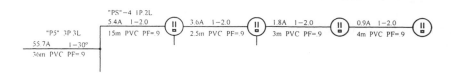

<F>

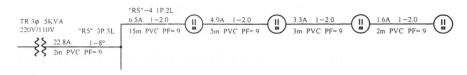

<G>

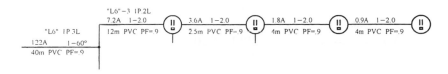

<H>

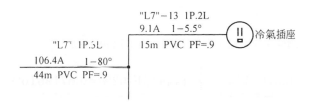

A.電壓降計算

導線管：PVC　　功因：0.8　　電流(A)：197.4　　　　導線並聯條數：1
線徑：150　　　長度(M)：10　　相數及線數：3P，3L

$V1 = 1 * 1.732051 * (0.128 * 0.8 + 8.869999E-02 * SQR(1-0.64)) * 197.4 * 10/1000 = 0.5320754(V)$

電壓降　V1＝0.5320754(V)
＝＝＝＝＝＝＝＝＝＝＝＝＝＝＝

導線管：EMT　　功因：0.8　　電流(A)：13.1　　　　導線並聯條數：1
線徑：5.5　　　長度：12　　相數及線數：3P，3L

V2＝1*1.732051*(3.62*0.8+0.138*SQR(1-0.64))*13.1*12/1000＝0.8110628
(V)

電壓降　V2＝0.8110628(V)
＝＝＝＝＝＝＝＝＝＝＝＝＝

導線管：EMT　　功因：0.8　　電流(A)：13.1　　　　導線並聯條數：1
線徑：5.5　　　長度：2　　相數及線數：3P，3L

V3＝1*1.732051*(3.62*0.8+0.138*SQR(1-0.64))*13.1*2/1000＝0.1351771
(V)

電壓降　V3＝0.1351771(V)
＝＝＝＝＝＝＝＝＝＝＝＝＝

線路電壓(V)：-------------------- 220，220
幹線段數：------------------------2
開關箱名稱：--------------------PB TO EP1

VD1%＝(0+0.5320754+0+0.8110628)/220*100%＝0.6105174%
VD2%＝(0+0.1351771+0+0+0+0+0+0+0+0+0+0+0+0)/220*100%＝
6.144415E-02%
VD%＝0.6105174%+6.144415E-02%＝0.6719616%

電壓降　VD%＝0.6105174%+6.144415E-02%＝0.6719616%
＝＝＝＝＝＝＝＝＝＝＝＝＝＝＝＝＝＝＝＝＝＝＝＝＝＝*

導線管：PVC　　功因：0.8　　電流(A)：27.3　　　　導線並聯條數：1
線徑：22　　　長度：38　　相數及線數：3P，3L

V2＝1*1.732051*(0.895*0.8+0.965*SQR(1-0.64))*27.3*38/1000＝1.390566
(V)

電壓降　V2＝1.390566(V)
＝＝＝＝＝＝＝＝＝＝＝＝＝

導線管：PVC　　功因：0.8　　　電流(A)：26.2　　　　　導線並聯條數：1

線徑：14　　　長度：2　　　相數及線數：3P，3L

V3＝1*1.732051*(1.41*0.8＋0.973*SQR(1-0.64))*26.2*2/1000＝0.1076752(V)

電壓降　V3＝0.1076752(V)
＝＝＝＝＝＝＝＝＝＝＝＝＝＝

線路電壓(V)：-------------------- 220，220
幹線段數：------------------------2
開關箱名稱：---------------------PB TO PR-2

VD1%＝(0＋0.5320754＋0＋1.390566)/220*100%＝0.8739281%
VD2%＝(0＋0.1076752＋0＋0＋0＋0＋0＋0＋0＋0＋0＋0＋0)/220*100%＝4.894328E-02%
VD%＝0.8739281%＋4.894328E-02%＝0.9228714%

電壓降　VD%＝0.8739281%＋4.894328E-02%＝0.9228714%
＝＝＝＝＝＝＝＝＝＝＝＝＝＝＝＝＝＝＝＝＝＝＝＝＝＝＝＝＝*

B.電壓降計算

導線管：PVC　　功因：0.8　　　電流(A)：14.9　　　　導線並聯條數：1
線徑：8　　　長度(M)：4　　　相數及線數：3P，3L

V1＝1*1.732051*(2.51*0.9＋0.104*SQR(1-0.81))*14.9*4/1000＝0.2378768(V)

電壓降　V1＝0.2378768(V)
＝＝＝＝＝＝＝＝＝＝＝＝＝＝

導線管：PVC　　功因：0.9　　　電流(A)：5.7　　　　導線並聯條數：1
線徑：5.5　　　長度：40　　　相數及線數：3P，3L

V2＝1*1.732051*(3.62*0.9＋0.11*SQR(1-0.81))*5.7*40/1000＝1.305544(V)

電壓降　V2=1.305544(V)
===============

導線管：PVC　　功因：0.9　　電流(A)：5.7　　　　　　導線並聯條數：1
線徑：2　　　　長度：2　　相數及線數：1P，2L

V3=1*2*(5.65*0.9+0.11*SQR(1-0.81))*5.7*2/1000=0.1170312(V)

電壓降　V3=0.1170312(V)
================

導線管：PVC　　功因：0.9　　電流(A)：1.64　　　　　導線並聯條數：1
線徑：2　　　　長度：4　　相數及線數：1P，2L

V4=1*2*(5.65*0.9+0.11*SQR(1-0.81))*1.64*4/1000=6.734428E-02(V)

電壓降　V4=6.734428E-02(V)
=================

線路電壓(V)：-------------------- 110，110
幹線段數：------------------------2
開關箱名稱：---------------------RB TO RR-1

VD1%=(0+0.2378768+0+1.305544)/110*100%=1.40311%
VD2%=(0+0.1170312+6.734428E-02+0+0+0+0+0+0+0+0+0+0+0/100*
100%=0.1676141%
VD%=1.40311%+0.1676141%=1.570724%

電壓降　VD%=1.40311%+0.1676141%=1.570724%
==========================*

C.電壓降計算

導線管：PVC　　功因：0.8　　電流(A)：64.3　　　　　導線並聯條數：1
線徑：30　　　長度(M)：20　相數及線數：3P，3L

V1=1*1.732051*(0.666*0.8+9.440001E-02*SQR
(1-0.64)*64.3*20/1000=1.312929(V)

電壓降　V1＝1.312929(V)
==============

導線管：PVC　　功因：0.9　　電流(A)：3.6　　　　　導線並聯條數：1
線徑：2　　　　長度：5　　　相數及線數：1P，2L

V2＝1*2*(5.65*0.9+0.11*SQR(1-0.81))*3.6*5/1000＝0.1847861(V)

電壓降　V2＝0.1847861(V)
===============

導線管：PVC　　功因：0.9　　電流(A)：1.7　　　　　導線並聯條數：1
線徑：2　　　　長度：5.5　　相數及線數：1P，2L

V3＝1*2*(5.65*0.9+0.11*SQR(1-0.81))*1.7*5.5/1000＝9.598612E-02(V)

電壓降　V3＝9.598612E-02(V)
=================

導線管：PVC　　功因：0.9　　電流(A)：0.86　　　　導線並聯條數：1
線徑：2　　　　長度(M)：3　　相數及線數：1P，2L

V4＝1*2*(5.65*0.9+0.11*SQR(1-0.81))*0.86*3/1000＝2.648601E-02(V)

電壓降　V4＝2.648601E-02(V)
================

線路電壓(V)：-------------------- 220，220
幹線段數：------------------------1
開關箱名稱：--------------------P1 TO P1-5

VD1%＝(0+1.312929)/220*100%＝0.5967858%
VD2%＝(0+0.1847861+0+9.598612E-02+2.648601E-02+0+0+0+0+0+0+
0+0+0+0+0)/220*100%＝0.1396628%
VD%＝0.5967858%+0.1396628%＝0.7364486%

電壓降　VD%＝0.5967858%+0.1396628%＝0.7364486%
==========================*

D.電壓降計算

導線管：PVC　　功因：0.9　　電流(A)：13.2　　　　導線並聯條數：1
線徑：8　　　長度(M)：2　　相數及線數：3P，3L

V1＝1*1.732051*(2.51*0.9+0.104*SQR(1-0.81))*13.2*2/1000＝0.1053682
(V)

電壓降　V1＝0.1053682(V)
＝＝＝＝＝＝＝＝＝＝＝＝＝＝

導線管：PVC　　功因：0.9　　電流(A)：9.8　　　　導線並聯條數：1
線徑：2　　　長度：12　　相數及線數：1P，2L

V2＝1*2*(5.65*0.9+0.11*SQR(1-0.81))*9.8*12/1000＝1.207269(V)

電壓降　V2＝1.207269(V)
＝＝＝＝＝＝＝＝＝＝＝＝＝＝

導線管：PVC　　功因：0.9　　電流(A)：6.5　　　　導線並聯條數：1
線徑：2　　　長度：1　　相數及線數：1P，2L

V3＝1*2*(5.65*0.9+0.11*SQR(1-0.81))*6.5*1/1000＝6.672833E-02(V)

電壓降　V3＝6.672833E-02(V)
＝＝＝＝＝＝＝＝＝＝＝＝＝＝＝

導線管：PVC　　功因：0.9　　電流(A)：3.3　　　　導線並聯條數：1
線徑：2　　　長度(M)：4　　相數及線數：1P，2L

V4＝1*2*(5.65*0.9+0.11*SQR(1-0.81))*3.3*4/1000＝0.1355098(V)

電壓降　V4＝0.1355098(V)
＝＝＝＝＝＝＝＝＝＝＝＝＝＝

導線管：PVC　　功因：0.9　　電流(A)：1.64　　　　導線並聯條數：1
線徑：2　　　長度(M)：2.5　　相數及線數：1P，2L

V5＝1*2*(5.65*0.9+0.11*SQR(1-0.81)*1.64*2.5/1000＝4.209017E-02(V)

電壓降　V5＝4.209017E-02(V)
＝＝＝＝＝＝＝＝＝＝＝＝＝＝＝＝

線路電壓(V)：-------------------- 110，110
幹線段數：------------------------1
開關箱名稱：--------------------R1 TO R1-3

VD1%＝(0＋0.1053682)/110*100%＝9.578931E-02%
VD2%＝(0＋1.207268＋0＋6.672833E-02＋0.1355098＋4.209017E-02＋0＋0＋0
＋0＋0＋0＋0＋0＋0＋0)/110*100%＝1.319634%
VD%＝9.578931E-02%＋1.319634%＝1.415424%

電壓降　VD%＝9.578931E-02%＋1.319634%＝1.415424%
＝＝＝＝＝＝＝＝＝＝＝＝＝＝＝＝＝＝＝＝＝＝＝＝＝＝＝＝*

E.電壓降計算

導線管：PVC　　功因：0.9　　電流(A)：55.7　　　　導線並聯條數：1
線徑：30　　　長度(M)：36　　相數及線數：3P，3L

$V1 = 1*1.732051*(0.666*0.9+9.440001E-02*SQR(1-0.81))*55.7*36/1000 = 2.224693(V)$

電壓降　V1＝2.224693(V)
＝＝＝＝＝＝＝＝＝＝＝＝＝＝＝

導線管：PVC　　功因：0.9　　電流(A)：5.4　　　　導線並聯條數：1
線徑：2　　　　長度：15　　　相數及線數：1P，2L

$V2=1*2*(5.65*0.9+0.11*SQR(1-0.81))*5.4*15/1000=0.8315376(V)$

電壓降　V2＝0.8315376(V)
＝＝＝＝＝＝＝＝＝＝＝＝＝＝＝

導線管：PVC　　功因：0.9　　電流(A)：3.6　　　　導線並聯條數：1
線徑：2　　　　長度：2.5　　相數及線數：1P，2L

$V3=1*2*(5.65*0.9+0.11*SQR(1-0.81))*3.6*2.5/1000=9.239305E-02(V)$

電壓降　V3=9.239305E-02(V)
================

導線管：PVC　　功因：0.9　　電流(A)：1.8　　　　導線並聯條數：1
線徑：2　　　　長度(M)：3　　相數及線數：1P，2L

V4=1*2*(5.65*0.9+0.11*SQR(1-0.81))*1.7*3/1000=5.543584E-02(V)

電壓降　V4=5.543584E-02(V)
================

導線管：PVC　　功因：0.9　　電流(A)：0.9　　　　導線並聯條數：1
線徑：2　　　　長度(M)：4　　相數及線數：1P，2L

V5=1*2*(5.65*0.9+0.11*SQR(1-0.81))*0.9*4/1000=3.695722E-02(V)

電壓降　V5=3.695722E-02(V)
================

線路電壓(V)：-------------------- 220，220
幹線段數：------------------------1
開關箱名稱：--------------------P5 TO P5-4

VD1%=(0+2.224693)/220*100%=1.011224%
VD2%=(0+0.8315376+0+9.239305E-02+5.543584E-02+3.695722E-02+0+0
+0+0+0+0+0+0+0+0)/220*100%=0.4619653%
VD%=1.011224%+0.4619653%=1.473189%

電壓降　VD%=1.011224%+0.4619653%=1.473189%
===========================*

F.電壓降計算

導線管：PVC　　功因：0.9　　電流(A)：22.8　　　導線並聯條數：1
線徑：8　　　　長度(M)：2　　相數及線數：3P，3L

V1=1*1.732051*(2.51*0.9+0.104*SQR(1-0.81))*22.8*2/1000=0.1819997
(V)

電壓降　V1＝0.1819997(V)
＝＝＝＝＝＝＝＝＝＝＝＝＝＝

導線管：PVC　　功因：0.9　　電流(A)：6.5　　　　導線並聯條數：1
線徑：2　　　　長度：16　　相數及線數：1P，2L

V2＝1*2*(5.65*0.9+0.11*SQR(1-0.81))*6.5*16/1000＝1.067653(V)

電壓降　V2＝1.067653(V)
＝＝＝＝＝＝＝＝＝＝＝＝＝＝

導線管：PVC　　功因：0.9　　電流(A)：4.9　　　　導線並聯條數：1
線徑：2　　　　長度：5　　　相數及線數：1P，2L

V3＝1*2*(5.65*0.9+0.11*SQR(1-0.81))*4.9*5/1000＝0.2515145(V)

電壓降　V3＝0.2515145(V)
＝＝＝＝＝＝＝＝＝＝＝＝＝＝

導線管：PVC　　功因：0.9　　電流(A)：3.3　　　　導線並聯條數：1
線徑：2　　　　長度(M)：3　相數及線數：1P，2L

V4＝1*2*(5.65*0.9+0.11*SQR(1-0.81))*3.3*3/1000＝0.1016324(V)

電壓降　V4＝0.1016324(V)
＝＝＝＝＝＝＝＝＝＝＝＝＝＝

導線管：PVC　　功因：0.9　　電流(A)：1.6　　　　導線並聯條數：1
線徑：2　　　　長度(M)：2　相數及線數：1P，2L

V5＝1*2*(5.65*0.9+0.11*SQR(1-0.81))*1.6*2/1000＝3.285087E-02(V)

電壓降　V5＝3.285087E-02(V)
＝＝＝＝＝＝＝＝＝＝＝＝＝＝

線路電壓(V)：-------------------- 110，110
幹線段數：-----------------------1
開關箱名稱：--------------------R5 TO R5-4

VD1%＝(0＋0.1819997)/110*100%＝0.1654542%
VD2%＝(0＋1.067653＋0＋0.2515145＋0.1016324＋3.285087E-02＋0＋0＋0＋0＋0
＋0＋0＋0＋0＋0)/110*100%＝1.321501%
VD%＝0.1654542%＋1.321501%＝1.486955%

電壓降　VD%＝0.1654542%＋1.321501%＝1.486955%
＝＝＝＝＝＝＝＝＝＝＝＝＝＝＝＝＝＝＝＝＝＝＝＝＝＝＝＝＝＝＝*

G.電壓降計算

導線管：PVC　　功因：0.9　　電流(A)：122　　　　　導線並聯條數：1
線徑：80　　　長度(M)：40　　相數及線數：1P，3L

V1＝1*(0.252*0.9＋0.0912*SQR(1-0.81))*122*40/1000＝1.30078(V)

電壓降　V1＝1.30078(V)
＝＝＝＝＝＝＝＝＝＝＝＝＝

導線管：PVC　　功因：0.9　　電流(A)：7.2　　　　　導線並聯條數：1
線徑：2　　　長度：12　　相數及線數：1P，2L

V2＝1*2*(5.65*0.9＋0.11*SQR(1-0.81))*7.2*12/1000＝0.8869733(V)

電壓降　V2＝0.8869733(V)
＝＝＝＝＝＝＝＝＝＝＝＝＝＝

導線管：PVC　　功因：0.9　　電流(A)：3.6　　　　　導線並聯條數：1
線徑：2　　　長度：2.5　　相數及線數：1P，2L

V3＝1*2*(5.65*0.9＋0.11*SQR(1-0.81))*3.6*2.5/1000＝9.239305E-02(V)

電壓降　V3＝9.239305E-02(V)
＝＝＝＝＝＝＝＝＝＝＝＝＝＝＝＝

導線管：PVC　　功因：0.9　　電流(A)：1.8　　　　　導線並聯條數：1
線徑：2　　　長度(M)：4　　相數及線數：1P，2L

V4＝1*2*(5.65*0.9＋0.11*SQR(1-0.81))*1.8*4/1000＝7.391445E-02(V)

電壓降　V4＝7.391445E-02(V)
＝＝＝＝＝＝＝＝＝＝＝＝＝＝＝＝

導線管：PVC　　功因：0.9　　電流(A)：0.9　　　　導線並聯條數：1
線徑：2　　　　長度(M)：4　　相數及線數：1P，2L

V5＝1*2*(5.65*0.9+0.11*SQR(1-0.81))*0.9*4/1000＝3.695722E-02(V)

電壓降　V5＝3.695722E-02(V)
＝＝＝＝＝＝＝＝＝＝＝＝＝＝＝＝

線路電壓(V)：-------------------- 220，110
幹線段數：------------------------1
開關箱名稱：--------------------L6 TO L6-3

VD1%＝(0+1.30078)/220*100%＝0.5912635%
VD2%＝(0+0.8869733+0+9.239305E-02+7.391445E-02+3.695722E-02+0+
0+0+0+0+0+0+0+0)/110*100%＝0.9911254%
VD%＝0.5912635%+0.9911254%＝1.582389%

電壓降　VD%＝0.5912635%+0.9911254%＝1.582389%
＝＝＝＝＝＝＝＝＝＝＝＝＝＝＝＝＝＝＝＝＝＝＝＝＝＝*

H.電壓降計算

導線管：PVC　　功因：0.9　　電流(A)：106.4　　　導線並聯條數：1
線徑：80　　　長度(M)：44　　相數及線數：1P，3L

V1＝1*(0.252*0.9+0.0912*SQR(1-0.81))*106.4*44/1000＝1.247895(V)

電壓降　V1＝1.247895(V)
＝＝＝＝＝＝＝＝＝＝＝＝＝＝

導線管：PVC　　功因：0.8　　電流(A)：9.1　　　　導線並聯條數：1
線徑：5.5　　　長度：15　　相數及線數：1P，2L

V2＝1*2*(3.62*0.8+0.11*SQR(1-0.64)*9.1*15/1000＝0.8086261(V)

電壓降　V2＝0.8086261(V)
＝＝＝＝＝＝＝＝＝＝＝＝＝＝

線路電壓(V)：-------------------- 220，220
幹線段數：------------------------1
開關箱名稱：--------------------L7 TO L7-3

VD1%＝(0＋1.247895)/220*100%＝0.5672251%
VD2%＝(0＋0.8086261＋0＋0＋0＋0＋0＋0＋0＋0＋0＋0＋0＋0＋0＋0)/220*100%
＝0.3675573%
VD%＝0.5672251%＋0.3675573%＝0.9347824%

電壓降　VD%＝0.5672251%＋0.3675573%＝0.9347824%
========================*

A.電容器裝置

線路電壓(V)：------------------------------ 220
總馬達負載(HP)：------------------------ 68.5
負載功率因數：---------------------------- .8
新功率因數：------------------------------ .95
負載因數：---------------------------------- .6
總負載容量(KVA)：------------------------ 80.22

Q1＝68.5*0.746*(1/0.64-1)-SQR(1/0.9025-1))*0.6＝12.9178(KVAR)
C1＝12.9178/(2*3.14159*60*220 ^ 2)*1000000000＝707.9658(μF)
C＝707.9658(μF)
Q＝12.9178(KVAR)

實際電容器應裝置：12.9178(KVAR)以上
=====================

B.電容器裝置

線路電壓(V)：------------------------------ 220
總馬達負載(HP)：------------------------ 9.5
負載功率因數：---------------------------- .8
新功率因數：------------------------------ .95
負載因數：-------------------------------- 1
總負載容量(KVA)：----------------------- 24.5

Q1=9.5*0.746*(SQR(1/0.64-1)-SQR(1/0.9025-1))*1=2.985865(KVAR)
C1=2.9858658/(2*3.14159*60*220^2)*1000000000=163.6417(μF)
C=163.6417(μF)
Q=2.985865(KVAR)

實際電容器應裝置：2.985865(KVAR)以上
＝＝＝＝＝＝＝＝＝＝＝＝＝＝＝＝＝＝＝＝＝＝

C.電容器裝置

線路電壓(V)：------------------------------ 220
總馬達負載(HP)：------------------------ 12
負載功率因數：---------------------------- .8
新功率因數：------------------------------ .95
負載因數：-------------------------------- 1
總負載容量(KVA)：----------------------- 100

Q1=12*0.746*(SQR(1/0.64-1)-SQR(1/0.9025-1))*1=3.771619(KVAR)
C1=3.771619/(2*3.14159*60*220^2)*1000000000=206.7053(μF)
C=206.7053(μF)
Q=3.771619(KVAR)

實際電容器應裝置：3.771619(KVAR)以上
＝＝＝＝＝＝＝＝＝＝＝＝＝＝＝＝＝＝＝＝＝＝

四、照度計算(ILLUMINATION CACULATION)

1.壹樓室內負載：8400VA/158.51㎡＝52.99VA/㎡＞30VA/㎡
2.貳樓室內負載：9245VA/194.85㎡＝47.44VA/㎡＞30VA/㎡
3.參樓室內負載：9245VA/194.85㎡＝47.44VA/㎡＞30VA/㎡
4.肆樓室內負載：9245VA/194.85㎡＝47.44VA/㎡＞30VA/㎡
5.伍樓室內負載：9245VA/194.85㎡＝47.44VA/㎡＞30VA/㎡
6.陸樓室內負載：9840VA/194.85㎡＝50.5VA/㎡＞30VA/㎡
7.柒樓室內負載：7900VA/160.31㎡＝49.27VA/㎡＞30VA/㎡

10-4　太陽能發電系統設計實例

太陽能發電系統之基本資料及設計實例如下：

一、概述

(一) 光電板型號 AJP-M660 235W，符合 IEC 61215、IEC 61730，規格、證書
　　及測試報告。

Standard PV Module

AJP-M660

6" Multi-crystalline
silicon photovoltaic Module
Glass-Foil-Laminate with Aluminum Frame

SPECIFICATION

Type of Module		M660						
Maximum Power (TOL.±3%)	W	255	250	245	240	235	230	225
Maximum Power Voltage	V	30.93	30.63	30.34	29.99	29.69	29.35	30.24
Maximum Power Current	A	8.24	8.16	8.08	8.00	7.92	7.84	7.44
Open circuit Voltage	V	37.98	37.80	37.55	37.37	37.12	36.92	36.24
Short circuit Current	A	8.95	8.82	8.70	8.56	8.44	8.31	8.28
Module Efficiency	%	15.70	15.40	15.09	14.78	14.47	14.16	13.86
No. and Type of Cells	pcs	60 pcs Multi-crystalline solar cells ; 156 x 156 mm						
Maximum System Voltage	V	UL1703 : 600VDC & IEC61215 / IEC61730 : 1000 VDC						
Junction Box		IP 65 with 3 bypass diodes ; cables Ø4 mm²						
Serial Fuse Rating	A	15A						
Operating Temperature	°C	-40 to +85						
Mechanical Ratings	Pa	5400 Pa						
Dimensions	mm	995 x 1632 x 40						
Weight	kg	20						

STC : Irradiance level 1000 W/m² ; Spectral AM 1.5 ; Cell temperature 25 °C	NOCT. 46± 2 °C	Temperature coefficient of Isc	0.08 %/°C
		Temperature coefficient of Voc	-0.34 %/°C
10 years power 90% output warranty 25 years power 80% output warranty	Product guarantee 5 years	Temperature coefficient of Pmax	-0.43 %/°C

(二) inverter 型號 PVMate 17NE，輸出電壓三相 400V，符合 VDE 0126-1-1、
VDE AR-N 4105、DK5940、CEI-021、G92，規格、證書及測試報告。

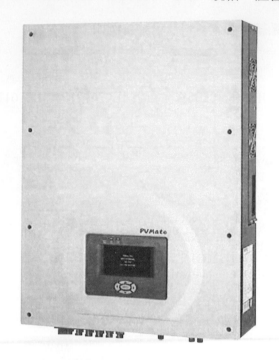

二、系統基本資料

(一)台電系統資料(供電資料與系統圖)

目前台電供電系統為低壓 3 相 3 線 220V，電桿桿號：內角高幹 78 左 4)。
單線系統圖請參照書末。

(二)再生能源發電系統保護設備資料表(發電設備內建保護設備者免)

本系統設備具有低電壓、過電壓、低頻率、過頻率電驛、直流成份、被動
式與主動式孤島效應保護，符合再生能源發電系統併聯技術要點第五條及第七
條第一項。

(三)昇位圖(發電設備至責任分界點/併聯點之樓層/高度線路配置)

　　系統昇位圖請參照書末。

(四)系統單線圖(發電設備至責任分界點/併聯點之單線系統)

　　97.29kWp 太陽能發電系統單線圖請參照書末。

(五)銜接點配置圖(發電設備至責任分界點/併聯點俯視之線路配置)

　　太陽能板排列配置圖、全區電氣設備配置圖請參照書末。

(六)計量設備裝置配置圖(表箱或 MOF 機構與電器設備裝置)

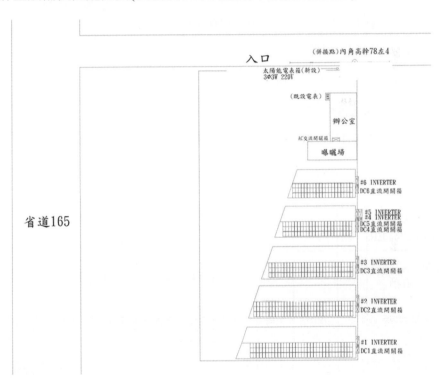

三、設計計算資料

(一) 三相平衡檢討：本工程三相皆平衡。

(二) 保護協調(故障電流)檢討(第五條與第七條第一項)

   1. 本工程故障電流以 NFB 3P 225AF/225AT 30KA 保護並使用電力調節器。

   2. PV 總額定 Pmax(KW)=97.29KW

   PV 總額定電流 In(A)=97.29/($\sqrt{3}$ *0.22)=255.3A

   PV 貢獻之故障電流=2In=510.6A

   PV 貢獻之短路容量=$\sqrt{3}$ *0.22*510.6=194.6KVA

(三) 電壓變動(壓降、損失率)檢討(第七條第二項及第五項)

   電壓變動率±2.5%以內。

   計算路徑：#1 INVERTER →AC 交流開關箱→變壓器→併聯點

編號	名稱	相別	電壓(V)	線徑	每相線數	距離(M)	電流(A)	R	XL	壓降(V)
電源	#1 INVERTER									
幹線(1)	AC 交流開關箱	3	380V	14	1	81	25.7	1.41	0.0973	2.934418
幹線(2)	變壓器	3	380V	200	1	33	147.8	0.101	0.0878	0.5481013
	VD1 幹線小計									**3.4825193**
幹線(3)	併聯點	3	220V	250	1	5	255.3	0.0783	0.0875	**0.198678**

幹線壓降 VD1%=(2.934418 + 0.5481013)/ 380 * 100 %= 0.9164524 %

幹線壓降 VD2%=0.198678 / 220 * 100 %= 0.09030818 %

電壓變動率(%)=0.9164524% + 0.09030818% = 1.00676058%   <2.5%.....OK

(四) 功率因數

　　除特別被設計爲提供系統虛功率補償之太陽光電發電系統電力轉換器外，太陽光電發電系統電力轉換器被設計爲運轉功因趨近於 1.0。

(五) 併接諧波管制

　　太陽光電發電系統 INVERTER 電力轉換器使用在 600V 以下低電壓等級，其輸出電流之 THD <4%，符合 EN50178、IEC62103。

　　以太陽光電發電系統電力轉換器額定電流爲基準 THD<5%，即使全部流向併接點，尚可符合諧波管制條件 THD<5%。

(六) 各相間不平衡容量

　　本工程利用 6 台三相變流器(Inverter)，故三相平衡.

(七) 接地系統檢討(應符合屋內線路裝置或屋外供電線路裝置規則)

　　1. 低壓用電設備接地，內線接地，支持低壓用電設備之金屬附接地。

　　　對地電壓 151-300V 小於 50Ω，301V 以上小於 10Ω，增設之太陽能發電系統接地電阻小於 10Ω。

　　2. 高壓用電設備接地接地電阻小於 10Ω。

(八) 調度與通訊

　　本案併接於台電公司低壓 220V 系統，依「台灣電力公司再生能源發電系統併聯技術要點」規定，免設專用電話。

<補充說明>

1. 線損計算：

   線徑：250mm^2 ,阻抗：0.0783 + J0.0875 ，滿載電流：

   255.3A

   $P=I^2R$

   $=(255.3)^2$ * 0.0783 * 8/1000

   =40.8W

   $\%P= [(40.8*10^{-3})/(97.29/3)]*100\%$

   =0.1259%

2. 依規定電壓閃爍率在 0.45%內.

附錄 A   屋內線設計圖符號

開關類設計圖符號如下表：

名　　　　　稱	符　　　　　號	名　　　　　稱	符　　　　　號
刀形開關		拉出型氣斷路器	
刀形開關附熔絲		油開關	OS
隔離開關（個別啟閉）		電力斷路器	
空斷開關（同時手動啟閉）		拉出型電力斷路器	
雙投空斷開關		接觸器	
熔斷開關		接觸器附積熱電驛	
電力熔絲		接觸器附電磁跳脫裝置	
負載啟斷開關		電磁開關	MS
負載啟斷開關附熔絲		一人一 Δ 降壓起動開關	人-Δ
無熔線斷路器	N.F.B	自動一人一 Δ 電磁開關	MS 人-Δ
空氣斷路器	A.C.B	安全開關	

363

名　　　　　稱	符　　號	名　　　　　稱	符　　號
伏特計用切換開關	VS	復閉器	RC
安培計用切換開關	AS	電力斷路器（平常開啓）	
控制開關	CS	空斷開關（附有接地開關）	
單極開關	S	電力斷路器（附有電位裝置）	
雙極開關	S2	空斷開關（電動機或壓縮空氣操作）	
三路開關	S3	鑰匙操作開關	Sk
雙插座及開關	⊖S	開關及標示燈	Sp
時控開關	ST	單插座及開關	⊖S
四路開關	S4	拉線開關	Ⓢ
區分器	S		

電驛計器類設計圖符號如下表：

名　　　　　稱	符　　號	名　　　　　稱	符　　號
低電壓電驛	27　UV	低電流電驛	37　UC

名　　　稱	符　　　號		名　　　稱	符　　　號
瞬時過流電驛	⟵ IT ⟶ (50)	(CO IT)	交流伏特計	(V)
過流電驛	⟵⟶ (51)	(CO)	直流伏特計	(V̄)
過流接地電驛	(51N)	(LCO)	瓦特計	(W)
功率因數電驛	⟵ PF ⟶ (55)	(PF)	瓩需量計	(KWD)
過壓電驛	⟵ V ⟶ (59)	(OV)	瓦時計	(WH)
接地保護電驛	(64)	(GR)	乏時計	(VARH)
方向性過流電驛	⟶ (67)	(DCO)	仟乏計	(KVAR)
方向性接地電驛	(67N)	(SG)	頻率計	(F)
復閉電驛	RC ⟶ (79)	(RC)	功率因數計	(PF)
差動電驛	⟵⟶ (87)	(DR)	紅色指示燈	(R)
交流安培計		(A)	綠色指示燈	(G)
直流安培計		(Ā)		

配電機器類設計圖號如下表：

名　　　　稱	符　　　　號	名　　　　稱	符　　　　號
發 電 機	Ⓖ	電 容 器	
電 動 機	Ⓜ	避 雷 器	
電 熱 器	Ⓗ	避 雷 針	
電 風 扇		可 變 電 阻 器	
冷 氣 機	A\C	可 變 電 容 器	
整 流 器（ 乾 式 或 電 解 式 ）		直 流 發 電 機	Ⓖ
電 池 組		直 流 電 動 機	Ⓜ
電 阻 器			

變比器類設計圖符號如下表：

名　　　　稱	符　　　　號	名　　　　稱	符　　　　號
自 耦 變 壓 器		三 線 捲 電 力 變 壓 器	
二 線 捲 電 力 變 壓 器		二 線 捲 電 力 變 壓 器 附 有 載 換 接 器	

名　　　　　稱	符　　　　　號	名　　　　　稱	符　　　　　號
比 壓 器		接 地 比 壓 器	
比 流 器		三 相 V 共 用 點 接地	
比 流 器（附 有 補助 比 流 器 ）		三 相 V 一 線 捲 中性 點 接 地	
比 流 器（同 一 鐵心 兩 次 線 捲 ）		三 相 Y 非 接 地	
整 套 型 變 比 器	MOF	三 相 Y 中 性 線 直接 接 地	
三 相 三 線 Δ 非 接地		三 相 Y 中 性 線 經一 電 阻 器 接 地	
三 相 三 線 Δ 接 地		三 相 四 線 Δ 非 接地	
套 管 型 比 流 器		三 相 四 線 Δ 一 線捲 中 點 接 地	
零 相 比 流 器		三 相 V 非 接 地	
感 應 電 壓 調 整 器		三 相 Y 中 性 線 經一 電 抗 器 接 地	
步 級 電 壓 調 整 器		三 相 曲 折 接 法	
比 壓 器（有 二 次捲 及 三 次 捲 ）		三 相 T 接 線	

配電箱類設計圖符號如下表：

名　　　　　稱	符　　　　號	名　　　　　稱	符　　　　號
電燈動力混合配電盤		電力分電盤	
電燈總配電盤		人　孔	M
電燈分電盤		手　孔	H
電力總配電盤			

配線類設計圖符號如下表：

名　　　　稱	符　　　　號	名　　　　稱	符　　　　號
埋設於平頂混凝土內或牆內管線	8.0° 22^{mm}	導線連接或線徑線類之變換	
明管配線	2.0° 16^{mm}	線路分歧接點	
埋設於地坪混凝土內或牆內管線	5.5° 16^{mm}	線管上行	
線路交叉不連結		線管下行	
電路至配電箱	1.3	線管上及下行	
接戶點		接　地	
導線群		電纜頭	

滙流排槽類設計圖符號如下表：

名　　　稱	符　　　號	名　　　稱	符　　　號
滙流排槽		縮徑體滙流排槽	
T型分岐滙流排槽		附有分接頭滙流排槽	
十字分岐滙流排槽		分岐點附斷路器之滙流排槽	
L型轉彎滙流排槽		分岐點附開關及熔絲之滙流排槽	
膨脹接頭滙流排槽		往上滙流排槽	
偏向彎體滙流排槽		向下滙流排槽	

電燈、插座類設計圖符號如下表：

名　　　稱	符　　　號	名　　　稱	符　　　號
白熾燈		緊急照明燈	
壁燈		接線盒	
日光燈		屋外型插座	
日光燈		防爆型插座	
出口燈		電爐插座	

名　　　　稱	符　　　　號	名　　　　稱	符　　　　號
接地型電爐插座	⊖RG	接地型三連插座	⊕G
拉線箱	P	接地型四連插座	⊕G
風扇出線口	F	接地型專用單插座	△G
電鐘出線口	○ 或 C	專用單插座	△
單插座	⊖	專用雙插座	△
雙連插座	⊖	接地型單插座	⊖G
三連插座	⊕	接地型專用雙插座	△G
四連插座	⊕	接地屋外型插座	⊖GWP
接地型雙插座	⊖G	接地防爆型插座	⊖GEX

第四九三條　電話、對講機、電鈴設計圖符號如下表：

名　　　　稱	符　　　　號	名　　　　稱	符　　　　號
電話端子盤箱	▭	外線電話出線口	◁
交換機出線口	◁	內線電話出線口	◁

名　　　　　稱	符　　　　號	名　　　　　稱	符　　　　號
對講機出線口	(IC)	電　鈴	
按鈕開關		電話或對講機管線	T
蜂鳴器			

MEMO

附錄 B

無熔線斷路器 | 高啓斷系列 | 過負載/短路 保護兼用

框架容量（AF）		100	100	125			225		225		250	
型　式		NF100-H	NF100-HC	NF125-HT			NF225-HB		NF225-HC		NF250-HT	
外　觀		#註5	#註5				#註5		#註5			
額定電流In (A)(AT) 基準周圍溫度40℃		15,20,30,40,50, 60,75,100.	15,20,30,40,50, 60,75,100.	15,20,30,40,50, 60,75,100,125. 額定電流可調 80%,100%			125,150,175, 200,225.		125,150,175, 200,225.		125, 150, 160, 175, 200, 225, 250. 額定電流可調 80%, 100%	
極　數 (P)		2 3	2 3	2	3	4	2	3	2	3	3	4
額定絕緣電壓 Ui (V)	AC	690	690	690			690		690		690	
	DC	250　—	250　—	250	—		250	—	250	—	—	
額定工作電壓 Ue (V)		600	600	600			600		600		600	
外型及安裝尺寸 (mm)	a	105	105	90	90	120	105		105		105	140
	b	165	165	155			165		165		165	
	c	86	86	68			86		86		68	
	ca	112	112	90			112		112		92	
	bb	126	126	132			126		126		126	
	aa	35	35	30			35		35		35	
製品重量 (kg)		2.1　2.6	2.1　2.6	1	1.2	1.5	2.1	2.6	2.1	2.6	1.5	1.9
額定啓斷容量(kA) #註3.	CNS 14816-2 IEC 60947-2 EN 60947-2 JIS C8201-2 Icu/Ics AC	*550V *600V　25/13	30/15	30/15			25/13		30/15		30/15	
		440V *480V　42/21	50/25	50/25			42/21		50/25		50/25	
		380V *415V　50/25	65/33	65/33			50/25		65/33		65/33	
		220V *240V　85/43	100/50	100/50			85/43		100/50		100/50	
	NEMA asym/sym AC #註5.	*550V *600V　30/25	—	35/30			30/25		—		35/30	
		440V *480V　50/42	60/50	60/50			50/42		60/50		60/50	
		380V *415V　60/50	75/65	75/65			60/50		75/65		75/65	
		220V *240V　100/85	120/100	120/100			100/85		120/100		120/100	
	IEC 60947-2 EN 60947-2 Icu #註1. DC #註2.	250V　40　—	40　—	40	—		40	—	40	—		
		125V　40　—	40　—	40	—		40	—	40	—		
接線方式		壓著端子	壓著端子	壓著端子			壓著端子		壓著端子		壓著端子	
過載跳脫方式		熱動電磁式	熱動電磁式	可調熱動-電磁式			熱動電磁式		熱動電磁式		可調熱動-電磁式	
跳脫按鈕		有	有	有			有		有		有	

【註】 1. DC type非標準規格品，須於訂貨時註明，另行製造出貨。
2. 高啓斷系列之熱動電磁式為AC/DC共用，DC之Icu值為相對應啓斷容量，請恕無法在實體產品上標示。
3. 規格表中無標示之電壓啓斷容量，請以已標示電壓乘I.C容量相等方式換算參考，恕無法將全部I.C標示於表中及開關本體中。
4. NF100-H, NF100-HC 30A(含)以下之SHT, UVT為訂貨式生產。
5. NF100-H, NF100-HC, NF225-HB, NF225-HC, NF400-HC, NF600-HC, NF800-HC於2020年7月起停止生產。

	NF250-HS (250)	NF400-HC (400)	NF400-RN (400)	NF400-UN (400)	NF600-HC (600)	NF800-HC (800)	NF800-HN (800)	NF800-RN (800)
	40,50,60,75, 100,125,150,175, 200,225,250.	250,300, 350,400.	250,300, 350,400.	250,300, 350,400.	500,600.	700,800.	500,600,630. / 700,800.	500,600,630, 700,800.
極數	3 / 4	3	3 / 4	2 / 3 / 4	3	3	3 / 4 / 3 / 4	3 / 4
	690	690	690	690	690	690	690	690
	—	—	—	250	—	—	—	—
	600	600	600	600	600	600	600	600
	105 / 140	140	140 / 185	140 / 185	210	210	210 / 280 / 210 / 280	210 / 280
	165	257	257	257	275	275	275	275
	86	103	103	103	103	103	103	103
	112	132	155	155	140	155	155	155
	126	194	194	194	243	243	243	243
	35 / 70	44	44	44	70	70	70	70
	2.6 / 3.2	6.5	5.7 / 7.5	5.6 / 6.3 / 8.2	10	11	10 / 13 / 10.5 / 13.5	11.5 / 15
	65/33	30/15	42/21	65/33	30/15	42/21	42/21	65/33
	*85/43	50/25	70/35	*85/43	50/25	65/33	70/35	*85/43
	85/43	65/33	70/35	85/43	65/33	65/33	70/35	85/43
	125/63	100/50	100/50	125/63	100/50	100/50	100/50	125/63
	75/65	—	50/42	75/65	—	—	50/42	75/65
	100/85	60/50	82/70	100/85	60/50	75/65	82/70	100/85
	100/85	75/65	82/70	100/85	75/65	75/65	82/70	100/85
	150/125	120/100	120/100	150/125	120/100	120/100	120/100	150/125
	—	—	—	40 / — / —	—	—	—	—
	—	—	—	40 / — / —	—	—	—	—
	壓著端子	銅接板	銅接板	銅接板	銅接板	銅接板	銅接板	銅接板
	熱動電磁式	熱動電磁式	熱動電磁式	熱動電磁式	熱動-可調電磁式	熱動-可調電磁式	熱動-可調電磁式	熱動-可調電磁式
	有	有	有	有	有	有	有	有

6. "*" 標明之電壓值非台灣地區系統電壓，其相對應之啓斷容量僅供參考，實際啓斷容量以證書為主。

無熔線斷路器　|　高啓斷系列　| 過負載/短路 保護兼用

框 架 容 量（A.F.）			800	1000	1200	1600
型　　式			NF800-HS	NF1000-HS	NF1200-HS	NF1600-HS
外　　　　觀						
額定電流In (A)(AT) 基準周圍溫度40℃			700,800.	1000.	1200.	1400,1600.
極　　數 (P)			3	3	3	3
額定絕緣電壓 Ui (V)		AC	690	690	690	690
		DC	—	—	—	—
額定工作電壓 Ue (V)			600	600	600	600
外型及安裝尺寸 (mm)		a	210	210	210	210
		b	406	406	406	406
		c	140	140	140	140
		ca	190	190	190	190
		bb	375	375	375	375
		aa	70	70	70	70
製 品 重 量 (kg)			22	23	23	34
額定啓斷容量 (kA) #註3.	CNS 14816-2 IEC 60947-2 EN 60947-2 JIS C8201-2 Icu/Ics AC	*660V *600V	65/33	65/33	65/33	65/33
		440V *480V	85/43	85/43	85/43	85/43
		380V *415V	100/50	100/50	100/50	100/50
		220V *240V	130/65	130/65	130/65	130/65
	NEMA asym/sym AC #註4.	*550V *600V	75/65	75/65	75/65	75/65
		440V *480V	100/85	100/85	100/85	100/85
		380V *415V	120/100	120/100	120/100	120/100
		220V *240V	150/130	150/130	150/130	150/130
	IEC 60947-2 EN 60947-2 Icu DC #註1.	250V	—	—	—	—
		125V	—	—	—	—
接 線 方 式			銅接板	銅接板	銅接板	銅接板
過 載 跳 脫 方 式			熱動-可調電磁式	熱動-可調電磁式	熱動-可調電磁式	熱動-可調電磁式
跳 脫 按 鈕			有	有	有	有

【註】 1. 高啓斷系列之熱動電磁式為AC/DC共用，DC之Icu值為相對應啓斷容量，請恕無法在實體產品上標示。
2. 規格表中無標示之電壓啓斷容量，請以已標示電壓乘I.C容量相等方式換算參考，恕無法將全部I.C標示於表中及開關本體中。
3. "*" 標明之電壓值非台灣地區系統電壓，其相對應之啓斷容量僅供參考，實際啓斷容量以證書為主。

無熔線斷路器 ｜ 電子式系列 ｜ 過負載/短路 保護兼用

框架容量（AF）	100		250		400		800		800	
型　式	NF100-UE		NF250-UE		NF400-UE		NF800-SE		NF800-RE	
外　觀										
額定電流In (A)(AT) 基準周圍溫度40℃	100 (可調整0.4In~1.0In)		250 (可調整0.4In~1.0In)		400 (可調整0.4In~1.0In)		630,800 (可調0.4In~1.0In)		630,800 (可調整0.4In~1.0In)	
極　數 (P)	3	4	3	4	3	4	3	4	3	4
額定絕緣電壓 Ui (V)　AC	690		690		690		690		690	
DC	—	—	—	—	—	—	—	—	—	—
額定工作電壓 Ue (V)	600		600		600		600		600	
外型及安裝尺寸 (mm)　a	105	140	105	140	140	185	210	280	210	280
b	165		165		257		275		275	
c	86		86		103		103		103	
ca	112		112		155		155		155	
bb	126		126		194		243		243	
aa	35	70	35	70	44		70		70	
製品重量 (kg)	2.5	3.2	2.5	3.2	7.0	9.0	12	15.8	12	15.8
額定啟斷容量 (kA) #註1. — CNS 14816-2 IEC 60947-2 EN 60947-2 JIS C8201-2 Icu/Ics AC — *550V *600V	65/33		65/33		65/33		25/13		65/33	
440V *480V	85/43		85/43		*85/43		50/25		*85/43	
380V *415V	85/43		85/43		85/43		50/25		85/43	
220V *240V	125/63		125/63		125/63		85/43		125/63	
NEMA asym/sym AC #註2 — *550V *600V	75/65		75/65		75/65		30/25		75/65	
440V *480V	100/85		100/85		100/85		60/50		100/85	
380V *415V	100/85		100/85		100/85		60/50		100/85	
220V *240V	150/125		150/125		150/125		100/85		150/125	
IEC 60947-2 EN 60947-2 Icu DC — 250V	—		—		—		—		—	
125V	—		—		—		—		—	
接線方式	壓著端子		壓著端子		銅接板		銅接板		銅接板	
過載跳脫方式	電子式		電子式		電子式		電子式		電子式	
跳脫按鈕	有		有		有		有		有	

【註】1. 規格表中無標示之電壓啟斷容量，請以已標示電壓乘I.C容量相等方式換算參考，恕無法將全部I.C標示於表中及開關本體中。
　　　2. "*" 標明之電壓值非台灣地區系統電壓，其相對應之啟斷容量僅供參考，實際啟斷容量以證書為主。

無熔線斷路器 | 電子式系列 | 過負載/短路 保護兼用

框架容量（AF）	800	1000	1200	1600			
型　式	NF800-E	NF1000-E	NF1200-E	NF1600-E			
外　觀							
額定電流In (A)(AT) 基準周圍溫度40℃	800可調整 (300, 350, 400, 450, 500, 600, 700, 750, 800.)	1000可調整 (400, 450, 500, 600, 700, 800, 900, 950, 1000.)	1200可調整 (400, 500, 600, 700, 800, 900, 1000, 1100, 1200.)	800 (可調整 0.5In~1.0In)	1000	1200	1600 (可調整0.4In~1.0In)
極　數 (P)	3	3	3	3			
額定絕緣電壓 Ui (V) AC	690	690	690	690			
額定絕緣電壓 Ui (V) DC	—	—	—	—			
額定工作電壓 Ue (V)	600	600	600	600			
外型及安裝尺寸 (mm) a	210	210	210	210			
b	275	406	406	406			
c	103	140	140	140			
ca	155	190	190	190			
bb	243	375	375	375			
aa	70	70	70	70			
製品重量 (kg)	11.1	23.5	23.5	23			30.5
額定啟斷容量 (kA) #註1. CNS 14816-2 / IEC 60947-2 / EN 60947-2 / JIS C8201-2 Icu/Ics AC *550V *600V	25/13	50/25	50/25	65/33			
440V *480V	50/25	85/43	85/43	85/43			
380V *415V	50/25	85/43	85/43	100/50			
220V *240V	85/43	125/63	125/63	130/65			
NEMA asym/sym AC #註2. *550V *600V	30/25	60/50	60/50	75/65			
440V *480V	60/50	100/85	100/85	100/85			
380V *415V	60/50	100/85	100/85	120/100			
220V *240V	100/85	150/125	150/125	150/130			
IEC 60947-2 EN 60947-2 Icu DC 250V	—	—	—	—			
125V	—	—	—	—			
接 線 方 式	銅接板	銅接板	銅接板	銅接板			
過 載 跳 脫 方 式	電子式	電子式	電子式	電子式			
跳 脫 按 鈕	有	有	有	有			

【註】1. 規格表中未標示之電壓啟斷容量，請以已標示電壓乘I.C容量相等方式換算參考，恕無法將全部I.C標示於表中及開關本體中。
2. "*"標明之電壓值非台灣地區系統電壓，其相對應之啟斷容量僅供參考，實際啟斷容量以證書為主。

無熔線斷路器 │ DC 系列 │ 過負載/短路 保護兼用 │ 訂貨式生產

框 架 容 量（A F）		100	100	100
型　　　式		NF100-CN	NF100-SN	NFA100-SN
外　　　觀				
額定電流In (A) (AT) 基準周圍溫度40℃		10,15,20,30,40, 50,60,75,100.	10,15,20,30,40, 50,60,75,100.	10, 15, 20, 30, 40, 50, 60, 75, 100.
極　　數 (P)		2	2	2
額定絕緣電壓 Ui (V)	DC	250	250	250
額定工作電壓 Ue (V)	DC	250	250	250
外型及安裝尺寸	a	50	50	50
	b	130	130	130
	c	68	68	68
	ca	90	90	90
	bb	111	111	111
(mm)	aa	0	0	0
製品重量 (kg)		0.45	0.45	0.45
額定啟斷容量(kA) #註2.	CNS 14816-2 IEC 60947-2 EN 60947-2 Icu/Ics DC #註1. 250V	2.5/1.3	10/5	10/10
	125V	5/2.5	15/7.5	—
接 線 方 式		壓著端子	壓著端子	壓著端子
過 載 跳 脫 方 式		完全電磁式	完全電磁式	完全電磁式
跳 脫 按 鈕		有	有	有

【註】 1. DC type非標準規格品，須於訂貨時註明，另行製造出貨。
　　　2. 規格表中無標示之電壓啟斷容量，請以已標示電壓乘I.C容量相等方式換算參考，恕無法將全部I.C標示於表中及開關本體中。
　　　3. DC Type一般使用電壓：250V以下皆可使用。

漏電斷路器 | NV 系列 | 漏電,過負載,短路 保護兼用

框架容量（ＡＦ）	30		50		50		100		100	
型　　式	NV30-SN		NV50-SN		NV50-HN		NV100-CN		NV100-MN	
外　　觀										
額定電流In (A)(AT) 基準周圍溫度40℃	15,20,30.		15,20,30,40,50.		15,20,30,40,50.		60,75,100.		15,20,30,40, 50,60,75,100.	
相 線 式 (P)	1Ø2W,1Ø3W 3Ø3W	3Ø4W	1Ø2W,1Ø3W 3Ø3W	3Ø4W	1Ø2W,1Ø3W 3Ø3W	3Ø4W	1Ø2W,1Ø3W 3Ø3W	3Ø4W	1Ø2W,1Ø3W 3Ø3W	3Ø4W
極 數 (P)	3	4	3	4	3	4	3	4	3	4
高速型 額定靈敏度電流I△n(mA) #註4. #註6.	30(15,50,100)* (100-300-500切換)*		30(15,50,100)* (100-300-500切換)*		30(15,50,100)* (100-300-500切換)*		30(15,50,100)* (100-300-500切換)*		30(15,50,100)* (100-300-500切換)*	
高速型 I△n之動作時間 (s)	0.1		0.1		0.1		0.1		0.1	
高速型 額定不動作電流I△n(mA)	15(7.5,25,50)* (50-150-250切換)*		15(7.5,25,50)* (50-150-250切換)*		15(7.5,25,50)* (50-150-250切換)*		15(7.5,25,50)* (50-150-250切換)*		15(7.5,25,50)* (50-150-250切換)*	
延時型 額定靈敏度電流I△n(mA) #註6.	100-300-500切換*		100-300-500切換*		100-300-500切換*		100-300-500切換*		100-300-500切換*	
延時型 I△n之動作時間 (s)	0.45-1.0-2.0切換*		0.45-1.0-2.0切換*		0.45-1.0-2.0切換*		0.45-1.0-2.0切換*		0.45-1.0-2.0切換*	
延時型 I△n之最大不動作時間(s)	0.1,0.5,1		0.1,0.5,1		0.1,0.5,1		0.1,0.5,1		0.1,0.5,1	
外型及安裝尺寸 (mm) a	75	100	75	100	75	100	90	120	90	120
b	130		130		130		155		155	
c	68		68		68		68		68	
ca	90		90		90		90		90	
bb	111		111		111		132		132	
aa	25		25		25		30		30	
製品重量 (kg)	0.7	0.9	0.7	0.9	0.7	0.9	1.5	1.8	1.5	1.8
額定啟斷容量 (kA) Icu AC #註1 CNS 5422 IEC 60947-2 EN 60947-2 JIS C8201-2 440V	7.5		7.5		10		7.5		7.5	
380V *400V	7.5		7.5		15		7.5		10	
220V *230V	10		10		25		10		15	
NEMA asym/sym AC #註5. #註8. *415V 440V	7.5		7.5		10		7.5		7.5	
380V *400V	7.5		7.5		18/15		7.5		10	
220V *240V	10		10		30/25		10		18/15	
接 線 方 式	壓著端子		壓著端子		壓著端子		壓著端子		壓著端子	
過載跳脫方式	完全電磁式		完全電磁式		完全電磁式		完全電磁式		完全電磁式	
漏電跳脫方式	電子偵測,機械跳脫		電子偵測,機械跳脫		電子偵測,機械跳脫		電子偵測,機械跳脫		電子偵測,機械跳脫	
跳 脫 按 鈕	有		有		有		有		有	

	100		125		125		225		225	
	NV100-SN		NV125-SN		NV125-HN		NV225-CN		NV225-SN	
	15,20,30,40, 50,60,75,100.		15,20,30,40, 50,60,75,100.		15,20,30,40, 50,60,75,100.		125,150,175,200,225 額定電流可調 80%,100%		125,150,175,200,225 額定電流可調 80%,100%	
	1Ø2W,1Ø3W 3Ø3W	3Ø4W	1Ø2W,1Ø3W 3Ø3W	3Ø4W	1Ø2W,1Ø3W 3Ø3W	3Ø4W	1Ø2W,1Ø3W 3Ø3W	3Ø4W	1Ø2W,1Ø3W 3Ø3W	3Ø4W
	3	4	3	4	3	4	3	4	3	4
	30(15,50,100)* (100-300-500切換)*		30(15,50,100)* (100-300-500切換)*		30(15,50,100)* (100-300-500切換)*		100-300-500切換(30)*		100-300-500切換(30)*	
	0.1		0.1		0.1		0.1		0.1	
	15(7.5,25,50)* (50-150-250切換)*		15(7.5,25,50)* (50-150-250切換)*		15(7.5,25,50)* (50-150-250切換)*		50-150-250切換(15)		50-150-250切換(15)	
	100-300-500切換*		100-300-500切換*		100-300-500切換*		100-300-500切換		100-300-500切換	
	0.45-1.0-2.0切換*		0.45-1.0-2.0切換*		0.45-1.0-2.0切換*		0.45-1.0-2.0切換		0.45-1.0-2.0切換	
	0.1,0.5,1		0.1,0.5,1		0.1,0.5,1		0.1,0.5,1		0.1,0.5,1	
	90	120	90	120	90	120	105	140	105	140
	155		155		155		165		165	
	68		68		68		68		68	
	90		90		90		92		92	
	132		132		132		126		126	
	30		30		30		35		35	
	1.5	1.8	1.5	1.8	1.5	1.8	1.7	2.3	1.7	2.3
	10		15		25		15		25	
	15		22		30		22		30	
	25		30		50		30		50	
	10		18/15		30/25		18/15		30/25	
	18/15		25/22		35/30		25/22		35/30	
	30/25		35/30		60/50		35/30		60/50	
	壓著端子		壓著端子		壓著端子		壓著端子		壓著端子	
	完全電磁式		完全電磁式		完全電磁式		可調熱動-電磁式		可調熱動-電磁式	
	電子偵測,機械跳脫		電子偵測,機械跳脫		電子偵測,機械跳脫		電子偵測,機械跳脫		電子偵測,機械跳脫	
	有		有		有		有		有	

【註】

1. NV225以下機種依照CNS 5422規範進行認證，啟斷容量標示為Icu；
2. NV系列為額定電壓共用型：額定電壓為220V～440V 共用。(使用電壓480V以下)
3. 漏電表示方式為機械按式。
4. "*" 表示之機種非一般品，訂貨時需特別註明。
5. "**" 標明之電壓值，非台灣地區系統電壓，其相對應之啟斷容量僅供參考，實際啟斷容量以證書為主。
6. 額定靈敏度之動作電流為 50%～100%
7. 訂貨時需註明高速型、高速型切換式或延時型切換式機種。
8. 規格表中無標示之電壓啟斷容量，請以已標示電壓乘I.C 容量相等方式換算參考，恕無法將全部I.C標示於表中及開關本體中。

漏電斷路器 | NV 系列 | 漏電/過負載/短路 保護兼用

框架容量（AF）		250		250		400	
型　　　式		NV250-CN		NV250-SN		NV400-CN	
外　　　觀							
額定電流In (A)(AT) 基準周圍溫度40℃		250 額定電流可調 80%,100%		250 額定電流可調 80%,100%		250,300,350,400.	
相　線　式 (P)		1Ø2W,1Ø3W 3Ø3W	3Ø4W	1Ø2W,1Ø3W 3Ø3W	3Ø4W	1Ø2W,1Ø3W 3Ø3W	3Ø4W
極　　　數 (P)		3	4	3	4	3	4
高速型	#註4. 額定靈敏度電流I△n (mA)	30-100-500切換		30-100-500切換		30-100-500切換	
	5I△n之動作時間　(s)	0.04		0.04		0.04	
	額定不動作電流I△n(mA)	15-50-250切換		15-50-250切換		15-50-250切換	
延時型	#註4. 額定靈敏度電流I△n (mA)	100-300-500切換		100-300-500切換		100-300-500切換	
	2I△n之動作時間　(s)	0.45-1.0-2.0切換		0.45-1.0-2.0切換		0.45-1.0-2.0切換	
	2I△n之最大不動作時間(s)	0.1,0.5,1		0.1,0.5,1		0.1,0.5,1	
漏電表示方式		機械按鈕式		機械按鈕式		機械按鈕式	
外型及安裝尺寸	a	105	140	105	140	140	185
	b	165		165		257	
	c	68		68		103	
	ca	92		92		155	
	bb	126		126		194	
	aa	35		35		44	
	(mm)						
製品重量 (kg)		1.7	2.3	1.7	2.3	6.6	8.4
額定啓斷容量(kA) #註3. #註5.	CNS 14816-2 IEC 60947-2 EN 60947-2 JIS C8201-2 Icu/Ics AC　#註1	440V	15/7.5		25/13		22/11	
		380V *400V	22/11		30/15		25/13	
		220V *230V	30/15		50/25		35/10	
	NEMA asym/sym AC	*415V 440V	18/15		30/25		25/22	
		380V *400V	25/22		35/30		30/25	
		220V *240V	35/30		60/50		40/35	
接　線　方　式		壓著端子		壓著端子		銅接板	
過載跳脫方式		可調熱動-電磁式		可調熱動-電磁式		熱動電磁式	
漏電跳脫方式		電子偵測,機械跳脫		電子偵測,機械跳脫		電子偵測,機械跳脫	
跳　脫　按　鈕		有		有		有	

【註】1. NV250以上機種依照CNS 14816-2規範進行認證，啓斷容量標示為Icu/Ics。
　　　2. NV系列為額定電壓共用型：額定電壓為220V～440V共用。(使用電壓480V以下)
　　　3. "**" 標明之電壓值非台灣地區系統電壓，其相對應之啓斷容量僅供參考，實際啓斷容量以證書為主。

400		400		400		800	
NV400-SN		NV400-HN		NV400-UN		NV800-RN	
250,300,350,400.		250,300,350,400.		250,300,350,400.		500,600,630,700,800.	
1Ø2W,1Ø3W 3Ø3W	3Ø4W	1Ø2W,1Ø3W 3Ø3W	3Ø4W	1Ø2W,1Ø3W 3Ø3W	3Ø4W	1Ø2W,1Ø3W 3Ø3W	3Ø4W
3	4	3	4	3	4	3	4
30-100-500切換		30-100-500切換		30-100-500切換		100-300-500切換	
0.04		0.04		0.04		0.04	
15-50-250切換		15-50-250切換		15-50-250切換		50-150-250切換	
100-300-500切換		100-300-500切換		100-300-500切換		100-300-500切換	
0.45-1.0-2.0切換		0.45-1.0-2.0切換		0.45-1.0-2.0切換		0.45-1.0-2.0切換	
0.1,0.5,1		0.1,0.5,1		0.1,0.5,1		0.1,0.5,1	
機械按鈕式		機械按鈕式		機械按鈕式		機械按鈕式	
140	185	140	185	140	185	210	280
257		257		257		275	
103		103		103		103	
155		155		155		155	
194		194		194		243	
44		44		44		70	
6.6	8.4	6.6	8.4	6.8	8.9	12.5	16
30/15		42/21		*85/43		*85/43	
35/18		50/25		85/43		85/43	
50/25		85/43		125/63		125/63	
35/30		50/42		100/85		100/85	
40/35		60/50		100/85		100/85	
60/50		100/85		150/125		150/125	
銅接板		銅接板		銅接板		銅接板	
熱動電磁式		熱動電磁式		熱動電磁式		熱動-可調電磁式	
電子偵測,機械跳脫		電子偵測,機械跳脫		電子偵測,機械跳脫		電子偵測,機械跳脫	
有		有		有		有	

4. 額定靈敏度之動作電流為50%~100%。

5. 規格表中無標示之電壓啟斷容量,請以已標示電壓 乘I.C容量相等方式換算參考,恕無法將全部I.C標示於表中及開關本中。

無熔線斷路器 | BH系列 | 過負載/短路 保護兼用

框 架 容 量 (AF)		100			50	100	100	
型 式		BH			BHU			
外 觀								
額定電流 In (A)(AT) 基準周圍溫度 40℃		10,15,20, 30,40,50 60,75,100.	15,20,30, 40,50.	10,15,20,30,40,50 60,75,100.	15,20,30 40,50.	15,20,30,40,50 60,75,100.		
極 數 (P)		1	1	2	3	1	1	2	3
額 定 電 壓 V(A.C)		110	220	220		110	220	220	
額 定 絕 緣 電 壓 Ui (V)		460				460			
外型及安裝尺寸 (mm)	a	25	25	50	75	25	25	50	75
	b	95				95			
	c	58.5				58.5			
	ca	77.5				77.5			
	bb	100				100			
	aa	0	0	25	50	0	0	25	50
啓斷容量 kA CNS 14816-2 Icu AC #註3. #註4 #註5.	110V/120V△	5	—	—		10	—	—	
	220V/240V△	—	5	5		—	10	10	
	380V/400V△	—							
製 品 重 量 (kg)		0.15	0.15	0.31	0.46	0.2	0.2	0.4	0.6
接 線 方 式		壓著端子				壓著端子			
過 載 跳 脫 方 式		熱動電磁式				熱動電磁式			

框 架 容 量 (AF)		50	100		50	100		
型 式		BHH			BHS			
外 觀								
額定電流 In (A)(AT) 基準周圍溫度 40℃		15,20,30,40,50.	15,20,30,40,50 60,75,100.		15,20,30 40,50.	15,20,30,40,50 60,75,100.		
極 數 (P)		1	2	3	1	1	2	3
額 定 電 壓 V(A.C) #註1.		110/220*	380		110	220	220	
額 定 絕 緣 電 壓 Ui (V)		460				460		
外型及安裝尺寸 (mm)	u	25	50	75	25	25	50	75
	b	95				95			
	c	58.5				58.5			
	ca	77.5				77.5			
	bb	100				100			
	aa	0	25	50	0	0	25	50
啓斷容量 kA CNS 14816-2 Icu AC #註2. #註3. #註4. #註5.	110V/120V△	15	—	—	25/22**	—	—	
	220V/240V△	10	15	15	—	15	25/22**	
	380V/400V△	—	10	10				
製 品 重 量 (kg)		0.22	0.44	0.66	0.22	0.22	0.44	0.66
接 線 方 式		壓著端子				壓著端子		
過 載 跳 脫 方 式		熱動電磁式				熱動電磁式		

【註】 1. "**" 表示為單相三線式；線間電壓為 220V，線對中性電壓為 110V。

2. "***" 啓斷容量為 asym/sym 值。

3. "△" 標示之電壓值非台灣地區系統電壓，其相對應之啓斷容量僅供參考，實際啓斷容量以證書為主。

4. 規格表中無標示之電壓啓斷容量，請以已標示電壓乘 I.C 容量相等方式換算參考，恕無法將全部 I.C 標示於表中及開關本體中。

5. Ics = 50% Icu

無熔線斷路器 | BH系列 | 訂貨式生產　　過負載/短路 保護兼用 插入式

框架容量 (AF)	50	100		50			100		50	100	
型式	BPL			BLU			BLS		BAH		
外觀											
額定電流 In (A)(AT) 基準周圍溫度 40°C	15,20,30,40,50.	15,20,30,40,50,60,75,100.		15,20,30,40,50.	15,20,30,40,50.		60,75,100.		15,20,30,40,50.	15,20,30,40,50,60,75,100.	
極數 (P)	1	2	3	1	2	3	2	3	1	2	3
額定電壓 V(A.C) #註1.	110	220	220	110	220	220	220		110/220*	380	
額定絕緣電壓 Ui (V)	460			460			460		460		
外型及安裝尺寸 (mm) a	25	50	75	25	50	75	25	50	25	50	75
b	74			74			74		79		
c	60.5			60.5			60.5		61		
ca	74			74			74		77.5		
bb	—			—			—		—		
aa	0	25	50	0	25	50	25	50	0	25	50
啟斷容量 kA CNS 14816-2 Icu AC #註3. #註4. #註5.　110V/120V△	5	—	—	10	—	—	—	—	15	—	—
220V/240V△	—	5	5	—	10	10	10	10	10	15	15
380V/400V△										10	10
製品重量 (kg)	0.13	0.26	0.39	0.13	0.26	0.39	0.33	0.53	0.18	0.36	0.54
接線方式	插入式			插入式			插入式		插入式		
過載跳脫方式	熱動電磁式			熱動電磁式			熱動電磁式		熱動電磁式		

【註】1. "*" 表示為單相三線式；線間電壓為220V，線對中性電壓為110V。

2. "**" 啟斷容量為 asym/sym 值。

3. "△" 標明之電壓值非台灣地區系統電壓，其相對應之啟斷容量僅供參考，實際啟斷容量以證書為主。

4. 規格表中無標示之電壓啟斷容量，請以已標示電壓乘 I.C 容量相等方式換算參考，恕無法將全部 I.C 標示於表中及開關本體中。

5. Ics = 50% Icu

漏電斷路器 ｜ NVB 系列

漏電/過負載/短路 保護兼用

框 架 容 量（ A F ）		50		50		50	
型　　　式		NVB-50L		NVB-50UL		NVB-50HS	
外　　　觀							
額定電流In (A)(AT) 基準周圍溫度40℃		15,20,30,40,50.					
相　線　式		1Ø2W					
極　　數　　(P)		1P2線式	2P2E	1P2線式	2P2E	1P2線式	2P2E
額 定 電 壓 V（A．C）		110	220	110/220	220	110/220	220
額定靈敏度電流(mA) #註1.		30,(100,200,300,500)*					
動 作 時 間 （ s ）		0.1s以下					
外型及安裝尺寸	a	25	50	25	50	25	50
	b	110				97	
	c	60				60.5	
	ca	78.4				78.5	
	bb	120				105	
	(mm) aa	0	25	0	25	0	25
啟斷容量 kA CNS 5422 Icu AC #註2. #註3.	110V	5	—	10	—	15	—
	220V	—	5	5	10	10	15
	380V	—	—	—	—	—	—
製 品 重 量 (kg)		0.22	0.39	0.22	0.39	0.21	0.34
接 線 方 式		壓著端子					
過 載 跳 脫 方 式		熱動電磁式					
漏 電 跳 脫 方 式		電子偵測機械跳脫					

框 架 容 量（ A F ）		50		50		50	
型　　　式		NVB-50H		NVP-50L		NVP-50UL	
外　　　觀							
額定電流In (A)(AT) 基準周圍溫度40℃		15,20,30,40,50.		15,20,30,40,50.			
相　線　式		1Ø2W		1Ø2W			
極　　數　　(P)		1P+N	2P	1P2線式	2P2E	1P2線式	2P2E
額 定 電 壓 V（A．C）		110/220	220/380	110	220	110/220	220
額定靈敏度電流(mA) #註1.		30 (15,50,100,200,300,500)*		30		30	30 (100,200,300,500)* 30-100-300-500
動 作 時 間 （ s ）		0.1s以下		0.1s以下			
外型及安裝尺寸	a	50	75	25	50	25	50
	b	95		92			
	c	58.5		60.5			
	ca	77.5		78.4			
	bb	100		—			
	(mm) aa	25	50	0	25	0	25
啟斷容量 kA CNS 5422 Icu AC #註2. #註3.	110V	15	—	5	—	10	—
	220V	10	15	5	5	5	10
	380V	—	10	—	—	—	—
製 品 重 量 (kg)		0.40	0.58	0.2	0.34	0.2	0.34
接 線 方 式		壓著端子		插入式			
過 載 跳 脫 方 式		熱動電磁式		熱動電磁式			
漏 電 跳 脫 方 式		電子偵測機械跳脫		電子偵測機械跳脫			

【註】 1. "*"表示之機種非一般品，訂貨時需註明。
　　　 2. 規格表中無標示之電壓啟斷容量，請以已標示電壓乘I.C容量相等方式換算參考，恕無法將全部I.C標示於表中及開關本體中。
　　　 3. 依據CNS 5422之規定，並無Ics之試驗項目。

漏電斷路器 ｜ NVK系列 ｜

	漏電/過負載保護兼用		漏電保護專用				
框架容量(AF)	30		40	30	30	40	60
型式	NV-KLF		NV-KF	NV-K30F	NV-BF		NV-SF
外觀							
額定電流In(A)(AT) 基準周圍溫度40℃	15,20,30		30 (15,20共用) / 40	15,20,30	30 (15,20共用) / 40		50,60
相線式	1Ø2W		1Ø2W	1Ø3W 3Ø3W	1Ø2W		1Ø2W
極數(P)	2P1E / 2P2E		2	3	2		2
額定電壓V(A.C)	110/220		110/220	220 / 220~440V	110/220		110/220 / 380/440
額定靈敏度電流(mA) 註1.	30		30,(100,200 300,500)*	30	30,(100,200 300,500)*		30,(100,200 300,500)*
動作時間(s)	0.1s以下						

外型及安裝尺寸(mm)

	NV-KF	NV-K30F	NV-BF	NV-SF
a	66	90	32	50
b	70	70	70	97
c	42	42	36	60.5
ca	60	60	48	78.5
bb	59	59	62	87
aa	33	33	—	—

額定短時間電流 kA 註2. CNS 5422 AC										
110~220V	1.5	1.5	1.5	2.5	1.5	—	1.5	2.5	2.5	—
380~440V	—	—	—	—	—	1.5	—	—	—	2.5
製品重量(kg)	0.2	0.2	0.2	0.2	0.25	0.25	0.1	0.1	0.29	0.29
接線方式	壓著端子		壓著端子		壓著端子		壓著端子		壓著端子	
過載跳脫方式	熱動電磁式									
漏電跳脫方式	電子偵測機械跳脫									

漏電保護插座 ｜ 配線用插接器附漏電斷路器　嵌插專用

框架容量(AF)	15	
型式	NV-CS T1	NV-CS T2
外觀		
額定電流In(A)(AT) 基準周圍溫度40℃	15	
相線式	—	
極數(P)	2	
額定電壓V(A.C)	110	
額定靈敏度電流(mA)	15	
動作時間(s)	0.1s以下	
a	42	42
b	3	3
c	41	41
ca	70	74.8
bb	16.9	16.9
aa	—	21.9
額定短時間電流 kA 註2. CNS 5422 AC 110V	1	
220V	—	
製品重量(kg)	0.13	0.14
接線方式	插座式	
過電流跳脫方式		
漏電跳脫方式	電子偵測機械跳脫	

【註】 1. "*"表示之機種非一般品，訂貨時需註明。
2. 無短路保護功能之漏電斷路器，並無啟斷容量Icu，僅標示「額定短時間電流(kA)」。

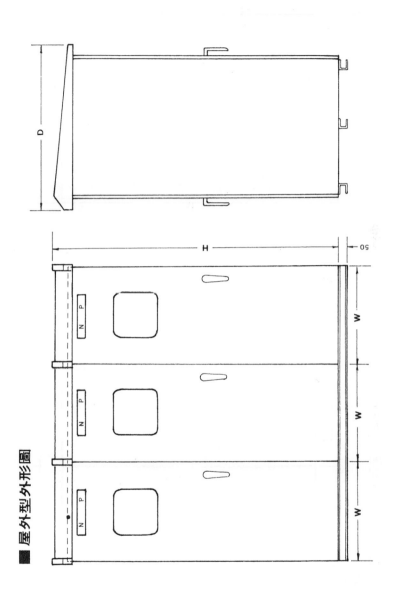

附錄（十四）

■ 屋外型外形圖

附錄（十四）續

■ **屋內型外型圖**

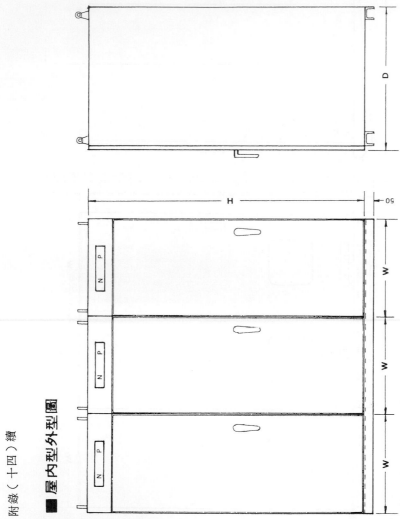

附錄（十五）

■ 屋內閉鎖型

斷路器 CIRCUIT BREAKER	額定電壓 RATING VOLTAGE (KV)	額定電流 RATING CURRENT (A)	啟斷容量 INTERRUPTING CAPACITY		尺　寸 SIZE (mm)			備註 NOTE
			KV	MVA	W	H	D	
油斷路器 O.C.B.	6.9 (3.45)	400	3.6	50	750	2100	1500	
		600 1200	3.6	75, 100, 150	800 ~ 1000	2100 ~ 2300	1500 ~ 1800	
			7.2	100, 150, 250				
		600 1200 2000	3.6	250	1000 ~ 1200	2300 ~ 2800	1800 ~ 2200	
			7.2	350				
	11.5	600 1200	12	250	1000 ~ 1400	2800 ~ 3100	2200 ~ 2800	
		2000	13.8	530				
磁衝(氣中)斷路器 MBB (ACB)	6.9 (3.45)	600 ~ 2000	3.6	150	800 ~ 1000	2100 ~ 2300	1800 ~ 2300	
			7.2	150, 350				
	11.5	600 ~ 2000	12	500	800 ~ 1200	2300 ~ 2800	2300 ~ 2600	
			13.8					
真空斷路器 VCB	6.9 (3.45)	600 ~ 1200	3.6	100	800 ~ 1000	2100 ~ 2300	1800 ~ 2000	
			7.2	150				

附錄（十五）續

■ 屋外閉鎖型

斷路器 CIRCUIT BREAKER	額定電壓 RATING VOLTAGE (KV)	額定電流 RATING CURRENT (A)	啟斷容量 INTERRUPTING CAPACITY — KV	啟斷容量 INTERRUPTING CAPACITY — MVA	尺寸 SIZE (mm) — W	尺寸 SIZE (mm) — H	尺寸 SIZE (mm) — D	備註 NOTE
油斷路器 O.C.B.	6.9 (3.45)	400	3.6	50	750	2400	1800	
	6.9 (3.45)	400	7.2	50	750	2400	1800	
	6.9 (3.45)	600 1200	3.6	75, 100, 150	800~1000	2400~2600	1800~2100	
	6.9 (3.45)	600 1200	7.2	100, 150, 250	800~1000	2400~2600	1800~2100	
	11.5	600 1200 2000	3.6	250	1000~1200	2600~3100	2000~2400	
	11.5	600 1200 2000	7.2	350	1000~1200	2600~3100	2000~2400	
	11.5	2000	12	250	1000~1400	3100~3400	2500~3000	
	11.5	2000	13.8	500	1000~1400	3100~3400	2500~3000	
磁衝(氣中)斷路器 MBB (ACB)	6.9 (3.45)	600 ~ 2000	3.6	150	800~1000	2400~2600	2100~2600	
	6.9 (3.45)	600 ~ 2000	7.2	150, 350	800~1000	2400~2600	2100~2600	
	11.5	600 ~ 2000	12	500	800~1000	2600~3000	2600~2900	
	11.5	600 ~ 2000	13.8	500	800~1000	2600~3000	2600~2900	
真空斷路器 VCB	6.9 (3.45)	600 ~ 1200	3.6	100	1000	2400~2600	2100~2300	
	6.9 (3.45)	600 ~ 1200	7.2	150	1000	2400~2600	2100~2300	

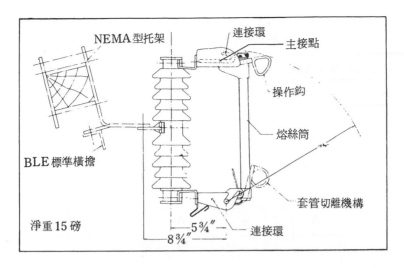

附錄十六　熔絲鏈開關規格表

額定電壓 KV	連續額定電流 A	遮斷容量 KA			
		標　準　型		高　遮　斷　容　量　型	
		對　稱	非　對　稱	對　　　稱	非　對　稱
11	100	4.0	6.4	8.0	12.8
14.5/15	100	2.8	4.0	5.6	8.0

用途：

1. 做爲配電用變壓器之一次側開關並爲一次側短路保護之用。

2. 做爲小容量或分歧配電線路之故障保護。（尤適於末端接地保護）。

3. 做爲線路開關之用。

4. 各種電氣機械之開關及保護。

附錄十七　比流器及比壓器規格表

一般儀器用變成器的階級和額定 JIS.C‑1731，JEC‑143

誤差階級	主　要　用　途	稱　　　　呼
0.5 1.0 3.0	較精密測定用 普 通 測 定 用 準普通測定用	一般儀器用

額　　定　　電　　流		

額　定　一　次　電　流		額　定 二次電流 A
單　一　比　A	二　重　比　A	
10　100　1000 15　150　1500 20　200　2000 30　300 40　400 50　500 60　600 75　750	10-5　100-5　1000-500 　　　150-75　1500-750 20-10　200-100 2000-1000 30-15　300-150 40-20　400-200 60-30　600-300 80-40　800-400	5

最　高　回　路　電　壓		額　定　負　擔	
公稱回路電壓	最高回路電壓	階　級	額 定 負 擔 VA
0.2 KV 1 KV 3 KV 6 KW	0.23 KV 1.15 KV 3.45 KV 6.9 KV	級 0.5 級 1.0 級 3.0 級	 15 25 40 100 15 25 40 100 5 10 15 25 40 100

額　定　電　壓		額　定　負　載	
額定一次電壓	額定二次電壓	階　級	額 定 負 載 VA
220 V 440 V 1100 V 2200 V 3300 V 6600 V 11000 V	110 V	0.5 級 1.0 級 3.0 級	15 25 50 75 100 15 25 50 75 100 15 25 50 75 100

附錄十八　高壓電力熔絲規格表

"W"牌限流電力熔絲——西德WICKMANN製品本熔絲器附有特殊設計，可兼做D.S.之用，分爲屋內型（保護熔絲之瓷器體爲白色者）及屋外型（瓷器體爲棕色者）兩種。其主要規格如下表：

額定電壓 （KV）	額 定 電 流 （A）	啓斷容量 （對稱量 ）(KA)	尺 寸 d (mm)	（圖示） e (mm)	重 量 （kg）	HHC型 （編號）	HHFC 型 （編號）
6／7.2	6,10,16, 20,25,30, 40	40	50	192	0.9	5381	5386
	63, 100	40	85	192	2.1	5391	5396
6／7.2 及 10／12	6,10,16, 20,25,30, 30	40	50	292	3.0	5282	5387
	63, 100	40	85	292	3.0	5392	5397
20／24	6,10,16 20,25,30 40	20	50	442	1.6	5384	5389
	63, 100	20	85	442	4.3	5394	5390
30／36	6,10,16 20,25,30	16	50	537	2.0	5385	5390
	40, 36	16	85	537	5.0	5395	5400

附錄十九　三菱保護電驛規格表

適用	型式	跳脫方法	週波	額定	標置範圍	動作表示器額定
過電流檢出	CO-4-R	AC跳脫用	60	5A	3,4,5,6,8	1A DC
	COA-4-R	DC跳脫用	60			2A AC
	CO-4I-R	DC跳脫用	60			1A DC
	COA-4I-R	AC跳脫用	60			2A AC
低電壓檢出	CV-2-R	DC跳脫用	50/60	110V 220V	50~130 100~260	1A DC
	CVA-2-R	AC跳脫用	50/60	110V 220V	550~130 100~260	2A AC
過電壓檢出	CV-5-R	DC跳脫用	50/60	110V 220V	150~130 100~260	1A DC
	CVA-5-R	AC跳脫用	50/60	110V 220V	50~130 100~260	2A DC
零相電流檢出	CO-8-R	AC跳脫用	60	1A	0.5 0.6 0.8 1.0 1.5 2.0 2.5	1A DC
	COA-8-R	AC跳脫用	60			2A AC
	CV-5-R	DC跳脫用	50/60	208V	20~52	1A DC
	LOE-4IV-R	電壓跳脫	50/60		0.1 0.2 0.4 0.6	
	CWG-3	電壓跳脫	50/60	190V		1A(R形)

附錄二十　AEG牌磁吹斷路器（ABB）規格表

形式	電壓 (KV)	電流 (A)	啓斷容量 (MVA)	短時間電流 (KA)	投入電流 (KA)	啓斷時間 (ms)	投入時間 (ms)	空氣箱容量 (l)	空氣耗量 ON (l)	空氣耗量 Off (l)	重量 (kg)
G312	7.2/12	630	200/250	20	50/38	37	52	30	15	100	130
G412	7.2/12	630	250/350	24	60/53	37	52	30	15	100	130
G415	7.2/12	1250	250/350	24	60/53	37	52	30	15	100	140
G512	7.2/12	630	350/500	34	85/73	27	45	30	15	160	160
G515	7.2/12	1250	350/500	34	85/73	27	45	30	15	160	160
G0515	7.2/12	1250	350/500	34	85/73	27	45	30	15	160	160
G516	7.2/12	1600	350/500	34	85/73	27	45	30	15	210	210
G517	7.2/12	1600	350/500	34	85/73	37	47	80	20	280	320
G815	7.2/12	1250	500/750	49	123/110	37	52	78	25	340	410
G0815	7.2/12	1250	500/750	49	123/110	37	52	78	25	340	410
G816	7.2/12	1600	500/750	49	123/110	37	52	78	25	340	410
G817	7.2/12	2500	500/750	49	123/110	37	52	78	25	34	480

附錄二十一　　AEG牌低壓空氣斷路器（ACB）規格表

(1)ME型ACB

型　式	ME 630	ME 800	ME 1000	ME 1500	ME 2000	ME 2500	ME 3200	ME
極　數	3	3	3	3	3	3	3	3
框架容量(A)	630	800	1000	1600	2000	2500	3200	4000
跳脫額定(A)	200-400, 350-630	200-400, 350-630, 500-800	350-630 500-1,000	500-1000 900-1600	1000-2000	1500-2500	不附熱動裝置	不附熱動裝置
啟斷容量(660V PF 0.25)	50KA	50KA	50KA	50KA	80KA	80KA	80KA	100KA
尺寸(公厘)	a b c 306 515 465	a b c 306 515 465	a b c 306 515 465	a b c 306 515 465	a b c 576 815 515	a b c 576 815 515	a b c 746 815 515	a b c 1000 815 747
磁動調整範圍(KA)	2-4 4-8	3-4 4-8	2-4 4-8	4-8	6-12	6-12	8-16	10-20

(2)MEY型（高性能）ACB

型　式	MEY630	MEY1000	MEY2000
極　數	3	3	3
框架容量(A)	630	1000	2000
跳脫額定(A)	200-400, 350-630	500-1000	1000-2000
啟斷容量(500V, PF 0.2)	80KA	80KA	100KA
尺寸(公厘)	a b c 306 515 465	a b c 306 515 465	a b c 576 815 515
磁動調整範圍(KA)	3-6	3-6	6-12

附錄二十二　愛知牌少油量斷路器規格表

型　式	電壓 kV	啟斷容量 (MVA)	電流 (A)	頻率 (Hz)	投入電流 (kA)	啟斷電流 (kA)	啟斷時間	動作責務	油量 (l)	重量 (kg)	操作方式
BMS-6H1	7.2	250 at 7.2 kV 150 at 3.6 kV	600	50 60	54.8/655	12/20	5Hz	O-1min-CO -3min-CO	8	235	電磁
BMS-6H35	7.2	390 at 7.2 kV 250 at 3.6 kV	600 800 1200 2000	50 60	31.5/40	20/312	5Hz	O-1min-CO -3min-CO	15	380	電磁
BMS-15H1	13.8	250	600	50 60	26.8	10.6	8Hz	O-1min-CO -3min-CO	8	255	電磁
BMS-15H35	13.8	350	600 800	50 60	33.8	14.9	8Hz	O-1min-CO -3min-CO	8	255	
BHS-15K3	14.4	500	600	50 60	50.8	20.4	8Hz	O-1min-CO -3min-CO	195	1000	電磁

附錄 二十三　士林牌隔離開關規格表

型　別	額定電壓 (KV)	額定電流 (A)	使用別
SDS–HD6	13.2	600	屋　　內
SDS–BE6	14.4	600	屋　　外
SDS–AE6	15	600	屋　　外

ISBN 978-626-328-366-4

國家圖書館出版品預行編目資料

配線設計 / 胡崇頃編著. -- 三版. -- 新北市：
　全華圖書股份有限公司，2022.11
　　面 ； 公分

ISBN 978-626-328-366-4(平裝)

1.CST: 電力配送
448.34　　　　　　　　　　　　111019279

配線設計

作者 / 胡崇頃

發行人 / 陳本源

執行編輯 / 葉書瑋

出版者 / 全華圖書股份有限公司

郵政帳號 / 0100836-1 號

印刷者 / 宏懋打字印刷股份有限公司

圖書編號 / 0519302

三版一刷 / 2023 年 01 月

定價 / 新台幣 500 元

ISBN / 978-626-328-366-4

全華圖書 / www.chwa.com.tw

全華網路書店 Open Tech / www.opentech.com.tw

若您對本書有任何問題，歡迎來信指導 book@chwa.com.tw

臺北總公司(北區營業處)
地址：23671 新北市土城區忠義路 21 號
電話：(02) 2262-5666
傳真：(02) 6637-3695、6637-3696

南區營業處
地址：80769 高雄市三民區應安街 12 號
電話：(07) 381-1377
傳真：(07) 862-5562

中區營業處
地址：40256 臺中市南區樹義一巷 26 號
電話：(04) 2261-8485
傳真：(04) 3600-9806(高中職)
　　　(04) 3601-8600(大專)

版權所有·翻印必究

23671 新北市土城區忠義路21號

全華圖書股份有限公司

行銷企劃部　收

廣告回信
板橋郵局登記證
板橋廣字第540號

歡迎加入 全華會員

● 會員獨享

會員專購書折扣、紅利積點、生日禮金、不定期優惠活動⋯⋯等。

● 如何加入會員

掃 QRcode 或填妥讀者回函卡直接傳真 (02) 2262-0900 或寄回，將由專人協助登入會員資料，待收到 E-MAIL 通知後即可成為會員。

如何購買 全華書籍

1. 網路購書

全華網路書店「http://www.opentech.com.tw」，加入會員購書更便利，並享有紅利積點回饋等各式優惠。

2. 實體門市

歡迎至全華門市（新北市土城區忠義路 21 號）或各大書局選購。

3. 來電訂購

(1) 訂購專線：(02) 2262-5666 轉 321-324
(2) 傳真專線：(02) 6637-3696
(3) 郵局劃撥（帳號：0100836-1　戶名：全華圖書股份有限公司）
※ 購書未滿 990 元者，酌收運費 80 元。

OpenTech.com.tw 全華網路書店

全華網路書店 www.opentech.com.tw
E-mail: service@chwa.com.tw

※ 本會員制如有變更則以最新修訂制度為準，造成不便請見諒。

讀書回函卡

掃 QRcode 線上填寫 ▶▶▼

姓名：

生日：西元　　　年　　　月　　　日　　性別：□男 □女

電話：(　　)　　　　　　手機：

e-mail：　　　　　　(必填)

通訊處：□□□□□

學歷：□高中·職　□專科　□大學　□碩士　□博士

職業：□工程師　□教師　□學生　□軍·公　□其他

學校／公司：　　　　　　　科系／部門：

註：數字零，請用 Φ 表示，數字 1 與英文 L 請另註明並書寫端正，謝謝。

·需求書類：

□ A. 電子 □ B. 電機 □ C. 資訊 □ D. 機械 □ E. 汽車 □ F. 工管 □ G. 土木 □ H. 化工

□ I. 設計 □ J. 商管 □ K. 日文 □ L. 美容 □ M. 休閒 □ N. 餐飲 □ O. 其他

·本次購買圖書為：　　　　　　　　書號：

·您對本書的評價：

封面設計：□非常滿意 □滿意 □尚可 □需改善，請說明

內容表達：□非常滿意 □滿意 □尚可 □需改善，請說明

版面編排：□非常滿意 □滿意 □尚可 □需改善，請說明

印刷品質：□非常滿意 □滿意 □尚可 □需改善，請說明

書籍定價：□非常滿意 □滿意 □尚可 □需改善，請說明

整體評價：請說明

·您在何處購買本書？

□書局　□網路書店　□書展　□團購　□其他

·您購買本書的原因？(可複選)

□個人需要　□公司採購　□親友推薦　□老師指定用書　□其他

·您希望全華以何種方式提供出版訊息及特惠活動？

□電子報　□DM　□廣告 (媒體名稱　　　　　)

·您是否上過全華網路書店？(www.opentech.com.tw)

□是　□否　您的建議

·您希望全華出版哪方面書籍？

·您希望全華加強哪些服務？

感謝您提供寶貴意見，全華將秉持服務的熱忱，出版更多好書，以饗讀者。

填寫日期：　　/　　/

2020.09 修訂

親愛的讀者：

感謝您對全華圖書的支持與愛護，雖然我們很慎重的處理每一本書，但恐仍有疏漏之處，若您發現本書有任何錯誤，請填寫於勘誤表內寄回，我們將於再版時修正，您的批評與指教是我們進步的原動力，謝謝！

全華圖書　敬上

勘誤表

書號	書名	作者
頁數	行數	錯誤或不當之詞句	建議修改之詞句

我有話要說：(其它之批評與建議，如封面、編排、內容、印刷品質等...)